U0376479

《“中国制造 2025”出版工程》
编 委 会

“十三五”国家重点出版物
出版规划项目

机器人环境感知与控制技术

王耀南　梁桥康　朱江　等编著

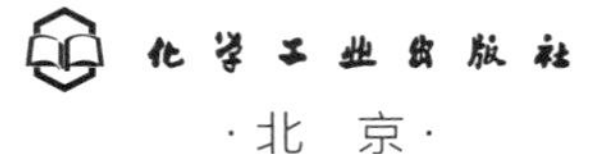

·北　京·

本书共6章，分别从智能机器人力觉感知、智能机器人环境视觉感知、移动机器人的自主导航、移动机器人运动控制方法、环境感知与控制技术在无人机系统的应用展开了系统和全面的阐述。本书注重实际的机器人环境感知与控制技术的设计和应用，让读者在了解机器人环境感知与控制技术的基本原理和研究现状的同时，对机器人感知与控制系统的实际开发有深入的了解。

本书内容全面、图文并茂、设计案例丰富、实际应用性强，非常适合机器人技术相关方向的研究者和学生阅读，也适合智能新技术领域的从业人员参考学习。

图书在版编目（CIP）数据

机器人环境感知与控制技术/王耀南等编著. —北京：化学工业出版社，2018.12（2019.11重印）

"中国制造2025"出版工程

ISBN 978-7-122-33158-8

Ⅰ.①机… Ⅱ.①王… Ⅲ.①机器人-传感器-研究②机器人控制-研究 Ⅳ.①TP242

中国版本图书馆CIP数据核字（2018）第234240号

责任编辑：宋　辉　刘　哲　　文字编辑：陈　喆

责任校对：边　涛　　装帧设计：尹琳琳

出版发行：化学工业出版社（北京市东城区青年湖南街13号　邮政编码100011）

印　　装：三河市延风印装有限公司

710mm×1000mm　1/16　印张14¼　字数267千字　2019年11月北京第1版第2次印刷

购书咨询：010-64518888　　售后服务：010-64518899

网　　址：http://www.cip.com.cn

凡购买本书，如有缺损质量问题，本社销售中心负责调换。

定　　价：58.00元

序

制造业是国民经济的主体，是立国之本、兴国之器、强国之基。近十年来，我国制造业持续快速发展，综合实力不断增强，国际地位得到大幅提升，已成为世界制造业规模最大的国家。但我国仍处于工业化进程中，大而不强的问题突出，与先进国家相比还有较大差距。为解决制造业大而不强、自主创新能力弱、关键核心技术与高端装备对外依存度高等制约我国发展的问题，国务院于2015年5月8日发布了“中国制造2025”国家规划。随后，工信部发布了“中国制造2025”规划，提出了我国制造业“三步走”的强国发展战略及2025年的奋斗目标、指导方针和战略路线，制定了九大战略任务、十大重点发展领域。2016年8月19日，工信部、国家发展改革委、科技部、财政部四部委联合发布了“中国制造2025”制造业创新中心、工业强基、绿色制造、智能制造和高端装备创新五大工程实施指南。

为了响应党中央、国务院做出的建设制造强国的重大战略部署，各地政府、企业、科研部门都在进行积极的探索和部署。加快推动新一代信息技术与制造技术融合发展，推动我国制造模式从“中国制造”向“中国智造”转变，加快实现我国制造业由大变强，正成为我们新的历史使命。当前，信息革命进程持续快速演进，物联网、云计算、大数据、人工智能等技术广泛渗透于经济社会各个领域，信息经济繁荣程度成为国家实力的重要标志。增材制造（3D打印）、机器人与智能制造、控制和信息技术、人工智能等领域技术不断取得重大突破，推动传统工业体系分化变革，并将重塑制造业国际分工格局。制造技术与互联网等信息技术融合发展，成为新一轮科技革命和产业变革的重大趋势和主要特征。在这种中国制造业大发展、大变革背景之下，化学工业出版社主动顺应技术和产业发展趋势，组织出版《“中国制造2025”出版工程》丛书可谓勇于引领、恰逢其时。

《“中国制造2025”出版工程》丛书是紧紧围绕国务院发布的实施制造强国战略的第一个十年的行动纲领——“中国制造2025”的一套高水平、原创性强的学术专著。丛书立足智能制造及装备、控制及信息技术两大领域，涵盖了物联网、大数据、3D 打印、机器人、智能装备、工业网络安全、知识自动化、人工智能等一系列的核心技术。丛书的选题策划紧密结合“中国制造 2025”规划及 11 个配套实施指南、行动计划或专项规划，每个分册针对各个领域的一些核心技术组织内容，集中体现了国内制造业领域的技术发展成果，旨在加强先进技术的研发、推广和应用，为“中国制造 2025”行动纲领的落地生根提供了有针对性的方向引导和系统性的技术参考。

这套书集中体现以下几大特点：

首先，丛书内容都力求原创，以网络化、智能化技术为核心，汇集了许多前沿科技，反映了国内外最新的一些技术成果，尤其使国内的相关原创性科技成果得到了体现。这些图书中，包含了获得国家与省部级诸多科技奖励的许多新技术，因此，对新技术的推广应用很有帮助！这些内容不仅为技术人员解决实际问题，也为研究提供新方向、拓展新思路。

其次，丛书各分册在介绍相应专业领域的新技术、新理论和新方法的同时，优先介绍有应用前景的新技术及其推广应用的范例，以促进优秀科研成果向产业的转化。

丛书由我国控制工程专家孙优贤院士牵头并担任编委会主任，吴澄、王天然、郑南宁等多位院士参与策划组织工作，众多长江学者、杰青、优青等中青年学者参与具体的编写工作，具有较高的学术水平与编写质量。

相信本套丛书的出版对推动“中国制造 2025”国家重要战略规划的实施具有积极的意义，可以有效促进我国智能制造技术的研发和创新，推动装备制造业的技术转型和升级，提高产品的设计能力和技术水平，从而多角度地提升中国制造业的核心竞争力。

中国工程院院士 潘云鹤

前言

机器人是集传感技术、控制技术、信息技术、机械电子、人工智能、材料和仿生学等多学科于一体的高新技术产品，是先进制造业中不可替代的高新技术装备，是国际先进制造业的发展趋势。机器人的发展水平，已经成为衡量一个国家或地区制造业水平和科技水平的重要标志之一。随着人口老龄化和城市化进程的加速，服务机器人相关技术获得了飞速发展。我国机器人产业发展迅速，但在研发试验、关键零部件产业化、系统集成技术以及服务等方面与国外尚有差距。

本书在机器人视觉感知与控制国家工程实验室的多项国家级课题（国家自然科学基金 61733004、61673163 等）成果的基础上，详细介绍智能机器人的环境感知与控制技术及其应用——将机器人理论知识和实际应用相结合，通过典型应用实例的讲解使读者对智能机器人环境感知与控制技术的理解更加深入和具体。全书共 6 章，第 1 章主要介绍了移动机器人的研究现状，对移动机器人的应用场景和主要科学技术问题进行了综述。第 2 章对智能机器人力觉技术的研究现状、常见的检测原理和发展趋势进行了论述。第 3 章介绍了基于视觉感知的移动机器人环境感知方法，重点阐述了障碍物实时检测和识别、地形表面类型识别和非结构化环境下可通行性评价方法。第 4 章和第 5 章主要讨论移动机器人的自主导航和运动控制方法，其中包括反应式导航控制方法、基于混合协调策略和分层结构的行为导航方法、基于模糊逻辑的非结构化环境下自主导航、基于运动学和动力学的移动机器人同时镇定和跟踪控制、基于动态非完整链式标准型的移动机器人神经网络自适应控制方法等。第 6 章主要介绍了环境感知与控制技术在无人机系统中的应用。

参与本书编著工作的有朱江、王耀南（第 1 章、第 3 章和第 4 章）、梁桥康（第 2 章）、缪志强（第 5 章）和谭建豪（第 6 章）。全书由王耀南和梁桥康负责统稿和审校。鉴于编著者水平有限，书中难免有不足之处，敬请广大读者批评指正。

编著者

目录

1 第1章 绪论

1.1 移动机器人的研究现状 /2
1.2 移动机器人应用中的科学技术问题 /11
1.3 移动机器人自主导航关键技术的研究现状 /12
1.3.1 环境信息获取 /12
1.3.2 环境建模与定位 /14
1.3.3 环境认知 /14
1.3.4 导航避障 /15
参考文献 /18

20 第2章 智能机器人力觉感知

2.1 智能机器人多维力/力矩传感器的研究现状 /21
2.2 智能机器人多维力/力矩传感器的分类 /23
2.3 电阻式多维力/力矩传感器的检测原理 /26
2.4 智能机器人多维力/力矩传感器的发展 /30
参考文献 /32

34 第3章 移动机器人环境视觉感知

3.1 3D摄像机 /35
3.1.1 SR-3000内参数标定 /36
3.1.2 SR-3000深度标定 /38
3.1.3 SR-3000远距离数据滤波算法 /44
3.2 基于三维视觉的障碍物实时检测与识别方法 /47
3.2.1 基于图像与空间信息的未知场景分割方法 /48
3.2.2 非结构化环境下障碍物的特征提取 /52
3.2.3 基于相关向量机的障碍物识别方法 /54
3.2.4 实验结果 /58
3.3 基于视觉的地形表面类型识别方法 /65
3.3.1 基于Gabor小波和混合进化算法的地表特征提取 /67

3.3.2 基于相关向量机神经网络的地表识别 /72
3.3.3 实验结果 /77
3.4 非结构化环境下地形的可通行性评价 /81
3.4.1 地形的可通行性 /81
3.4.2 基于模糊逻辑的地形可通行性评价 /83
3.4.3 实验结果 /96
参考文献 /100

102 第4章 移动机器人的自主导航

4.1 移动机器人反应式导航控制方法 /103
4.1.1 单控制器反应式导航 /103
4.1.2 基于行为的反应式导航 /105
4.2 基于混合协调策略和分层结构的行为导航方法 /108
4.2.1 总体方案 /108
4.2.2 基于模糊神经网络的底层基本行为控制器设计 /109
4.2.3 多行为的混合协调策略 /119
4.3 基于模糊逻辑的非结构化环境下自主导航 /124
4.4 算法小结 /126
4.5 实验结果 /127
参考文献 /131

133 第5章 移动机器人运动控制方法

5.1 基于运动学的移动机器人同时镇定和跟踪控制 /134
5.1.1 问题描述 /135
5.1.2 主要结果 /136
5.2 基于动力学的移动机器人同时镇定和跟踪控制 /151
5.2.1 反演控制方法介绍 /151
5.2.2 问题描述 /153
5.2.3 主要结果 /155
5.3 基于动态非完整链式标准型的移动机器人神经网络自适应控制 /170
5.3.1 问题描述 /171
5.3.2 基于模型的控制 /172
5.3.3 神经网络自适应控制 /176
参考文献 /186

187 第 6 章　环境感知与控制技术在无人机系统的应用

6.1　概述　/188

6.2　无人机系统关键技术概述　/190

6.3　无人机视觉感知与导航　/203

6.3.1　基于双目立体视觉的环境感知　/205

6.3.2　基于视觉传感器的导航方式　/213

6.4　无人机在电力系统中的应用　/215

参考文献　/217

218 索引

第1章

绪论

移动机器人（mobile robot）是机器人学中的一个重要分支，是能通过自身传感器获取周围环境的信息和自身状态，实现在有障碍物的环境中自主向目标运动，进而完成特定任务的机器人。移动机器人与其他机器人的最大区别在于它具备在工作环境中“移动”的特性。

20世纪60年代以来，机械加工制造、装配、喷涂、检测、焊接等各种类型的机器人相继出现在工业生产中并实用化，大大提高了各种产品的质量、一致性和生产效率。尽管这些固定在某一位置的机器人具有速度快、精度高的优点，但有限的活动范围使得其应用领域大大受到限制。随后，美国、欧洲、日本等国家和我国相继有计划地开展了移动机器人技术的研究。从结构不同的轮式机器人到形态各异的仿生机器人，从巡逻安防的护卫机器人到日常家用的服务机器人，移动机器人的研究领域及其应用范围在不断地延伸和拓展。随着技术的飞速发展，移动机器人开始逐步从室内环境扩展到复杂、不规则的室外非结构化环境，如户外无人驾驶车辆、空间自主移动探测机器人、矿井搜救机器人、无人作战移动车等，极大地拓展了人类在危险、救援、军事和空间探测等极限环境下的工作能力。

环境认知和导航避障能力直接决定了移动机器人在室外非结构化环境下的自主工作能力。其中环境认知是研究如何在所获得的环境数据基础上，从计算统计、模式识别以及语义等不同角度挖掘数据中的特征与模式，从而实现移动机器人对场景的有效分析与理解；而自主避障是在理解环境的基础上研究机器人如何快速、无碰撞地向目标运动。随着火星探测、月球探索、无人驾驶汽车越野大赛等计划的实施，人们开展了很多基于视觉的复杂地貌下认知与导航避障研究，取得了一些进展，但是仍没有满意的结果。与世界发达国家相比，目前我国在这一领域的研究尚处于起步阶段。为了提高我国在智能移动机器人领域的技术水平，亟须开展移动机器人在非结构化环境下的认知与自主导航避障方法的研究，从而更好地服务于国民经济和国防建设。

1.1 移动机器人的研究现状

移动机器人的种类繁多，可从不同角度出发对其分类：①按工作的场合可分为室内机器人和室外机器人；②按移动机构可分为轮式机器人、多足机器人、履带式机器人等；③按控制体系结构可分为功能式结构机器人、行为式结构机器人和混合式机器人；④按功能和用途可分为服务机器人、搬运机器人、清洁机器人、行星探测机器人等。本节将介绍一批典型的移动机器人。

（1）教学科研用移动机器人通用平台

此类移动机器人主要面向教学和科研，通常为轮式结构，配备有视觉系统、激光测距仪、声呐、电子罗盘等丰富的传感器，具备串行、无线网络等通信接口，并可根据需要配置控制设备。这些机器人不仅提供了方便完善的控制平台，还提供较为友好的软件开发环境，可满足室内移动机器人研究或适应各种地形的室外移动机器人研究的需要。其典型代表主要有 Active Media 公司 Pioneer 系列移动机器人、Nomadic Technology 公司开发的 Nomad 系列移动机器人和 iRobot 公司的 iRobot 系列移动机器人等，如图 1-1 所示。

(a) Pioneer AT爬坡移动机器人

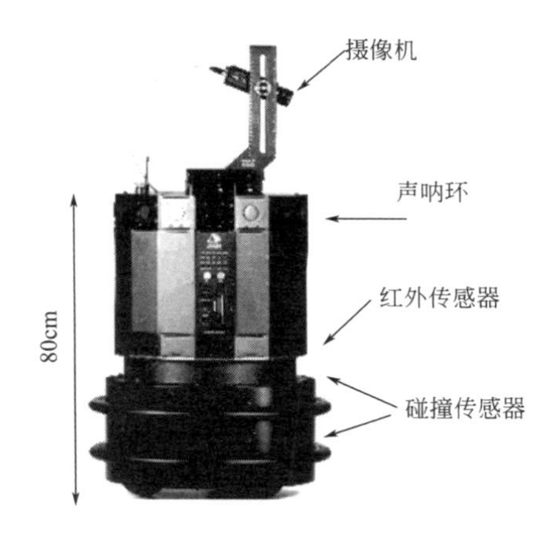

(b) Nomad 200 机器人

图 1-1 典型的通用移动机器人科研平台

这些成熟的移动机器人通用平台，使研究人员不用在开发移动机器人硬件平台上耗费过多的时间，而是将精力集中在研究针对特殊环境、特定功能的智能控制算法上。

（2）服务机器人

欧美国家于 20 世纪 70 年代中期就开始了对以康复机器人为代表的服务机器人的研究，主要有美国麻省理工学院的 Wheelesley [图 1-2(a)] 项目、法国的 Vahm [图 1-2(b)] 项目、德国乌尔姆大学的 Maid [图 1-2(c)] 项目、西班牙的 Siamo 项目、加拿大 AAI 公司的 Tao 项目、KISS 学院的 Tinman 项目等。这些轮椅机器人产品基本上采用类似于移动机器人的控制系统，采用通用计算机作为上位机，驱动控制系统、传感器系统作为下位机。如麻省理工智能轮椅实验室的轮椅机器人威尔斯利，这个轮椅机器人有三种控制方法：菜单、操纵杆和用户界面。菜单模式下，轮椅的操作类似一般的电动轮椅；在操纵杆模式下，用户通过操纵杆发出方向命令来避障；用户界面模式下，用户和机器之间仅需通过用户眼睛运动来控制轮椅，即用鹰眼系统来进行驱动。西班牙 Siamo 项目是根据用户的残障程度及特殊需求建造的多功能系统。项目初期成果是一个轮椅原型，包括运动和驾驶控制（低级控制），基于语音的人机界面、操纵杆，由超声波和红外传感器组成的感知系统（高级控制），轮椅可以探测障碍及突兀不平地带。

目前在欧美、日本等国家，一些公司已经研制开发出了一些智能程度高、自主能力强的轮椅机器人概念产品。美国的奥林巴斯最近研发出一种名为 Whill 的新型轮椅，如图 1-2(d) 所示。美国麻省理工学院研制出了一种语音控制的机器人轮椅，可以在基于导航的情况下完全通过语音控制的方式在空间内移动，如图 1-2(e) 所示。德国人工智能研究中心也研发了一款轮椅机器人，如图 1-2(f) 所示，该机器人可在社区内完成自主行驶、自动避障和语音识别等。日本残疾人国家康复中心开发了针对物理残疾者使用的轮椅机器人 Orpheu，如图 1-2(g) 所示，它可以通过使用者的手势来导航，还可以借助 Wi-Fi 技术将当前获取到的全景图像传输出去，提供给远程的监护者。日本汽车生产商丰田公司近年来也开始专注轮椅机器人的研发，推出了一款轮椅机器人的概念产品，外形酷似未来的个人汽车，如图 1-2(h) 所示。

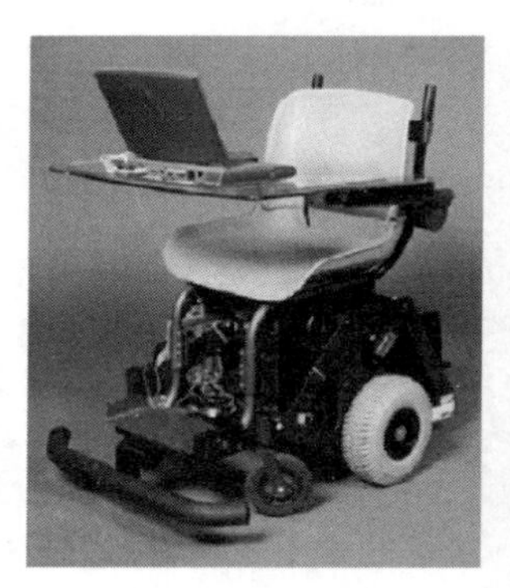
(a) Wheelesley

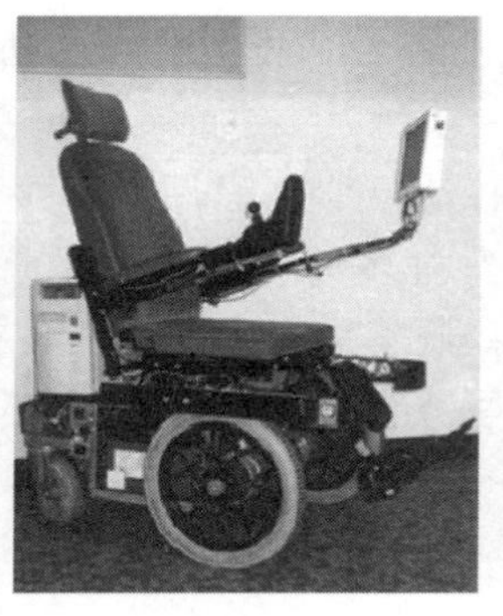
(b) Vahm

(c) Maid

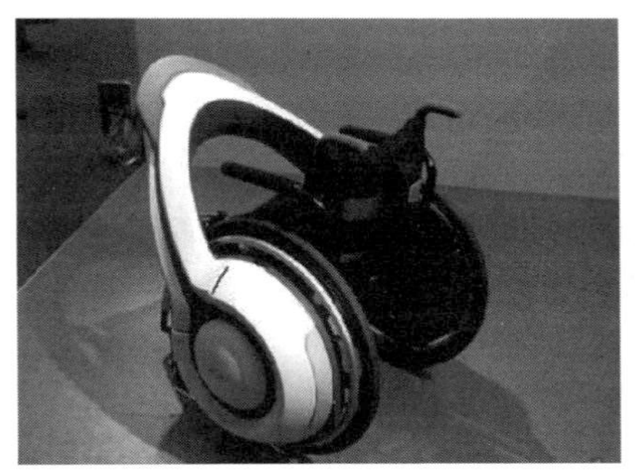

(d) Whill

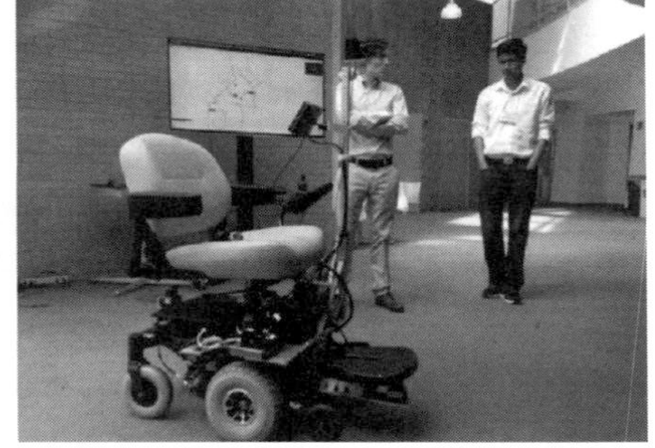

(e) 美国麻省理工学院轮椅机器人

(f) 德国人工智能研究中心轮椅机器人

(g) Orpheu

(h) 丰田概念轮椅机器人

(i) 上海交通大学“交龙”轮椅机器人

(j) 服务机器人

图 1-2 典型的服务机器人

在国家“863”计划的支持下，自20世纪90年代起，我国在该领域开展了大量研究工作，中国科学院自动化研究所研制出护士助手机器人“艾姆”、智能保安机器人等。2009年6月，哈尔滨工业大学继研制出“青青”服务机器人后，又研制出一种智能陪护机器人，该机器人可以自主行走、避障，为老年人、残疾人提供各种辅助操作。上海交通大学研制的“交龙”轮椅机器人［图1-2(i)］，具备自主避障、穿越狭窄过道及门口等功能，并提供触摸屏和语音交互功能，能实现多种运动指令的识别，且其识别速率较高，满足轮椅在运行中的实时性要求，已在上海世博会中用于服务行动不便的人士。该项目组自主研制的一种服务机器人［图1-2(j)］，具备自主导航避障的能力。目前，家用服务机器人已成为我国机器人领域的重要发展方向。

(3) 无人驾驶智能车辆

美国卡内基梅隆大学（Carnegie Mellon University，CMU）研制的Navlab系列智能车辆已发展有数十代，几乎集成了室外移动机器人所有关键技术，非常具有代表性。自2004年起，美国国防部高级研究计划局（Defense Advanced Research Projects Agency，DARPA）开始举办无人驾驶比赛，在第一次比赛中参赛队伍被要求在沙漠里行驶200多千米，但是没有一支队伍取得成功。2005年的比赛有5辆车完成所有赛程，冠军由斯坦福大学获得，他们的比赛用车为一辆改装过的大众途锐R5柴油车。2007年的比赛最终胜利者为卡内基梅隆大学。

20世纪80年代欧洲启动了研究智能车辆的Eureka-PROMETHEUS项目。在此背景下，奔驰公司与德国国防军大学自1987年开始联合研制VaMoRs系列无人驾驶智能车辆，其跟踪道路标志线的时速在当时可达96km/h。近年来，VaMoRs系列在不断挑战新的速度纪录的同时，还拥有了适应各种气象环境以及自动超车换道的能力。

我国无人驾驶智能车的研究还处于初级阶段，整体研究工作和水平与欧美国家相比还有一定的差距。清华大学从1988年开始研制THMR系列无人驾驶车辆，其THMR-V能自主完成信息融合、路径规划、行为与决策控制、通信管理、驾驶控制等功能，在高速公路上自主驾驶的最高时速可达150km/h。此外，国防科技大学的CITAVT-N、西安交通大学的Springrobot、吉林大学的JLUIV系列和Cybercar也很有代表性。为了推进我国在无人驾驶智能车领域的研究，国家自然科学基金委员会近年来将此列入重大研究计划。自2009年起开始举办中国“智能车未来挑战”比赛，比赛内容包括交通信号、标识和标线的识别及障碍物规避等无人驾驶车辆基本行驶功能测试，模拟城区道路及高速路上的行驶性能测试等。在首届比赛中，上海交通大学、湖南大学、西安交通大学、清华大学、国防科技大学、意大利帕尔玛大学等国内外7所大学的队伍、10余辆无人驾驶车辆参加了比赛，如图1-3所示。该赛事的开展对我国智能车研发从实验室走向现场交流、推动和促进无人驾驶车辆的创新与发展具有重要意义。

(a) CMU Navlab-11

(b) 清华大学无人驾驶车

(c) Springrobot在“智能车未来挑战”比赛中

(d) 湖南大学无人驾驶车

图 1-3 无人驾驶智能车辆

（4）自主工业机器人

自主工业机器人在工业生产中满足了保证产品质量、提高生产效率、节约材料消耗以及保障人身安全、减轻劳动强度的要求，因而受到国内外学者的广泛关注。

在工厂、医院等场合，为了将大宗物品从某一位置搬运到另一位置，Humberto 等在前人成果的基础上研制了自主导航车。如图 1-4(a) 所示，该车配置有激光传感器，具备导航避障、路径识别跟踪等能力，能够节省大量的人力和物力，提高工作效率。

面对各种各样的清洗需求，日本率先开展壁面移动机器人的研究工作，开发出各种各样的壁面移动机器人，并以壁面移动机器人技术为核心，结合专门的清洗机构，形成多种形式的壁面清洗机器人。我国的壁面移动机器人研究起步较晚，但发展很快，哈尔滨工业大学、北京航空航天大学在该领域处于国内领先地位。针对火电、核电等行业的关键设备——大型冷凝器的清洗需求，自主研制了面向大型冷凝器清洗作业的智能移动清洗机器人。如图 1-4(b) 所示，该机器人采用履带式移动机构，根据冷凝管的坐标，在冷凝器水室中自主移动到清洗区域，两关节清洗机械臂配合运动完成冷凝管管口的定位，实现了冷凝器的自动清洗。

(a) 自主导航搬运机器人

(b) 大型冷凝器智能清洗机器人

图 1-4 面向工业应用的自主机器人

(5) 搜救机器人

根据搜救机器人的工作场合及方式可分为三种类型：表面进入（surface entry，SE)、缝隙进入（void entry，VE）和钻孔进入（borehole entry，BE)。SE 类型的搜救机器人是最为常见的一种搜救机器人，沿原有矿道进入矿井，MSHA（Mine Safe and Health Administration）开发的 Wolverine V-2 和美国 Stanford 大学研制的 Groundhog 煤矿探测机器人都属于此类型机器人。Wolverine V-2 经光纤远程操作，而 Groundhog 机器人通过激光测距仪传感器，构建矿井内的三维环境，能在矿井通道内自主探索和导航，如图 1-5 所示。VE 类型机器人适用于不规则、空间狭小的环境，从废墟中的夹缝钻入人类无法抵达的环境。矿难会导致矿井的原有道路堵塞，需要另外开辟新通道进入矿井，BE 类型机器人可以从地面新钻开的管道直接抵达井下。

近年来，哈尔滨工业大学、中国矿业大学和东南大学等高校及相关科研机构也开展了这方面的工作，并开发出原型样机，但是可靠性和功能方面还没有真正达到实际应用的要求，仍处于实验室研究阶段。

图 1-5 Groundhog 搜救机器人

（6）军用自主式地面无人车辆

出于战争零伤亡的需要，美国等西方发达国家研制了具备一定自主能力，机动灵活地执行监视、侦察、攻击和后勤支援等高难度任务，在危险环境下出入的军用地面自主式车辆。

美国的无人地面车辆（UGV）系统由 ARPA 发起，旨在加强部队的作战能力，代替战士在高危险环境下完成扫雷、探雷、布雷、排爆和侦察等任务。为此，美军在轮式车辆的基础之上研制了 Demo 系列自主无人车辆，Demo Ⅲ 在覆盖植被的野外环境中行驶速度可达 35km/h。Lockheed Martin 公司研制的多功能通用/后勤无人车 Mule，在携载满负荷的情况下，能爬越 1.5m 高的台阶，翻过 1.5m 宽的壕沟，涉水深为 1.25m，可为步兵班携带装备和补给品，运送伤员，探测清除地雷。iRobot Packbots 无人地面车由探测模块、搜索模块和爆炸处理模块组成，先后用于搜索“9·11 事件”的幸存人员、阿富汗战争时藏于山洞的基地组织和伊拉克核武器。Boston Dynamics 研制的 BigDog，主要用于为士兵搬运重物，该机器人没有采用常规的轮式等结构，而是直接模仿动物四肢设计四条腿，整体约 1m（长）×0.7m（高），可在崎岖不平的山地或斜坡上行走，具有良好的平衡能力，由本身的立体视觉或远程遥控系统确认路径，如图 1-6 所示。

（7）外太空星球探测机器人

美国国家宇航局于 2004 年先后成功发射了“勇气号”火星探测机器

人和“机遇号”火星探测机器人。该火星探测机器人采用 6 轮独立驱动，每个车轮都有独立的悬挂系统，传感系统以视觉为主，包括全景摄像机、导航摄像机、校准目标全景摄像机等，得到的图像除了通过卫星通信系统传回地球表面，还用于探测车的自主检测障碍物和路径规划。整车由太阳能面板提供动力，最高速度可达 5cm/s，但因为受避障等因素影响，其实际平均速度仅有 1cm/s，每天行走距离为 100m。

(a) Demo Ⅲ (b) Mule

(c) Packbots (d) BigDog

图 1-6 军用自主式地面无人车辆

我国探月工程二期计划发射月球巡视勘测器（俗称“月球车”）登陆月球。月球车是一种能在月球表面移动，并完成探测、采集和分析样品等复杂任务的移动机器人。我国于 2004 年 2 月宣布探月计划进入实施阶段以来，国内众多科研机构和高校相继开展了月球车的方案设计和研制工作，在学习美国火星探测机器人的基础上，加大自主创新能力，研制的月球车颇具特色。2013 年 12 月 2 日 1 时 30 分，中国在西昌卫星发射中心成功地将“嫦娥三号”探测器送入轨道。2013 年 12 月 15 日 4 时 35 分，“嫦娥三号”着陆器与巡视器分离，“玉兔”号巡视器顺利驶抵月球表面。“玉兔”号是中国在月球上留下的第一个足迹，意义深远，它一共在月球上工作了972天。

1.2 移动机器人应用中的科学技术问题

移动机器人应用场合众多，工作环境恶劣、复杂，要提高移动机器人在各种环境下的自主工作能力，除了在移动机器人的本体设计上有所突破外，更重要的还要提高所构建导航系统的智能性。设计移动机器人自主导航系统的难点突出表现为四个方面：高自适应性、高实时性、高可靠性和高移植性。

（1）高自适应性

因为室外非结构化环境具有多样性、复杂性、随机性和不确定性，景物在不同地形中还有相互组合与耦合关系，如地表表面混乱、起伏不定，障碍物随机分布甚至相互间存在遮挡，光照、景物、天气的动态变化，这些都要求算法能对不同场景有良好的自适应性，它是决定移动机器人的工作范围和自主能力的重要因素。

（2）高实时性

由于获取的传感器信息本身的不稳定和场景的复杂性、随机性，如果要提高认知效果和导航决策性能，就会造成信息处理与形成决策的时间开销过大，很难兼顾算法有效性和降低计算复杂度。设计性能良好、有效性高的算法的同时能降低计算复杂度，是认知与导航中的难点问题。

（3）高可靠性

移动机器人工作环境恶劣、危险，很多时候是人类无法抵达的区域，错误的决策可能导致移动机器人发生碰撞或陷入死区，甚至发生倾覆、损坏等严重的事故。因此，要求移动机器人的自主导航系统从环境认知到导航决策等环节必须具备高可靠性。

（4）高移植性

移动机器人种类繁多，配置的传感器、执行器各异。应提高机器人软件开发的开放性，不同机器人之间的程序应具备较高可移植性，使得在新设计一台机器人时，可以充分利用现有的软件系统，从而缩短机器人软件的开发周期，降低维护成本。

1.3 移动机器人自主导航关键技术的研究现状

适用于未知环境的移动机器人导航系统应具备环境感知、行为决策等能力，其关键技术主要涉及环境信息获取、环境建模与定位、环境认知、导航避障等方面。

1.3.1 环境信息获取

移动机器人要实现在未知环境中的自主导航，必须实时、有效、可靠地获取外界环境信息。常用的传感器包括声呐传感器、红外传感器、激光测距仪和视觉传感器等，它们获取的信息通常为一维距离信息或二维图像信息，面对越来越复杂的场景，难以完全描述环境。为此，相关研究人员采用基于立体视觉技术的三维信息获取、基于激光扫描仪的三维信息获取、基于飞行时间（time of flight，TOF）摄像机的三维信息获取等方案。

立体视觉技术是模拟人类视觉系统获取三维信息的最直接形式。该方法通过两个视点观察同一景物以获取立体像对，匹配相应像点，计算出视差并获得三维信息，具有精度高、获取信息丰富等优点。该方法对摄像机标定要求较高。在结构化环境中，可通过寻找特征信息、进行特征点匹配的方式减少计算量；但是在室外非结构化环境下，特征信息难以提取，匹配过程将非常复杂，计算量巨大。此外，由于物体必须同时在两个摄像机中分别成像或者同一个摄像机对同一场景两次成像，才能实现对空间点三维信息的恢复，如果摄像机成像视野加大，必然成像畸变明显，匹配准确度下降，因此每次可恢复的环境范围有限。当环境光线变化巨大，且空间环境中的特征信息相对较少时，匹配过程更为困难。基于立体视觉技术获取非结构化场景、光线多变复杂场景下的实时三维信息存在很大困难。

Fruh 等[1]、Thrun 等[2] 先后采用左右两个二维激光扫描仪实现三维地貌重构。其中左扫描仪扫描水平方向，用于计算机器人当前的姿态；右扫描仪扫描垂直方向，测量环境的深度信息，然后将扫描获取的数据进行匹配融合，实现三维地图的构建。Surmann 等[3] 利用伺服电机驱动二维激光组成三维激光，并对室内通道场景进行了重建。Nuchter 等[4] 利用了三维激光重建了矿井通道的场景。这种方案的优点在于对环境适应性比较强，测量精度高，受光线和环境影响较小。但是激光扫描测距仪通过旋转的镜面扫描某个平面上的激光束，对整个场景则需多次扫描，因此影响了获取数据的实时性。在测量数据融合匹配过程中计算量和消耗的存储空间巨大，相对来说处理效率低，影响了实时性。另外，需要消耗大量能源去发射主动信号、对能源供给要求比较高、体积庞大等原因也限制了其在移动机器人上的应用。

基于TOF原理的摄像机属于主动式摄像机，由LED阵列或激光二极管产生的近红外光经调幅后作为光源，发射光经场景中的物体反射后返回摄像机，并通过摄像机中的光学传感器检测反射光的亮度和发射光与反射光之间的相位差，分别得到空间点的灰度信息和深度信息。近几年来，已有数款TOF原理的3D摄像机问世，典型技术产品代表有微软Kinect摄像机、Swiss-Ranger、Canesta、PMD等。由于TOF摄像机能实时获得空间的图像灰度信息及每个像素点对应的深度信息，因此被称为3D摄像机，它具有实时性好、测量精度适中、体积小、重量轻等优势，获得了空前关注，迅速应用于机器人的导航与地图创建、工业先进加工制造、目标识别与跟踪等领域研究。其缺点在于摄像机本身获得的图像分辨率较低，只有20000多个像素点，图像质量一般。为提高三维摄像机的深度信息精度，解决分辨率低的问题，Linder和Kahlmann等[5]先后提出了三维摄像机标定改进方案，以提高测量精度和可靠性，Falie等[6]针对深度信息误差进行了分析，针对结构化环境提出了一些解决方案。近期，微软、英特尔、苹果和谷歌公司在三维视觉领域的积极投入，必将推动三维视觉成像领域的飞速发展，将机器人感知和地图创建等研究带入模拟人类视觉感知的全三维空间。

综上所述，对比几种三维信息获取方案各自的优缺点如表1-1所示。

表1-1　三维信息获取方案对比

方案	优点	缺点
立体视觉	成像质量高，技术方案成熟，精度高（可达mm级）	①在图像特征少的环境下难以实现匹配 ②三维恢复误差大且复杂耗时，可靠性和实时性差
激光测距仪方案	受外界环境干扰小、稳定，准确性高，精度高（可达mm级）	①需借助额外装置和多次扫描，通过特定算法实现信息匹配，计算复杂 ②缺乏纹理特征等，信息不完整 ③昂贵，体积大
3D摄像机	可迅速获取环境三维信息，尺寸小巧	①可成像距离较近（一般小于7.5m） ②像素分辨率低，后期处理困难 ③精度一般，只有cm级

1.3.2 环境建模与定位

移动机器人自定位与环境建模是导航中的关键问题，环境模型的准确性依赖于定位精度，而定位的实现又离不开环境模型。

从环境地图的形式出发，移动机器人的环境模型可分为栅格、几何信息、拓扑信息、三维信息的环境模型。为了提高地图模型的效率，有学者将拓扑信息与栅格或几何信息相结合，建立混合地图模型，用于室外结构化环境中无人驾驶车辆的导航，这种混合模型充分利用了每种模型的优点，并克服了各自的缺点，取得了较好效果。随着移动机器人的应用向室外非结构化环境下拓展，只包含了二维平面信息的地图已经不能满足要求，具有更丰富环境信息的三维地图越来越得到人们的重视。但是，信息量的增加意味着更高的存储要求、更复杂的数据处理算法和更大的计算量。为此，Moravec 提出在二维栅格地图中通过高度方向离散化构建三维栅格地图的方法。Thrun 等在创建二维栅格地图时，还保存了每个栅格内地形的平均高度或最大高度，这种地图被称为 2.5 维栅格地图。它不仅能实现三维栅格地图的表现效果，同时还减少了数据量。Chilian 等[7] 在此基础上，用区间［0,1］内的数表示通过栅格内地形的难易程度，并以此取代二维栅格的高度，更能客观反映环境。

由于传感器所获得的信息存在局限性和不确定性误差，而且移动机器人在运动过程中由于机械、地面不平整等原因也会使运动本身存在不确定性，对于各种环境建模与定位而言，关键就是如何处理这些不确定性。为此，扩展卡尔曼滤波器、最大似然估计、粒子滤波器等概率算法被引入用于解决此类问题。

1.3.3 环境认知

为了能有效地理解非结构化环境的整体或各局部区域，环境认知的研究从早期的环境中单一形式物体分割辨识逐渐过渡到对类内多形式物体的快速识别和场景的全局理解。

模糊逻辑、神经网络、支持向量机、Adaboost 分类器等人工智能技术广泛应用于环境中的物体辨识中。其难点在于非结构化环境下区域的模糊性无法找到类似的规则化特征，因此特征的选择对非结构化环境的描述至关重要。Angelova 等[8] 采用颜色均值、颜色直方图及纹理分层变长特征表征不同地表的物质类型。Brooks 等[9] 不再局限视觉特征，通过分析振动信号，采用信号识别的方法来识别地表类型。振动信号由加速度传感器检测的输出为电压信号，将振动信号从时域变换到功率谱密度，运用Log尺度分解减少高频分量的影响，对得到的特征向量运用主成分分析（PCA）方法降维，再训练分类器识别地表类型，克服了视觉传感器易受光线影响等缺陷。Lowe[10] 受生物视觉模型启发，提出尺度不变特征变换（SIFT），认为该细胞对场景中特定取向和空间频率的梯度信息敏感。SIFT描述了某一场景的不变量，该特征对环境的尺度、平移、旋转变换具有较好的不变性。Valgren等[11] 采用SIFT、加速稳健特征（SURF）等特征描述局部环境，完成移动机器人室外自定位和地理信息识别。Schafer等[12] 针对有植被的室外环境，在考虑植被环境中障碍物的种类特性基础上，提出了基于3D激光雷达的障碍物识别方法，通过短期记忆与虚拟传感器等手段以增强激光数据的分布层次和范围，提高了识别的精度。

为提高算法的实时性，研究人员采用提取感兴趣区域的方法，缩小分析范围，以减小计算量。文献［13］利用视觉局部显著区域对非结构化环境进行识别和理解，在此过程中首先提取了感兴趣区域。为了提高算法对复杂环境的适应能力，有学者在认知过程中引入学习策略，包括有监督学习、自监督学习、半监督学习和主动学习等方法。后三种学习方法具有在线学习的能力，是今后的发展趋势，但是如何提高这些学习策略的稳定性是亟须解决的问题。文献［14,15］将学习的方法用于非结构化环境下的可通行区域或未知障碍物区域的检测与识别中，取得了初步研究成果。

对于场景的理解上不再局限于场景内个别物体的识别，而是对场景整体上认识。Oliva等[16] 采用自然度（naturalness）、开放度（openness）、粗糙度（roughness）、扩展度（expansion）和不平整度（ruggedness）五个特征从整体的角度描述场景，从而不必局限于场景的局部特征和场景中的物体分布，从全局信息出发实现山地、森林、沙滩等6个类别场景的划分。

1.3.4 导航避障

根据在导航过程中是否存在环境地图，可将导航策略概括为两大类：基于地图的导航和无地图的导航。其中前者需要先验知识；后者指移动机器人识别并跟踪某个目标，从而完成特定目的的导航任务。根据其策略，每种方法又可细分为若干子类，具体分类情况如图1-7所示。

（1）基于地图的导航

基于地图的导航方法是一种使用/创建地图的导航技术，需要环境的先验知识。可以在导航任务开始前提供完整的环境地图，如 CAD 环境模型；也可以在导航过程中利用自身传感器在线自动构建 2D 或 3D 环境模型。在导航开始之前，需要解决精确定位的问题。

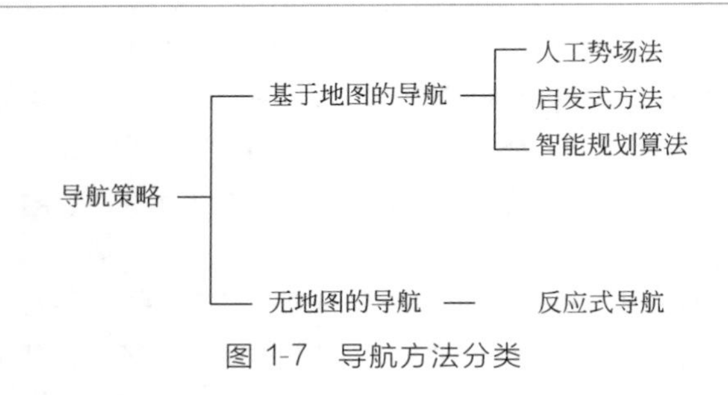

图 1-7 导航方法分类

① 人工势场法　文献［17］在 2D 栅格表示环境基础上，采用虚拟力场法（virtual force field），即假设每个包含有障碍物的栅格存在排斥移动机器人往该方向运动的虚拟力，所有的排斥力以向量方式合成为一个总的力，排斥移动机器人绕开障碍物，而目标产生吸引力使移动机器人向目标位置靠近，二者的叠加构成机器人的虚拟势场。研究人员通过选取不同的势函数，又提出了牛顿型势场、圆形对称势场等。然而，势场法存在着在搜索时发生“局部最小”的情况，即机器人因在某一处所受力为零而停止不动。为了解决这一问题，GE 等引入了统一的势能函数，Vadakkepat 等在势场法中引入遗传算法调节势函数的参数克服局部最小问题。

② 启发式方法　A＊算法是启发式方法的代表。随后 Stenta 提出了 D＊算法（也称为 Dynamic A＊算法）和 Focussed D＊算法。D＊算法可理解为动态的最短路径算法，而后者则利用了 A＊算法使用启发式评价函数这一主要优点，它们都能根据移动机器人在运动中获取的环境新信息快速修正和重新规划出最优路径，减少了局部规划的时间，满足了在线实时规划的需要。此外，很多研究人员通过修改 A＊算法的评价函数和图搜索方向，提高了 A＊算法的路径规划速度，对复杂环境具有一定的适应能力。Chilian 等在移动机器人导航中首先创建 2.5D 栅格地图模型，在此基础上利用改进的 D＊算法完成路径规划，使得移动机器人在环境中谨慎自如地行走，且能自主判断出前进道路上的障碍物，并实时重规划作出后续动作的决策。

针对栅格地图，因为假设其栅格四向连通或八向连通而导致规划路径存在次优的问题，Ferguson 等[18] 提出的 Field D＊算法通过线性插值找到具有最小路径消耗值的点，尝试解决由机器人工作环境离散化过程带来的影响。为提高移动机器人的导航性能，越来越多的研究人员用3D形式描述环境，Carsten等[19]扩展Field D*算法，应用到三维栅格地图中，实现在空间中搜索最短路径。

③ 智能规划算法　随着计算机科学、人工智能及仿生学的不断发展，遗传算法、模糊逻辑、神经网络、蚁群算法、粒子群算法等新的智能技术被引入，来解决路径规划问题。

遗传算法采用多点搜索，因而更有可能搜索到全局最优解。遗传算法的整体搜索策略和优化计算并不依赖于梯度信息，因此能解决路径规划中一些其他优化算法无法解决的问题。但遗传算法的运算需要占据较大的存储空间和运算时间，影响了实时性。

模糊逻辑采用近似自然语言的方式，将当前环境的障碍物信息作为模糊推理的输入，通过模糊推理机得到移动机器人的转向和速度。该方法能较好地处理传感器信息的不确定性和非精确性，适用于障碍物较少的环境，实时性好、鲁棒性高。

（2）无地图的导航

无地图的导航指不需要任何先验知识的导航策略，主要通过提取、识别和跟踪环境中的基本组成元素的信息（如石块、斜坡等）实现导航，在其导航过程中也不需要障碍物的绝对位置。在非结构化环境下，无地图的导航主要采用反应式导航策略。

反应式导航是一门由生物系统受启发而产生、用于设计自主机器人的技术。它可以稳定及时地对不可预知的障碍和环境变化作出反应，但由于缺乏全局环境知识，因此所产生的动作序列可能不是全局最优的。反应式导航可分为两类：基于声呐的避障导航和基于模型的避障导航。前者直接处理每一个传感器数据以确定下一步动作，后者需要预定义已知目标的模型。反应式导航主要通过定性的信息避障，避免使用、计算或产生精确的数值信息，如距离、位置坐标、速度、图像平面在世界平面上的投影等。其他采用定性策略的导航方法都可归为反应式导航。

对于基于声呐的避障导航主要采用模糊逻辑、神经网络、模糊-神经网络等智能算法定性地处理不确定的距离数值信息，实现移动机器人的自主避障。为了解决模糊隶属度难以确定、模糊规则冗余、神经网络结构不易确定等问题，有研究人员引入遗传算法、蚁群算法等仿生优化算法，提高了导航策略的适应性和鲁棒性。该策略在非结构化环境下应用，相关研究人员在提取的视觉信息中引入模糊逻辑，定性处理导航问题。

其中以 Howard 等[20] 针对不规则地形提出的策略为典型代表。文献［21,22］在此基础上，以行为方式对地形可通行性作出反应，分别针对自然环境或月球表面环境，实现了不同环境下的自主导航仿真实验。

参考文献

[1] Fruh C, Zakhor A. An automated method for large-scale, ground-based city model acquisition[J]. Journal of Computer Vision, 2004, 60(1): 5-24.

[2] Thrun S, Martin C, Liu Y, et al. A real-time expectation maximization algorithm for acquiring multi-planar maps of indoor environments with mobile robots[J]. IEEE Transactions on Robotics and Automation, 2004, 20(3): 433-443.

[3] Surmann H, Nuchter A, Hertzbergj. An autonomous mobile robot with a 3D laser range finder for 3D exploration and digitalization of indoor environments[J]. International Journal of Robotics and Autonomous Systems, 2003, 45: 181-198.

[4] Nuchter A, Surmann H, K. Lin Gemann, et al. 6D Slam with an application in autonomous mine mapping[J]. Proceedings of IEEE. International Conference on Robotics & Automation, 2004: 1998-2003.

[5] Linder M, Schiller I, Kolb A, et al. Time-of-Flight sensor calibration for accurate range sensing[J]. Comput Vis Image Underst, 2010, 11(4): 1318-1328.

[6] Falie D, Buzuloiu V. Noise characteristics of 3D time-of-flight cameras[J]. arXiv preprint arXiv: 0705.2673, 2007.

[7] Chilian A, Hirschmuller H. Stereo camera based navigation of mobile robots on rough terrain. Proc. of IEEE International Conference on Intelligent Robots and System, 2009: 4571-4576.

[8] Angelova A, Matthies L, Helmick D, et al. Fast terrain classification using variable-length representation for autonomous navigation [C]//Computer Vision and Pattern Recognition, 2007. CVPR'07. IEEE Conference on. IEEE, 2007: 1-8.

[9] Brooks C A, Iagnemma K. Vibration-based terrain classification for planetary exploration rovers[J]. IEEE Transactions on Robots, 2005, 21(6): 1185-1191.

[10] Lowe D G. Distinctive image features from scale-invariant key-points[J]. International Journal of Computer Vision, 2004, 60(2): 91-110.

[11] Valgren C, Lilienthal A J. SIFT, SURF and seasons: Long-term outdoor localization using local features[C]//3rd European conference on mobile robots, ECMR'07, September 19-21, Freiburg, Germany. 2007: 253-258.

[12] Schafer H, Hach A, Proetzsch M, et al. 3D obstacle detection and avoidance in vegetated off-road terrain[C]//

Robotics and Automation, 2008. ICRA 2008. IEEE International Conference on. IEEE, 2008: 923-928.

[13] 王璐，陆筱霞，蔡自兴. 基于局部显著区域的自然场景识别[J]. 中国图象图形学报，2008，13(8): 1594-1600.

[14] Sofman B, Lin E, Bagnell J A, et al. Improving robot navigation through self-supervised online learning [J]. Journal of Field Robotics, 2006, 23(11-12): 1059-1075.

[15] Hadsell R, Sermanet P, Ben J, et al. Learning long-range vision for autonomous off-road driving [J]. Journal of Field Robotics, 2009, 26 (2): 120-144.

[16] Oliva A, Torralba A. Scene-centered description from spatial envelope properties [C]//International Workshop on Biologically Motivated Computer Vision. Springer, Berlin, Heidelberg, 2002: 263-272.

[17] Borenstein J, Koren Y. Real-time obstacle avoidance for fast mobile robots [J]. IEEE Transaction System Man Cybern, 1989, 19(5): 1179-1187.

[18] Ferguson D, Stentz A. Field D*: An interpolation-based path planner and replanner [J]. Robotics Research, 2007(28): 239-253.

[19] Carsten J, Ferguson D, Stentz A. 3d field d: Improved path planning and replanning in three dimensions[C]//Intelligent Robots and Systems, 2006 IEEE/RSJ International Conference on. IEEE, 2006: 3381-3386.

[20] Howard A, Seraji H. Vision-based terrain characterization and traversability assessment [J]. Journal of Robotic Systems, 2001, 18(10): 577-587.

[21] Norouzzadeh Ravari A R, Taghirad H D, Tamjidi A H. Vision-based fuzzy navigation of mobile robots in grassland environments [J]. IEEE/ASME International Conference on Advanced Intelligent Mechatronics, 2009: 1441-1446.

[22] 徐璐，曹亮，居鹤华，等. 基于三维通行性的月球车自主导航[J]. 系统仿真学报，2007，19(2): 2852-2856.

第2章

智能机器人力觉感知

力觉感知系统能获取机器人作业时与外界环境之间的相互作用力，是智能机器人最重要的感知之一，它能同时感知直角坐标三维空间的两个或者两个以上方向的力或力矩信息，进而实现机器人的力觉、触觉和滑觉等信息的感知。

2.1 智能机器人多维力/力矩传感器的研究现状

智能机器人多维力/力矩传感器受到各领域专家学者的重视，并广泛应用于各种场合，为机器人的控制提供力/力矩感知环境，如零力示教、轮廓跟踪、自动柔性装配、机器人多手协作、机器人遥操作、机器人外科手术、康复训练等。

国际上对多维力/力矩信息获取的研究是从20世纪70年代初期开始的。目前，机器人多维力传感器生产厂家主要有美国的AMTI、ATI、JR3、Lord，瑞士的Kriste，德国的Schunk、HBM等公司，每台价格为一万美元左右。我国中科院合肥智能机械研究所、哈尔滨工业大学、华中理工大学、东南大学等单位分别研制出多种规格的多维力/力矩传感器。

力觉感知的最早应用是力觉临场感遥操作系统。装备这种系统的智能机器人把复杂恶劣环境（深海、空间、毒害、战场、辐射、高温等）下感知到的交互信息以及环境信息实时地、真实地反馈给操作者，使操作者有身临其境的感觉，从而有效地实现带感觉的控制来完成指定作业。理想的力觉临场感能使操作者感知的力等于从手与环境间的作用力，同时从手的位置等于主手的位置，此时的力反馈控制系统称为完全透明的。操作者与远端机器人之间的通信时延是影响遥操作系统的突出问题，时延降低了系统的稳定性；基于无源二端口网络和散射理论、自适应预测控制理论、滑模控制理论、鲁棒控制理论等的方法，有望消除或减缓时延的影响。图2-1是两个典型的遥操作系统：Intuitive Surgical公司机器人遥操作手术系统和Stanford大学带有力触觉临场感的遥操作机器人系统。

图2-2所示为几种比较成熟的具有力觉反馈的数据手套，其中美国Utah/MIT的遥操作主手（UDHM）具有16个自由度，四个手指机构采用霍尔效应传感器测量各关节的运动角度，UDHM的研究包括人手到机械手的运动映射、人手运动的校正等。Rutgers Master Ⅱ手套采用气动伺服机构，可以为操作者各手指的四个关节提供最大至16N的力反馈，其角度测量也是采用非接触式的霍尔效应传感器，这种接口的特点是采用直接驱动方案，没有缆索和滑轮等中间传动，结构简单。NASA/JPL

实验室的力反馈手套采用张力传感器和电动执行机构再现接触力觉。Immersion 公司的 Cybergrasp 手套则是通过机械线控方式，由电机输出最大至 12N 的力至操作者的五个手指关节。

(a) Intuitive Surgical公司机器人遥操作手术系统

(b) Stanford大学带有力触觉临场感的遥操作机器人系统

图 2-1 遥操作系统

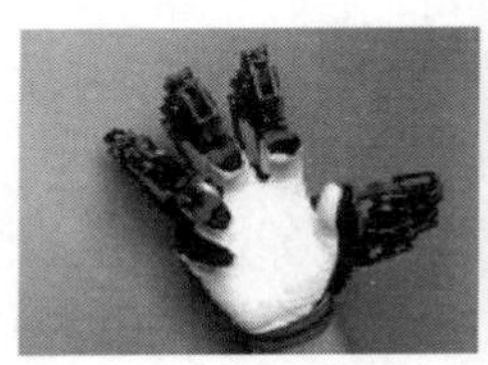

(a) Utah/MIT遥操作主手

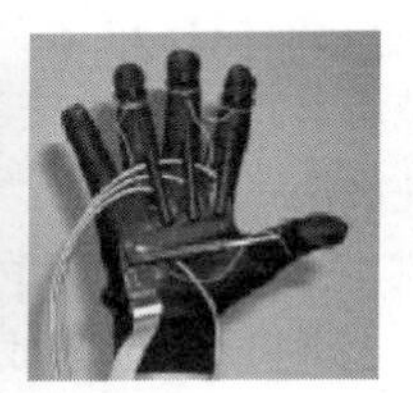

(b) Rutgers Master II主手

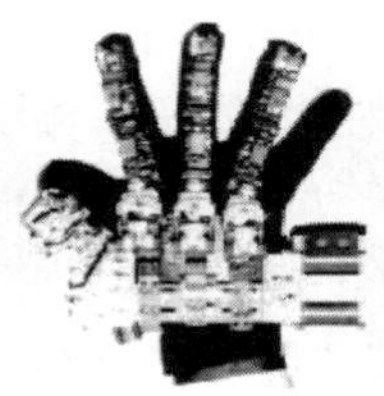

(c) JPL主手

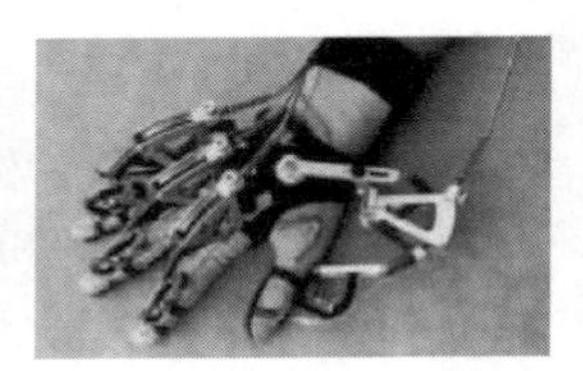

(d) Immersion公司的Cybergrasp

图 2-2 几种力觉反馈数据手套

韩国汉阳大学的研究者 Jae-jun Park、Kihwan Kwon 和 Nahmgyoo Cho 于 2006 年研制了一种基于多维力/力矩传感器的坐标检测系统（CMM）[1]，如图 2-3 所示。传统的基于探针的坐标检测系统总是受探针的不可消除的弹性变形和探针末端探球引起的系统形状误差的影响，针对这种情况，设计者提出用集成的三维力传感器来补偿探针的弹性变形误差，并根据由三维力信息计算得到的受力方向和探针的几何形状方程来补偿探球引起的系统形状误差。其测量不确定度可以达到 0.25μm。

图 2-3 基于多维力/力矩传感器的坐标检测系统[1]

近年来，并联机构被广泛地研究，

其相应成果被应用到机器人技术相关领域，取得了一些新颖的成果。在将并联机构尤其是 Stewart 平台应用到多维力/力矩传感器方面也进行了研究：Gailler 和 Reboulet[2] 早在 1983 年首次提出和设计了一种基于 Stewart 平台八面体结构的力传感器；Dwarakanath 等[3] 于 1999 年研制了基于 Stewart 平台的多维力/力矩传感器，如图 2-4 所示，并对运动学、并联腿的设计及构型优化进行了理论分析；Ranganath、Mruthyunjaya 和 Ghosal[4] 分析和设计了一种高灵敏度基于近奇异构型的 Stewart 平台的六维力/力矩传感器；Nguyen 等[5] 设计和分析了一种基于 Stewart 平台的六维力/力矩传感器，其每条腿都装有弹簧，使设计的传感器灵敏度高、动态性能好；Dasgupta 等[6] 针对基于 Stewart 平台的多维力/力矩传感器提出了一种基于力传递矩阵的最优条件数的优化设计方法。

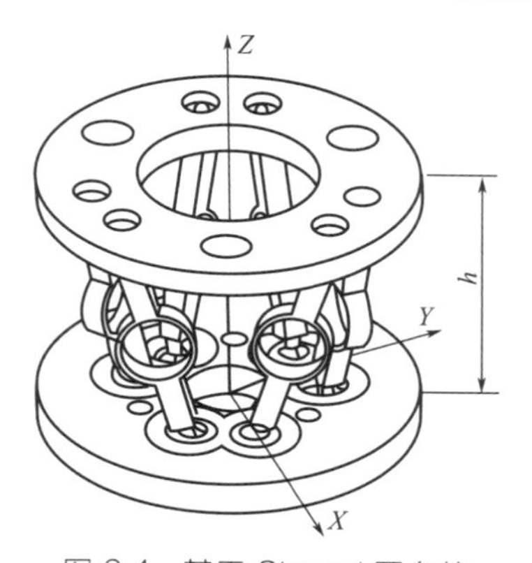

图 2-4 基于 Stewart 平台的六维力/力矩传感器

2.2 智能机器人多维力/力矩传感器的分类

按信息检测原理，可将目前的机器人多维力/力矩信息获取系统分为电阻应变式、电感式、光电式、压电式和电容式等。按采用的敏感元件，可将机器人多维力/力矩信息获取系统分为应变式（金属箔式和半导体式）、压电式（石英、压电复合材料等）、光纤应变式、厚陶瓷式、MEMS（压电和应变）式等。

表 2-1 列出了一些常见的多维力/力矩传感器的特征。国际上对多维力/力矩传感器的研究热点除了在检测原理和方法创新、新型弹性体结构设计外，人们更关注的是多维力/力矩传感器的应用问题，如现代工业机器人怎么样能够充分利用多维力/力矩传感器以及其他感知系统来完成对各种环境下的更多、更复杂的机器人作业，使工作更加精确、生产效率更高、成本更低。如将多维力/力矩传感器利用到工业机器人自动装配生产线，结合更实时、更有效的算法，使智能工业机器人能够更好地进行精密柔性机械装配、轮廓跟踪等作业。各种类型的传感器的优缺点如表 2-2 所示。

表 2-1 几种主要多维力/力矩传感器的特征比较[7,8]

年代 & 开发者	制造方法	标定方法	尺寸 & 轴数/μm	灵敏度 & 量程	检测原理
1998&Jin and Mote	表面与体硅微加工工艺	电磁法	300×300(弹性体)&3	3μN&n. a.	压阻效应
1998&Jin and Mote	体硅微加工工艺和晶片键合机理	电磁法	4.5×4.5×1.2&6	1mN&n. a.	压阻效应
1999&Mei et al.	CMOS 工艺，体硅微加工工艺	标准三维力传感器	4×4×2&3	13mV/N&0～50N	压阻效应
2002&Dao et al.	硅微加工工艺	细微压头	3×3×4&6	1.15mV/mN&n. a.	压阻效应
2008&Tibrewala et al.	体硅微加工工艺	n. a.	6.5×6.5×2.5&3	0.37～0.79mV/(V·mN)&25mN	压阻效应
2005&Valdastri et al.	先进硅蚀刻	商用六维力传感器	2.3×2.3×1.3&3	$0.054N^{-1}$&3N	压阻效应
2004&Shen, Xi	PVDF 高分子薄膜	3-D 微操作平台和 CCD 彩色摄像机组成的系统	22.5×19.2×10.2&1(2)	4.6602V/μN&n. a.	压电效应
2002&Wang&Beebe	体硅微加工工艺	商用力传感器	1.9×1.9×0.05(光圈)&3	0.15V/N&0～30N	压阻效应
2012&Brookhuis and Lammerink	体硅微加工工艺与硅热键合	标定好的力传感器	9×9×1(PCB 芯片)&3	16pF/N&50N	电容式
2012&Estevez and Bank	体硅微加工	商用单轴力探头	3×1.5×0.03&6	100μN&4～30mN	压阻效应
2009&Beyeler and Muntwyler et al.	体硅微加工工艺	商用二维力传感器	10×9×0.5&6	1.4μN&1000μN	电容式

续表

年代 & 开发者	制造方法	标定方法	尺寸 & 轴数/μm	灵敏度 & 量程	检测原理
2011&Cappelleri, Piazza and Kumar	激光刻蚀与湿法刻蚀	原子力显微镜和有限元分析(FEA)	3×1.63×0.075&2	14pixels/μN&0～50μN	光电式
2013&Tetsuo Kan, Hidetoshi Takahashi et al.	硅微加工工艺	单轴压阻式悬臂梁	2.54×1.76×0.015&3	1.5N/m&n.a.	压阻效应
2010&Muntwyler et al.	体硅微加工工艺	商用单轴力传感器	5×6×0.5&3	30nN& ±25μN ～ ±200μN	电容式
2005&Beccai, Lucia, Stefano Roccella	先进硅刻蚀(ASE)	商用力传感器	2.3×2.3×1.3&3	0.032±0.001N^{-1}&0～2N	压阻效应
2012&Cullinan and Panas	微加工与自装配	测微计	2.5×0.035×0.01&3	0.79mV/μN&100μN	压阻效应
2008&Kim, K., Cheng, J.	体硅微加工工艺	n.a.	n.a.&2	0.0145V/μN, 33.2nN (resolution)&165μN	电容式
2005&Ohka et al.	电火花模具	X-Z平台	6×7.2×0.4&3	1.85mN&10N	光学式
2009&Takenawa	四片式电感器，钕磁铁	商用六维F/T传感器	3.2×2.5×2.2&3	0.06N (resolution) & −40～40N	电感式
2012&De Maria	LED-光敏管	商用六维力传感器	11.4×11.4×1.6&6	0.15N and 0.08N (error) & ±3.5N and ±10N·mm	光电式

表 2-2 智能机器人多维力/力矩传感器的各种类型及其优缺点比较表

检测方法	总体描述	优点	缺点
电容式	在力/力矩作用产生与之相应的电容变化量	①高灵敏度和高分辨率 ②频率范围宽 ③结构简单 ④适应环境强	①调理电路复杂 ②寄生电容影响大
电阻应变式	在力/力矩作用产生与之相应的电阻变化量	①精度高 ②测量范围广 ③频率特性好 ④技术成熟	①存在非线性误差 ②信号输出微弱
电感式	在力/力矩作用产生与之相应的电感量的变化	①高灵敏度和高分辨率 ②线性度好 ③重复性高	①不适于动态测量 ②可靠性不高
光电式	基于光电效应在力/力矩作用下产生与之相应的光学量的变化	①可靠性高 ②测量范围广 ③动态响应好	①价格昂贵 ②对测试环境要求高
压电式	基于正压电效应在力/力矩作用产生与之相应的电荷量的变化	①动态响应好 ②精度高和分辨率高 ③结构紧凑、尺寸小 ④刚度强	①存在电荷泄漏，静态力测量困难 ②分辨率不高

2.3 电阻式多维力/力矩传感器的检测原理

从以上的分析可知，智能机器人广泛使用的多维力/力矩传感器都基于电阻式检测方法，其中又以应变电测和压阻电测最为常见。如图 2-5 所示，基于应变电测技术的力/力矩信息检测方法一般分以下几步完成传感器所受力/力矩到等量力/力矩信息输出的过程。

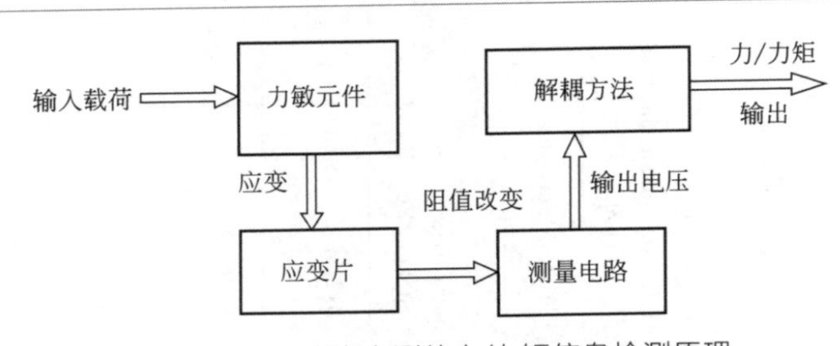

图 2-5 基于应变电测的力/力矩信息检测原理

① 载荷——弹性应变：起载荷作用的传感器的弹性体发生与所受载荷成一定关系的极微小应变。即：

$$\varepsilon = f(F) \tag{2-1}$$

式中，ε 和 F 分别表示弹性体发生的应变和所受载荷。

② 弹性应变——应变片阻值的变化：弹性体上的应变片组也会发生与粘贴位置相同的变形和应变。由于应变片的电阻值与其发生的应变成线性关系，因此应变片电阻值的变化为：

$$\Delta R / R = G_f \varepsilon \tag{2-2}$$

式中，G_f 为应变片的灵敏系数；ΔR 和 R 分别为应变片的电阻变化值和电阻初始值。因此，应变片发生的电阻值变化为：

$$\Delta R = G_f R \varepsilon = G_f R f(F) \tag{2-3}$$

③ 阻值的变化——电压输出：通过相应的检测电路将阻值的变化变成电流或电压的变化，以便进行下一步信息处理工作。应变片电测方法一般采用两种测量电路。当采用如图 2-6 所示的桥式检测电路时，输出电压可以表达为：

$$V_O = U_{BC} - U_{AC} = \frac{R_1 R_3 - R_2 R_4}{(R_1 + R_2)(R_3 + R_4)} V_E \tag{2-4}$$

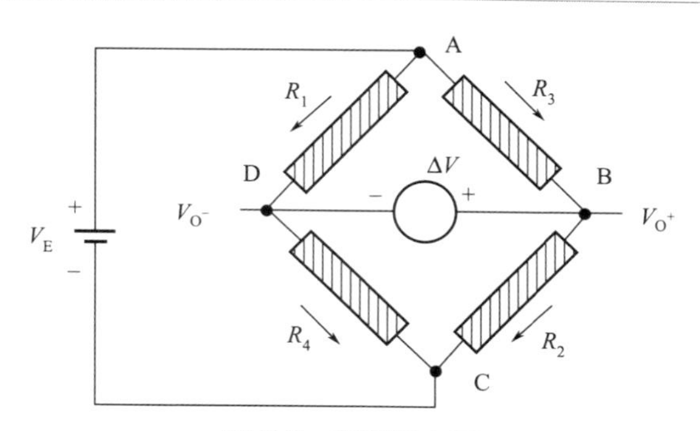

图 2-6 惠斯通电桥

在满足电桥平衡条件下，输出电压变化可通过下式获得：

$$\Delta V_O = \frac{R_1 R_2}{(R_1 + R_2)^2} \left(\frac{\Delta R_1}{R_1} - \frac{\Delta R_2}{R_2} + \frac{\Delta R_3}{R_3} - \frac{\Delta R_4}{R_4} \right) V_E \tag{2-5}$$

通过将不同数量的支路接入应变片，当 $R_1 = R_2$、$R_3 = R_4$ 且有两个臂接入应变片时，称为半桥，其输出电压的变化量为：

$$\Delta V_O = \frac{V_E}{4} \left(\frac{\Delta R_1}{R_1} - \frac{\Delta R_2}{R_2} + \frac{\Delta R_3}{R_3} - \frac{\Delta R_4}{R_4} \right) \tag{2-6}$$

当 $R_1=R_4$，$R_3=R_2$ 时，如令 $R_2/R_1=R_3/R_4=a$，则：

$$\Delta V_O=\frac{aV_E}{(1+a)^2}\left(\frac{\Delta R_1}{R_1}-\frac{\Delta R_2}{R_2}+\frac{\Delta R_3}{R_3}-\frac{\Delta R_4}{R_4}\right) \tag{2-7}$$

具体使用时，通常将四个桥臂都接入阻值相同的应变片，可得全桥检测时的输出电压变化量为：

$$\Delta V_O=\frac{V_E G_f}{4}(\varepsilon_1-\varepsilon_2+\varepsilon_3-\varepsilon_4) \tag{2-8}$$

④ 电压输出——力/力矩信息输出：传感器应变片各组输出与其所受的载荷关系可以用检测矩阵来表示：

$$\boldsymbol{S}=\boldsymbol{TF} \tag{2-9}$$

式中，$\boldsymbol{S}=[S_1,S_2,S_3,\cdots]^{\mathrm{T}}$ 表示传感器各应变片组的输出；$\boldsymbol{T}$ 表示传感器的检测矩阵；$\boldsymbol{F}=[F_1,F_2,F_3,\cdots]^{\mathrm{T}}$ 表示传感器所受载荷，F_i 表示为第 i 维力/力矩。

传感器所受力/力矩经解耦矩阵可得：

$$\boldsymbol{F}=\boldsymbol{T}^{-1}\boldsymbol{S} \tag{2-10}$$

当应变片组数大于传感器的维数，且检测矩阵的维数等于传感器的维数时，应通过广义逆矩阵方法来计算：

$$\boldsymbol{F}=(\boldsymbol{T}^{\mathrm{T}}\boldsymbol{T})^{-1}\boldsymbol{T}^{\mathrm{T}}\boldsymbol{S} \tag{2-11}$$

为了控制器使用方便，把所获得的力/力矩转换成机器人末端执行器坐标系下的表示：

$$\begin{bmatrix}\boldsymbol{F}_c\\ \boldsymbol{M}_c\end{bmatrix}=\begin{bmatrix}\boldsymbol{R}_s^c & 0\\ \boldsymbol{S}(\boldsymbol{r}_{cs}^c)\boldsymbol{R}_s^c & \boldsymbol{R}_s^c\end{bmatrix}\begin{bmatrix}\boldsymbol{F}_s\\ \boldsymbol{M}_s\end{bmatrix} \tag{2-12}$$

式中，$\boldsymbol{F}_c$ 表示在手爪坐标系下的三维力；$\boldsymbol{M}_c$ 表示在手爪坐标系下的三维力矩；$\boldsymbol{R}_s^c$ 表示方向转变矩阵；$\boldsymbol{r}_{cs}^c$ 表示在手爪坐标中表示的起点在传感器坐标系原点、终点在手爪坐标系原点的矢量；$\boldsymbol{F}_s$ 表示在传感器坐标系下的三维力；$\boldsymbol{M}_s$ 表示在手爪坐标系下的三维力矩信息；$\boldsymbol{S}(*)$ 表示斜对称算子，其定义为：

$$\boldsymbol{S}(\boldsymbol{r})=\begin{bmatrix}0 & -r_z & r_y\\ r_z & r_y & -r_x\\ -r_y & r_x & 0\end{bmatrix} \tag{2-13}$$

图 2-7 和图 2-8 所示为设计的五维力/力矩传感器的应变片布片图、实物图和组桥示意图。

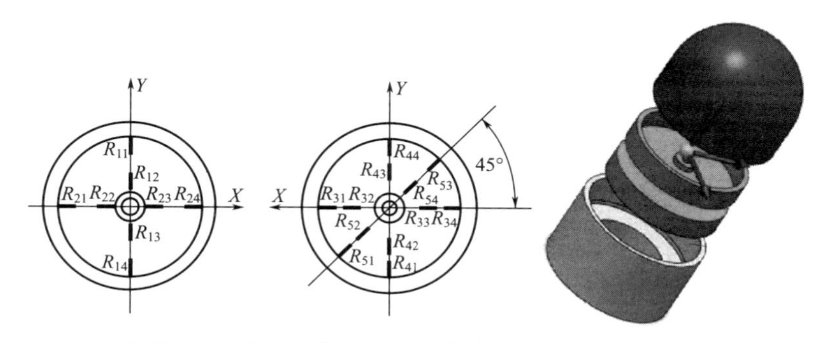

图 2-7 五维力/力矩传感器应变片布片示意图及实物图

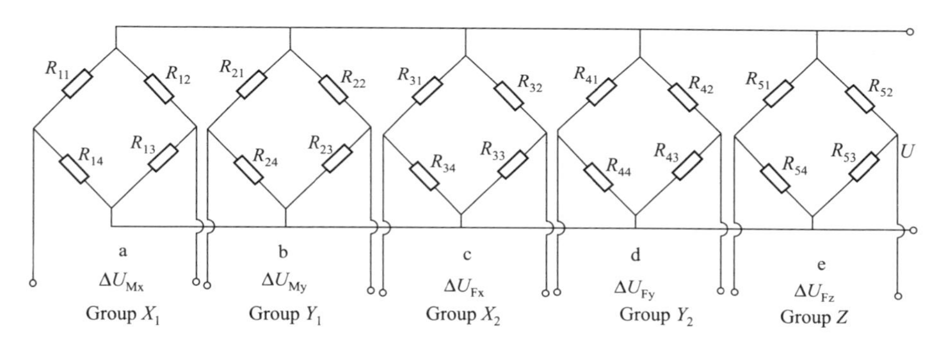

图 2-8 五维力/力矩传感器应变片组桥示意图

由上面的分析可得各桥路在相应的载荷下输出如下：

$$\begin{aligned}\Delta U_{x1} &= \frac{U}{4}\left(\frac{\Delta R_{11}}{R_{11}}-\frac{\Delta R_{12}}{R_{12}}+\frac{\Delta R_{13}}{R_{13}}-\frac{\Delta R_{14}}{R_{14}}\right)\\ &= \frac{U}{4}\left[2\left(\frac{\Delta R_{11}}{R_{11}}\right)_{\varepsilon}-2\left(\frac{\Delta R_{12}}{R_{12}}\right)_{\varepsilon}\right]=\frac{UK}{2}(\varepsilon_{11}+|\varepsilon_{12}|)\end{aligned} \tag{2-14}$$

$$\begin{aligned}\Delta U_{y1} &= \frac{U}{4}\left(\frac{\Delta R_{21}}{R_{21}}-\frac{\Delta R_{22}}{R_{22}}+\frac{\Delta R_{23}}{R_{23}}-\frac{\Delta R_{24}}{R_{24}}\right)\\ &= \frac{U}{4}\left[2\left(\frac{\Delta R_{21}}{R_{21}}\right)_{\varepsilon}-2\left(\frac{\Delta R_{22}}{R_{22}}\right)_{\varepsilon}\right]=\frac{UK}{2}(\varepsilon_{21}+|\varepsilon_{22}|)\end{aligned} \tag{2-15}$$

$$\begin{aligned}\Delta U_{x} &= \frac{U}{4}\left(\frac{\Delta R_{31}}{R_{31}}-\frac{\Delta R_{32}}{R_{32}}+\frac{\Delta R_{33}}{R_{33}}-\frac{\Delta R_{34}}{R_{34}}\right)\\ &= \frac{U}{4}\left[2\left(\frac{\Delta R_{31}}{R_{31}}\right)_{\varepsilon}-2\left(\frac{\Delta R_{32}}{R_{32}}\right)_{\varepsilon}\right]=\frac{UK}{2}(\varepsilon_{31}+|\varepsilon_{32}|)\end{aligned} \tag{2-16}$$

$$\Delta U_{y}=\frac{U}{4}\left(\frac{\Delta R_{41}}{R_{41}}-\frac{\Delta R_{42}}{R_{42}}+\frac{\Delta R_{43}}{R_{43}}-\frac{\Delta R_{44}}{R_{44}}\right)$$
$$=\frac{U}{4}\left[2\left(\frac{\Delta R_{41}}{R_{41}}\right)_{\varepsilon}-2\left(\frac{\Delta R_{42}}{R_{42}}\right)_{\varepsilon}\right]=\frac{UK}{2}(\varepsilon_{41}+|\varepsilon_{42}|) \tag{2-17}$$

$$\Delta U_{z}=\frac{U}{4}\left(\frac{\Delta R_{51}}{R_{51}}-\frac{\Delta R_{52}}{R_{52}}+\frac{\Delta R_{53}}{R_{53}}-\frac{\Delta R_{54}}{R_{54}}\right)$$
$$=\frac{U}{4}\left[2\left(\frac{\Delta R_{51}}{R_{51}}\right)_{\varepsilon}-2\left(\frac{\Delta R_{52}}{R_{52}}\right)_{\varepsilon}\right]=\frac{UK}{2}(\varepsilon_{51}+|\varepsilon_{52}|) \tag{2-18}$$

2.4 智能机器人多维力/力矩传感器的发展

力觉感知系统在现代机器人工业技术的发展及应用中起到举足轻重的作用，同时也对力觉感知系统提出了更高更严格的要求。表 2-3 显示了智能机器人力传感器在各个年代的研究热度。

表 2-3 各数据库关于智能机器人力传感器文献统计

年代	IEEE library	Compendex	ASME Digital Collection	SPIE Digital library	SpringerLink
1980～1989	2	0	0	0	—
1990～1999	126	61	2	6	110
2000～2009	608	649	171	173	1144
2010 至今	346	404	181	145	744

传统的力觉感知系统还存在如下问题。

① 为了检测机器人操控时笛卡儿坐标系中的三维力及三维力矩信息，感知系统的机械本体结构一般都比较复杂，导致很难用经典力学知识来建立精确理论模型，这给感知系统的建模、信息获取与处理带来一定的困难。

② 几乎所有传统力觉感知系统都存在不可消除的维间耦合，而且部分耦合还有非线性的特征，这就给传感器的解耦、精度提高带来极大的困难。虽然目前许多研究学者提出了一系列的非线性解耦方法，能有效地消除维间耦合，但往往比较复杂，而且计算量很大，所需计算时间较长，给实时检测带来限制。

③ 信号采集及处理对感知系统各维的输出提出各维同性的要求，即要求各维在最大量程时的输出大小相近，以便采用相同的放大倍数及电子元器件，也有利于各维精度保持一致。传统的感知系统都基于简化的模型或者设计师的经验来进行设计，因此各维同性很难达到。

④ 传统的力觉感知系统的刚度性能及灵敏度性能往往是一种矛盾关系，为保证系统的高可靠性，其刚度必须相应地较高，此时灵敏度将相应地下降，反之亦然。

全柔性并联机构因为具备结构紧凑、重量轻、体积小、刚度大、承载能力强、动态性能好等优良特性被广泛研究及应用到多个科学研究领域。针对以上缺陷，研究者发现全柔性并联机构作为一种新型机构很适合被用作微细操控系统中力觉感知系统的机械本体结构，因为其具有如下诸多特征。

① 目前并联机构和全柔性机构的相关理论发展比较成熟，如并联机构的静态运动学分析、刚度分析、动态性能分析等理论都有了比较透彻的理解。

② 提供无/微耦合的多维力/力矩信息：与传统的感知系统用同一个弹性体来检测多维力/力矩信息的不同，基于全柔性并联机构的力觉感知系统用并联机构的多条支链来实现多维力/力矩的感知与检测，理论上可以提供无/微耦合的多维力/力矩信息。

③ 提供各维同性的多维力/力矩信息：根据并联机构的静态力学理论分析，并联机构的全局刚度矩阵反映了所承受载荷与并联机构动平台发生的微小位移的关系。利用全局刚度的相关理论，可以使各维之间具有各维同性的特点。

④ 解决传统力觉感知系统的刚度和灵敏度之间的矛盾关系：微细操控系统的刚度取决于其中刚度最小的环节（一般为力觉感知模块）。传统的力觉感知系统一般以牺牲其灵敏度来达到高刚度的要求。基于全柔性并联机构的力觉感知系统由于多条柔性支链的存在，可以同时具备高刚度和高灵敏度。

⑤ 基于全柔性并联机构的力觉感知系统，用柔性铰链代替传统关节来消除因其引起的间隙、摩擦、缓冲等误差，使其具有高稳定性、零间隙、无摩擦、高重复性等特性，成为了一种性能优良的力觉感知系统。

总的来说，机器人多维力/力矩信息获取的关键技术与挑战主要体现在以下几个方面。

① 利用新材料、新工艺实现系统微型化、集成化、多功能化，利用新原理、新方法实现更多种类的信息获取，再辅以先进的信息处理技术提高传感器的各项技术指标，以适应更广泛的应用需求。目前，微电子、计算机、大规模集成电路等技术正日趋成熟，光电子技术也进入了发展中期，超导电子、光纤与量子通信等新技术也已进入了发展应用初期，这些新技术均为加速设计和研制下一代新型机器人多维力/力矩信息获取

系统提供了有利发展的条件。

② 生物医学工程、材料科学及细微系统识别和操作等应用环境中的微细操作（如细胞操作等应用）需要微牛（micro-Newtons，10^{-6}N）甚至纳牛（nano-Newtons，10^{-9}N）级的多维力/力矩信息获取系统来保证微细操作的精确性和可靠性，传统的多维力/力矩传感器无法满足这种需求（如传统 ATI Nano17 系列的传感器的力和力矩的分辨率分别在 3.1mN 和 15.6mN·m）。引进先进的 MEMS 制造工艺及方法，将传统的六维力/力矩传感器微型化、集成化，使分辨率达到微牛甚至纳牛的级别，利用先进的信息处理技术控制系统的噪声水平在系统允许的范围，可以设计和制造出完全满足微细操作需求的微牛级和纳牛级的多维力/力矩信息获取系统。

③ 从微处理器带来的数字化革命到虚拟仪器的高速发展，从简单的工业机械臂到复杂的仿人形机器人，各种应用环境对传感器的综合性能精度、稳定可靠性和动态响应等性能要求越来越高，传统的多维力/力矩传感器已经不能适应现代机器人技术中的多种测试要求。随着微处理器技术和微机械加工技术等新技术的发明和它们在传感器上的应用，智能化的感知系统被人们所提出和关注。从功能上讲，智能感知系统不仅能够完成信号的检测、变换处理、逻辑判断、功能计算、双向通信，而且内部还可以实现自检、自校、自补偿、自诊断等功能。具体来说，智能化的多维力/力矩感知系统应该具备实时、自标定、自检测、自校准、自补偿（如温漂补偿、零漂补偿、非线性补偿等）、自动诊断、网络化、无源化、一体化（如与线加速度和角加速度等感知功能整合）等部分或者全部功能。

参考文献

[1] Jae-jun Park, Kihwan Kwon, Nahmgyoo Cho. Development of a coordinate measuring machine (CMM) touch probe using a multi-axis force sensor [J]. Measurement Science and Technology, 2006 (17): 2380-2386.

[2] Gailler A, Reboulet C. An Isostatic six component force and torque sensor[C]. Proc. 13th Int. Symposium on Industrial Robotics, 1983.

[3] Dwarakanath T A, Bhaumick T K, Venkatesh D. Implementation of Stewart

Platform Based Force-Torque Sensor [C]. Proceedings of the IEEE/SICE/RSJ International Conference on Multisensor Fusion and Integration for Intelligent Systems, 1999: 32-37.

[4] Ranganath R, Nair P S, Mruthyunjaya T S. A force-torque sensor based on a Stewart Platform in a near-singular configuration [J]. Mechanism and Machine Theory, 2004, 39 (9): 971-998.

[5] Nguyen C, Antrazi S, Zhou Z. Analysis and implementation of a 6-dof Stewart platform-based force sensor for passive compliant robotic assembly [C]. Proceedings of the IEEE SOUTHEASTCON, 1991: 880-84.

[6] Dasgupta B, Reddy S, Mruthyunjaya T S. Synthesis of a force-torque sensor based on the Stewart platform mechanism[C]. Proceedings of the National Convention of Industrial Problems in Machines and Mechanisms (IPROMM' 94), Bangalore, India, 1994: 14-23.

[7] Liang Q, Zhang D, Coppola G, et al. Multi-dimensional MEMS/micro sensor for force and moment sensing: A review [J]. IEEE Sensors Journal, 2014, 14 (8): 2643-2657.

[8] 梁桥康，王耀南，孙炜. 智能机器人力觉感知技术及其应用[M]. 长沙：湖南大学出版社，2018.

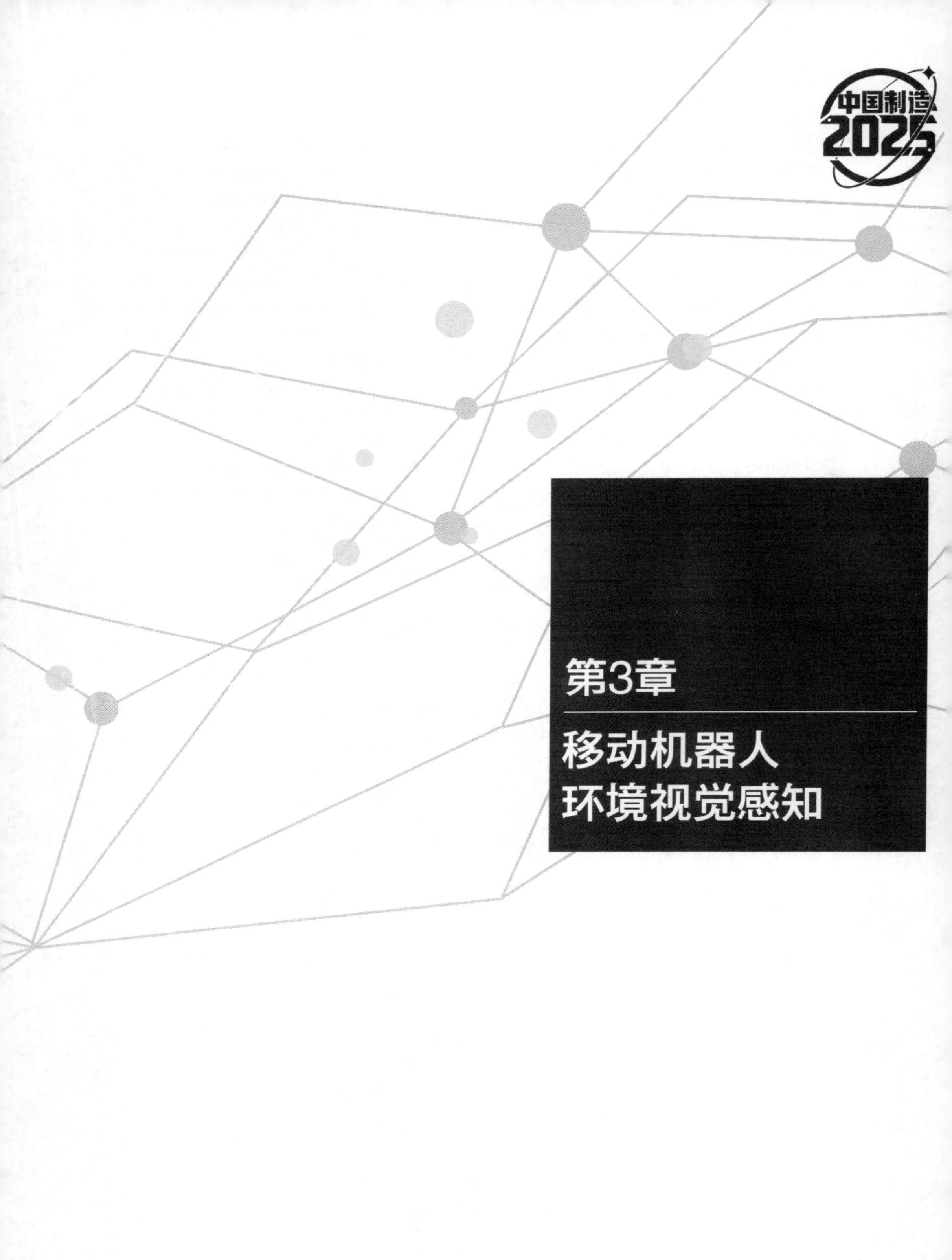

第3章

移动机器人环境视觉感知

智能机器人能通过自身传感器获取周围环境的信息和自身状态，实现在有障碍物的环境中自主向目标运动，进而完成特定任务。智能机器人要实现在未知环境中的自主导航，必须实时、有效、可靠地获取外界环境信息。常用的传感器包括声呐传感器、红外传感器、激光测距仪和视觉传感器等，它们获取的信息通常为一维距离信息或二维图像信息，面对越来越复杂的场景，这两类信息难以完全描述环境，为此，相关研究人员采用基于立体视觉技术的三维信息获取、基于激光扫描仪的三维信息获取、基于TOF摄像机的三维信息获取等方案。

3.1 3D摄像机

近年来，3D摄像机的出现引起了广泛关注，如微软Kinect摄像机、Swiss-ranger的SR系列三维摄像机等，其特点是可实时获取空间场景的图像信息以及图像像素点对应的空间三维信息，从而在三维地图创建和场景目标分割识别方面具有巨大的应用潜力。

但是，三维摄像机深度测量的精度受积分时间、目标反射率、测量距离、运动速度和环境条件（温度、多重反射、模糊测量范围）等影响，提供的场景图像分辨率低（如SR3000摄像机图像的分辨率仅为176×144），从而严重制约了其应用范围。为提高三维摄像机的深度信息精度，解决分辨率低的问题，Linder和Kahlmann等[1,2]先后提出了三维摄像机标定改进方案，以提高测量精度和可靠性，Falie等[3]针对深度信息误差进行了分析，针对结构化环境提出了一些解决方案。

Prasad等[4]提出利用传统插补方法提高分辨率的方案，Sigurjón等[5]提出SR3000摄像机与立体摄像机的融合方案，Kuhnert等[6]提出了PMD三维摄像机与立体摄像机的融合方案，Huhle等[7]提出利用超分辨率技术实现PMD摄像机与高精度彩色摄像机融合提高分辨率的方法，Hansard等[8]提出了一种TOF摄像机和彩色摄像机的交叉标定方案，余洪山等提出三维摄像机和二维摄像机融合的高精度三维视觉信息解决方案，实现高质量高分辨率的二维彩色图像和深度图像的实时获取。三维视觉在环境感知方面的显著特性和巨大应用潜力，引起了世界范围企业巨头和研究机构的普遍关注，如微软在Kinect三维摄像机取得巨大成功后于2013年下半年推出了Kinect 2.0；Apple公司于2013年11月宣布收购PrimeSense三维视觉传感器公司；Intel公司在2014年1月的International CES大会上推出了RealSense微型三维视觉传感器。微软、

Intel、Apple 和 Google 公司在三维视觉领域的积极投入，必将推动三维视觉成像领域的飞速发展，将机器人感知带入模拟人类视觉感知的全三维空间。

SR-3000 是瑞士 MESA Imaging AG 公司开发的一种基于 TOF 原理的三维摄像机。SR-3000 由 55 个 LED 组成的阵列提供光源，其功耗仅 1W。该摄像机图像精度为 176×144 像素，其测量的最大有效距离达 7.5m，处理速度可到 30 帧/s，视场范围为 47.5°×39.6°，对于景深 7.5m 处的环境，该摄像机的成像面积为 6.5m(宽)×5m(高)，成像精度可达 12.8cm²。其测量精度适中、体积小、重量轻，适用于移动机器人的近距离导航。图 3-1(a) 给出了利用 SR-3000 在实验室内获取的灰度图像，图 3-1(b) 为 SR-3000 获取的该场景对应的深度信息，图中用不同的颜色区分场景中物体到摄像机的不同距离。

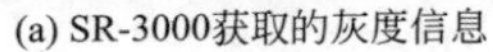

(a) SR-3000获取的灰度信息

(b) SR-3000获取的深度信息

图 3-1 SR-3000 获取的灰度和深度信息

3.1.1 SR-3000 内参数标定

采用线性针孔摄像机模型描述 SR-3000。其关系表示如下：

$$\boldsymbol{Z}_{\mathrm{C}}\begin{bmatrix}u\\v\\1\end{bmatrix}=\begin{bmatrix}\alpha_{\mathrm{u}} & 0 & u_0\\0 & \alpha_{\mathrm{v}} & v_0\\0 & 0 & 1\end{bmatrix}\begin{bmatrix}1 & 0 & 0 & 0\\0 & 1 & 0 & 0\\0 & 0 & 1 & 0\end{bmatrix}\begin{bmatrix}X_{\mathrm{c}}\\Y_{\mathrm{c}}\\Z_{\mathrm{c}}\\1\end{bmatrix}\tag{3-1}$$

其中 $\begin{bmatrix}\alpha_{\mathrm{u}} & 0 & u_0\\0 & \alpha_{\mathrm{v}} & v_0\\0 & 0 & 1\end{bmatrix}$ 为摄像机内参数矩阵，记作 $\boldsymbol{A}$，仅和摄像机自身结构有关，SR-3000 的焦距保持固定，因此其内参数在工作过程中不会

变化。采用张正友的平面模板标定法离线标定 SR-3000，标定过程中所用的部分图像如图 3-2 所示。

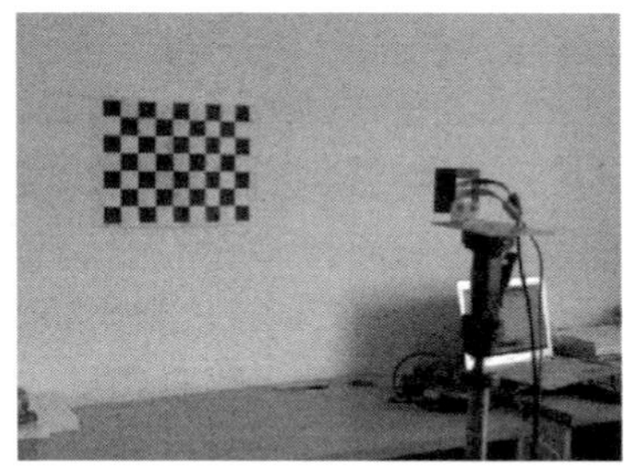

(a) 标定实验场景

(b) 标定过程中SR-3000所获取的部分标定板图像

图 3-2 SR-3000 内参数标定

通过标定可得到 SR-3000 的内部参数矩阵为 $\boldsymbol{A}=\begin{bmatrix}207.7472 & 0 & 78.1026\\ 0 & 212.6269 & 70.6881\\ 0 & 0 & 1\end{bmatrix}$。求解出内参数矩阵 $\boldsymbol{A}$ 后，由于距离 Z 可实时通过 SR-3000 获取，由对应像点可直接确定摄像机坐标下的位置，可计算出摄像机图像中像素 (u,v) 对应的空间信息(X,Y,Z)坐标。针对如图 3-1(a) 和图 3-3(a) 所示的场景，根据其灰度信息和深度信息，结合上面的标定结果可分别还原得到如图 3-3(c) 所示两个场景的三维信息。

(a) 场景灰度信息

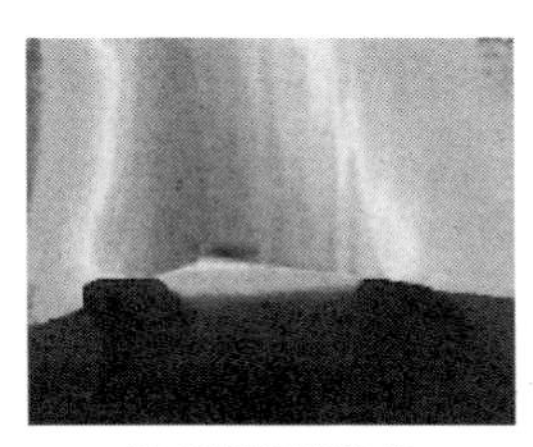

(b) 场景深度信息

图 3-3

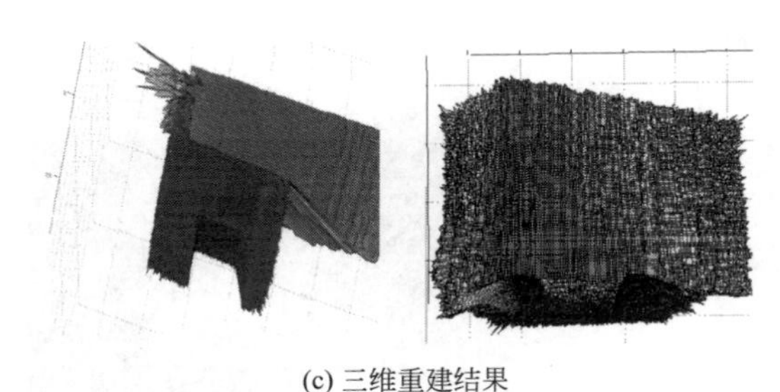

(c) 三维重建结果

图 3-3 SR-3000 所获取信息的三维重建

3.1.2 SR-3000 深度标定

在实际应用中，SR-3000 的测量距离有误差产生，May 等[9]、Guðmundsson 等[10] 先后从环境因素、TOF 的原理、摄像机硬件等方面分析总结了产生测量距离误差的原因，分为非系统误差（non-systematic errors）和系统误差（systematic errors）。

（1）非系统误差

存在三种典型的非系统误差。

① 系统本身无法克服的低信噪比会造成测量结果扭曲。一种解决方案是增加曝光时间和增大光照强度或通过算法对振幅滤波。

② 由角落、空洞、不规则物体等引起的多重反射，导致接收到的近红外信号其实是传播了不同距离的重叠信号。

③ 摄像机的镜头会发生光的散射。因此，在测量中近处光亮的物体将与背景物体重叠，这样显得离背景更近。因为现场观测的拓扑结构无法通过先验获得，所以后两种影响是无法预测的。

（2）系统误差

① SR-3000 的测量基础为假定发射光是正弦波，实际中这仅仅是一种近似情况。

② 由于采集像素的电子元件具有非线性特性，会导致振幅相关误差。因此，测量得到的距离会因为物体反射率的不同而变化。

③ 存在一个固定的相位噪声模式。感应晶片上的像素是连续的，因此每个像素的触发都依赖于该像素在芯片上的位置。像素相对于信号发生器越远，像素的测量偏移量就越高。这三种误差可以通过校准控制。

其中一些误差是测量原理本身的原因，无法纠正。剩下的其他误差可通过校准来预测和校正。如图 3-4 所示，固定一标准板，将 SR-3000 距离标准板从 1～7m 以 10cm 为间隔变化，在每个距离通过 SR-3000 获取 100 组数据。其中，图（b）～图（g）为部分 SR-3000 获取的灰度图，图中虚线所包括区域为样本点。

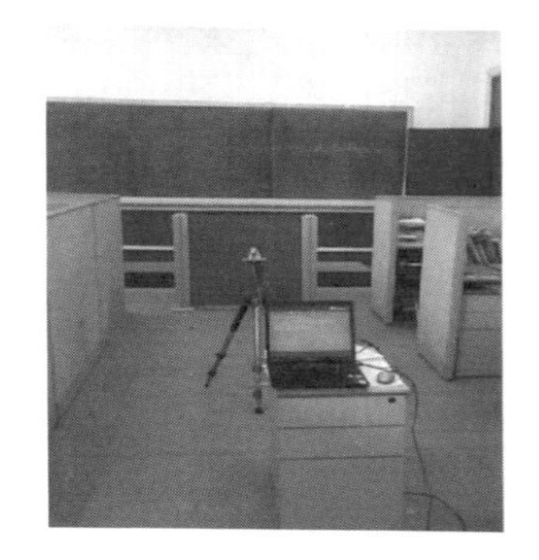

(a) 实验场景

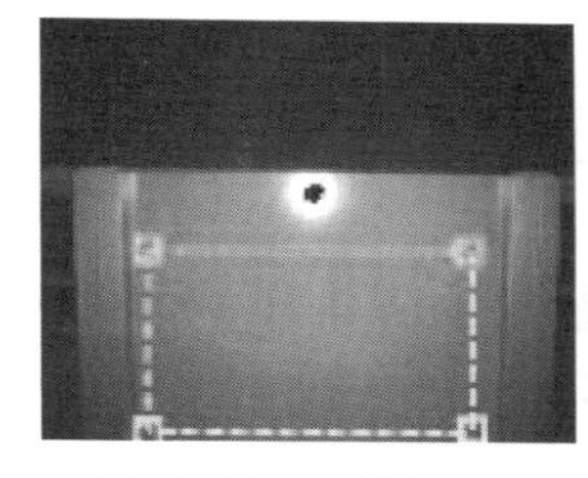

(b) 摄像机距离标准板1m

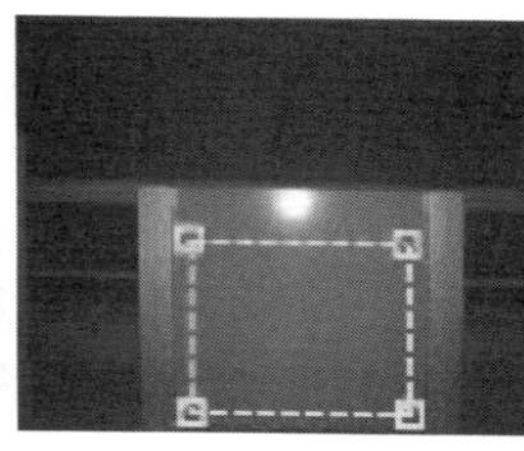

(c) 摄像机距离标准板1.8m

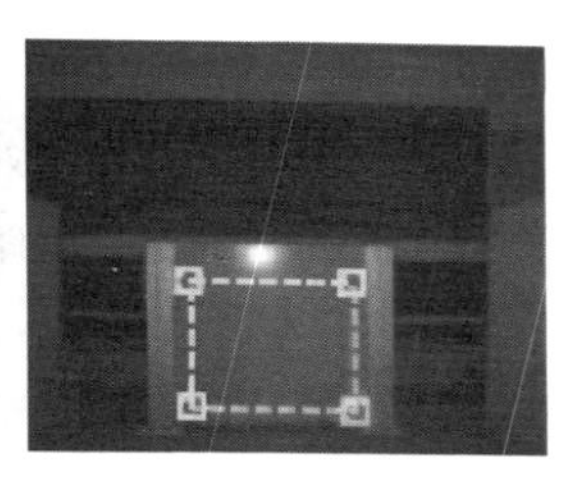

(d) 摄像机距离标准板2.4m

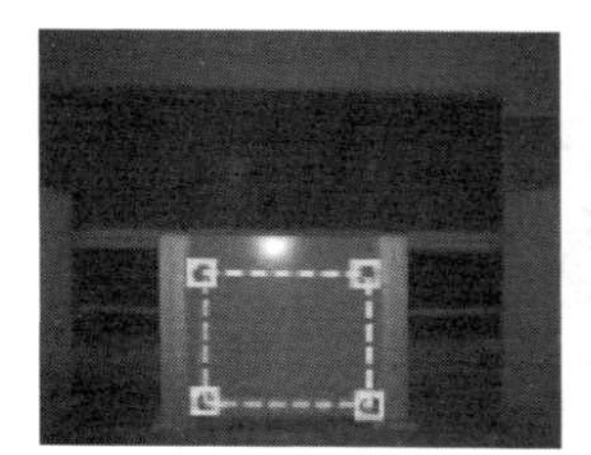

(e) 摄像机距离标准板3.2m

(f) 摄像机距离标准板4.8m

(g) 摄像机距离标准板5.4m

图 3-4 SR-3000 测量标准距离

图 3-5 给出了实际距离与测量距离的误差，随着距离的增加，误差也增大，平均测量距离与实际距离的最大偏差达 10cm，因此在用于移动机器人导航前必须经过校正。

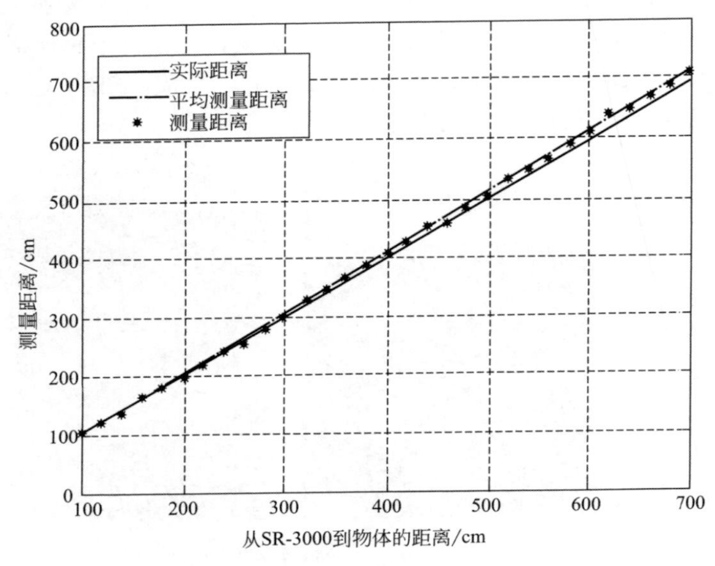

图 3-5 SR-3000 的测量误差

为了校准 SR-3000 的距离测量误差，可以通过训练神经网络实时处理 SR-3000 获取距离值的方法。如图 3-6 所示，该神经网络为四层结构，单输入、单输出，分别为 SR-3000 获取的距离值和对应的校准值，第一个隐层有 6 个节点，第二个隐层的节点为 2 个。

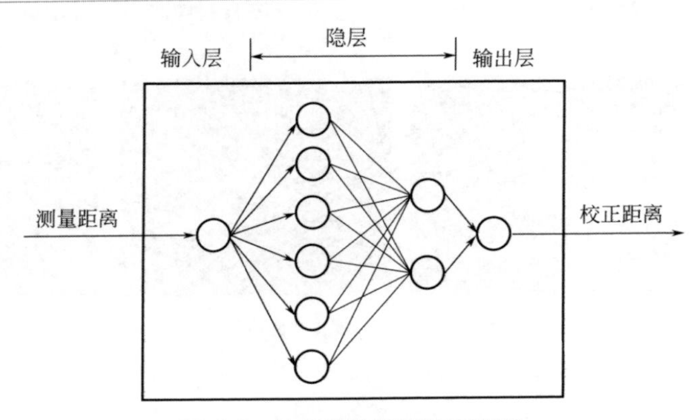

图 3-6 神经网络距离校正模型

神经网络训练是神经网络设计过程中非常重要的步骤，以下详细介绍关于距离校正模型所涉及的训练样本、性能指标函数和训练算法。

(1) 训练样本

SR-3000 在某个距离获取 5 帧的距离信息，以 $d_i(i=1,2,3,\cdots,5)$表示，并求得它们的平均值 $\overline{d}$，以此作为神经网络的输入。神经网络的目标输出为当前的实际距离 d_{standard}。由 $\{\overline{d},d_{\text{standard}}\}$ 组成训练样本对。

(2) 性能指标函数

样本集合$\{p_1,t_1\},\{p_2,t_2\},\cdots,\{p_n,t_n\}$，$p_q$ 为网络的输入，t_q 为神经网络的期望输出。相对每一个输入样本，神经网络相应有一个输出集合：$\{p_1,\ o_1\}$，$\{p_2,\ o_2\}$，……，$\{p_n,\ o_n\}$，其中 o_q 为实际的输出。对于一个输入样本，定义期望值 t_q 与实际输出 o_q 之间的偏差为：

$$e(q)=t_q-o_q \tag{3-2}$$

神经网络的性能指标函数这里采用均方差函数：

$$F(X)=\frac{1}{n}\sum_{q=1}^{n}[(t_q-o_q)^2] \tag{3-3}$$

(3) 神经网络训练算法

① Levenberg-Marquardt 算法　Levenberg-Marquardt 算法模型表示为[11]：

$$X_{k+1}=X_k-[\boldsymbol{J}^{\mathrm{T}}(X_k)\boldsymbol{J}(X_k)+\mu_k I]^{-1}\boldsymbol{J}^{\mathrm{T}}(X_k)\boldsymbol{V}(X_k) \tag{3-4}$$

或 $$\Delta X_k=X_{k+1}-X_k=[\boldsymbol{J}^{\mathrm{T}}(X_k)\boldsymbol{J}(X_k)+\mu_k I]^{-1}\boldsymbol{J}^{\mathrm{T}}(X_k)\boldsymbol{V}(X_k) \tag{3-5}$$

该算法步骤如下。

a. 将所有输入提交给网络，根据式(3-6) 和式(3-7) 计算对应的网络输出及其误差 $e_q=t_q-o_q$。根据式(3-3) 对所有输入求取平方误差之和 $F(X)$。

$$a^0=p \tag{3-6}$$

$$a^{m+1}=f^{m+1}(w^{m+1}a^m+b^{m+1}),\quad m=0,1,\cdots,M-1 \tag{3-7}$$

式中，m 为神经网络的第 m 层；a^m 为第 m 层的输出，同时作为下一层的输入；w^m 为第 m 层的权值；b^m 为偏置；$f^m()$ 为传递函数。

b. 计算如式(3-10) 所示的雅可比矩阵。首先利用式(3-14) 初始化敏感度，然后根据式(3-16) 递归计算敏感度。由式(3-17) 将各独立的矩阵增广到 Marquardt 敏感度中，并由式(3-12) 得到雅可比矩阵中元素。

Q 个样本集合的误差向量为：

$$\boldsymbol{V}^{\mathrm{T}}=[v_1\quad v_2\quad \cdots\quad v_N]=[e_{1,1}\quad e_{2,1}\quad \cdots\quad e_{S^M,1}\quad e_{1,2}\quad \cdots\quad e_{S^M,Q}] \tag{3-8}$$

拟调整的权值参数向量为：

$$\boldsymbol{X}^{\mathrm{T}}=[x_1 \quad x_2 \quad \cdots \quad x_N]=[w_{1,1}^1 \quad w_{1,2}^1 \quad \cdots \quad w_{S^1,R}^1 \quad w_{1,1}^2 \quad \cdots \quad w_{S^M,S^{M-1}}^M] \tag{3-9}$$

多层网络训练的雅可比矩阵可表示为：

$$\boldsymbol{J}(\boldsymbol{X})=\begin{bmatrix} \frac{\partial e_{1,1}}{\partial w_{1,1}^1} & \frac{\partial e_{1,1}}{\partial w_{1,2}^1} & \cdots & \frac{\partial e_{1,1}}{\partial w_{S^1,R}^1} & \cdots & \frac{\partial e_{1,1}}{\partial w_{S^M,S^{M-1}}^M} \\ \frac{\partial e_{2,1}}{\partial w_{1,1}^1} & \frac{\partial e_{2,1}}{\partial w_{1,2}^1} & \cdots & \frac{\partial e_{2,1}}{\partial w_{S^1,R}^1} & \cdots & \frac{\partial e_{2,1}}{\partial w_{S^M,S^{M-1}}^M} \\ \vdots & \vdots & & \vdots & & \vdots \\ \frac{\partial e_{S^M,1}}{\partial w_{1,1}^1} & \frac{\partial e_{S^M,1}}{\partial w_{1,2}^1} & \cdots & \frac{\partial e_{S^M,1}}{\partial w_{S^1,R}^1} & \cdots & \frac{\partial e_{S^M,1}}{\partial w_{S^M,S^{M-1}}^M} \\ \frac{\partial e_{1,2}}{\partial w_{1,1}^1} & \frac{\partial e_{1,2}}{\partial w_{1,2}^1} & \cdots & \frac{\partial e_{1,2}}{\partial w_{S^1,R}^1} & \cdots & \frac{\partial e_{1,2}}{\partial w_{S^M,S^{M-1}}^M} \\ \vdots & \vdots & & \vdots & & \vdots \\ \frac{\partial e_{S^M,Q}}{\partial w_{1,1}^1} & \frac{\partial e_{S^M,Q}}{\partial w_{1,2}^1} & \cdots & \frac{\partial e_{S^M,Q}}{\partial w_{S^1,R}^1} & \cdots & \frac{\partial e_{S^M,Q}}{\partial w_{S^M,S^{M-1}}^M} \end{bmatrix} \tag{3-10}$$

在 BP 算法中，由递归关系从输出层返回至第一层计算敏感度。借鉴其思想，同样可得到雅可比矩阵的各个项。重新将 Marquardt 敏感度定义为：

$$\tilde{s}_{i,h}^m=\frac{\partial v_h}{\partial n_{i,q}^m}=\frac{\partial e_{h,q}}{\partial n_{i,q}^m} \tag{3-11}$$

又因为，$h=(q-1)S^M+k$，则 Jacobian 矩阵：

$$[\boldsymbol{J}]_{h,l}=\frac{\partial v_h}{\partial x_l}=\frac{\partial e_{h,q}}{\partial w_{i,j}^m}=\frac{\partial e_{h,q}}{\partial n_{i,q}^m}\times\frac{\partial n_{i,q}^m}{\partial w_{i,j}^m}=\tilde{s}_{i,h}^m\times\frac{\partial n_{i,q}^m}{\partial w_{i,j}^m}=\tilde{s}_{i,h}^m a_{i,q}^{m-1} \tag{3-12}$$

计算 Marquardt 敏感度：

$$\tilde{s}_{i,h}^M=\frac{\partial v_h}{\partial n_{i,q}^M}=\frac{\partial e_{k,q}}{\partial n_{i,q}^M}=\frac{\partial(t_{k,q}-a_{k,q}^M)}{\partial n_{i,q}^M}=\frac{\partial a_{k,q}^M}{\partial n_{i,q}^M}=\begin{cases}-\dot{f}^M(n_{i,q}^M), i=k \\ 0, i\neq k\end{cases} \tag{3-13}$$

所有的输入 p_q 作用于网络，并对应得到网络输出 a_q^M，LM 反向传播初始化：

$$\widetilde{\boldsymbol{S}}_q^M = -\dot{\boldsymbol{F}}^M(n_q^M) \tag{3-14}$$

$$\dot{\boldsymbol{F}}^m(n^m) = \begin{bmatrix} \dot{f}^m(n_1^m) & 0 & \cdots & 0 \\ 0 & \dot{f}^m(n_2^m) & \cdots & 0 \\ \vdots & \vdots & & \vdots \\ 0 & 0 & \cdots & \dot{f}^m(n_{S^m}^m) \end{bmatrix} \tag{3-15}$$

根据式(3-16) 对矩阵的各列反向传播：

$$\widetilde{\boldsymbol{S}}_q^m = -\dot{\boldsymbol{F}}^m(n_q^m)(\boldsymbol{W}^{m+1})^T \widetilde{\boldsymbol{S}}_q^{m+1} \tag{3-16}$$

各层的总体 Marquardt 敏感度矩阵为：

$$\widetilde{\boldsymbol{S}}^m = [\widetilde{S}_1^m \mid \widetilde{S}_2^m \mid \cdots \mid \widetilde{S}_Q^m] \tag{3-17}$$

c. 求解式(3-5) 有

$$\Delta X_k = X_{k+1} - X_k = [\boldsymbol{J}^T(X_k)\boldsymbol{J}(X_k) + \mu_k I]^{-1} \boldsymbol{J}^T(X_k)\boldsymbol{V}(X_k) \tag{3-18}$$

d. 利用 $X_k + \Delta X_k$ 反复计算平方误差之和。若新的和比第 a 步中计算的和小，则将 μ 除以 θ，并设 $X_{k+1} = X_k + \Delta X_k$，重新返回步骤 a；若和没有减少，则将 μ 乘以 θ，执行步骤 c。

e. 一旦平方误差和小于某一目标，算法终止。

② 神经网络训练　这里采用 Levenberg-Marquardt 算法离线训练神经网络。为平衡训练速度和收敛性，训练过程分为两个阶段：

a. 选用较小规模的样本集合 Q_1，当收敛至某一精度范围 $\Delta\delta_1$ 时，停止训练，进入下一步骤；

b. 选用全规模的样本集合 Q_2 训练，直到满足设定的精度 $\Delta\delta_2$。最终训练得到的权值和偏置向量分别如式(3-19) 和式(3-20) 所示。

$$\boldsymbol{w}_1 = \begin{bmatrix} -4.7950 \\ -5.2827 \\ -2.9562 \\ 2.2116 \\ -3.3371 \\ -6.4729 \end{bmatrix}, \boldsymbol{w}_2 = \begin{bmatrix} 0.2692 & 0.8123 \\ 3.2248 & 1.6234 \\ 0.4716 & -0.3989 \\ -0.1736 & -2.4746 \\ 0.1078 & -0.1348 \\ 0.7868 & -1.7105 \end{bmatrix}, \boldsymbol{w}_3 = [-2.5631 \quad -0.4194] \tag{3-19}$$

$$\boldsymbol{b}_1=\begin{bmatrix}17.9233\\15.7407\\6.5654\\-1.4336\\1.2960\\-0.9789\end{bmatrix},\boldsymbol{b}_2=\begin{bmatrix}-3.8821\\-0.9320\end{bmatrix},\boldsymbol{b}_3=0.1979 \tag{3-20}$$

训练后的神经网络用于校正测量距离误差，神经网络的输入为连续5帧距离的平均。为了验证效果，在1～7m间任意选31个测量点，每个测量点上SR-3000获取100个摄像机与标准板之间的距离。从每个观测点所获取的数据中随机选取连续5帧数据求平均，其校正结果如图3-7所示，可见误差大大减小。

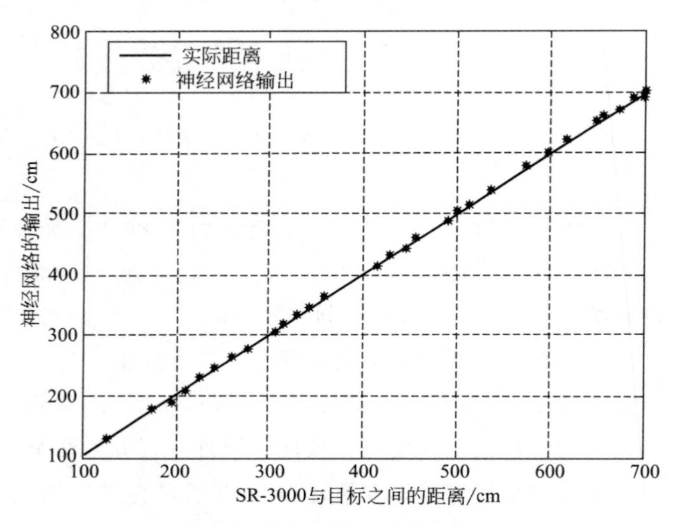

图3-7 神经网络距离校正结果

3.1.3 SR-3000远距离数据滤波算法

SR-3000的有效测量范围<7.5m，当景深超过7.5m时，该部分的数据为0～4m之间跳动的随机值，限制了该摄像机的使用。对于图3-8(a)所示的场景，图3-8(b)给出了将SR-3000获得的原始距离数据作为图像的灰度值显示的深度图像。其中，灰度从白到黑表示距离由近及远，黑实线所包围的区域到摄像机的距离为8m，在深度图中其灰度本应该偏黑，此时深度图上却显示接近白色，表现为近距离数据，因此需要剔除

掉此部分不正常数据，以避免在移动机器人导航中干扰决策。

(a) (b)

图 3-8 景深>7.5m 时的深度信息

为了在深度信息中检测出景深超出 7.5m 时 SR-3000 所获取到的错误信息，从大小为（m,n）的深度图中的最底端开始往上搜索，采用如下算法。

步骤 1：计算位置（i,j）处的深度 $z_{i,j}$ 与其同列相邻行的一组点 $\boldsymbol{D}=[z_{i-1,j},z_{i-2,j},z_{i-3,j}]$的差值。

$$J_k=z_{i,j}-D_k(k=1,2,3) \tag{3-21}$$

步骤 2：如果同时满足 $J_k(k=1,2,3)>Threshold1$，则执行步骤 4，否则顺序执行步骤 3。

步骤 3：更新行信息为 $i=i-1$，若行信息 $i=4$，认为到达图像最顶端，更新列信息 $j=j+1$，若 $j=n-1$，算法结束，否则，执行步骤 1。

步骤 4：取与当前点（i,j）同列的上一行相邻点（$i-1$,j），计算该点与其右上方八邻域 $\boldsymbol{D}'=[z_{i-2,j},z_{i-3,j},z_{i-1,j+1},z_{i-1,j+2},z_{i-2,j+1},z_{i-2,j+2},z_{i-3,j+1},z_{i-3,j+2}]$的差值。

$$L_k=z_{i-1,j}-D'_k(k=1,2,3,\cdots,8) \tag{3-22}$$

步骤 5：计算这些差值的平均值，有

$$\overline{L}=\frac{1}{8}\sum_{k=1}^{8}L_k \tag{3-23}$$

步骤 6：若 $\overline{L}>Threshold2$，则认为点($i-1$,j)所在列，以该点为起点到图像的顶端之间的点景深均超过 7.5m。更新列信息 $j=j+1$，执行步骤 3。

算法依赖于远景在图像中的位置总处于近景上方这一假设，而实际应用中，因为在移动机器人平台上安装的 SR-3000 与地面存在倾角，因此，可认为该假设与实际情况吻合。图 3-9 给出了算法中步骤 1 和步骤 4 所进行的两次比较过程。对图 3-8 所示的场景处理结果如图 3-10 所示，超过 7.5m 的距离全部认为是 7.5m，在图中表示为黑色，与实际情况一致。用该算法针对不同环境下（包括室内和室外）景深超过 7.5m 的场景进行了验证，结果如图 3-11 所示。

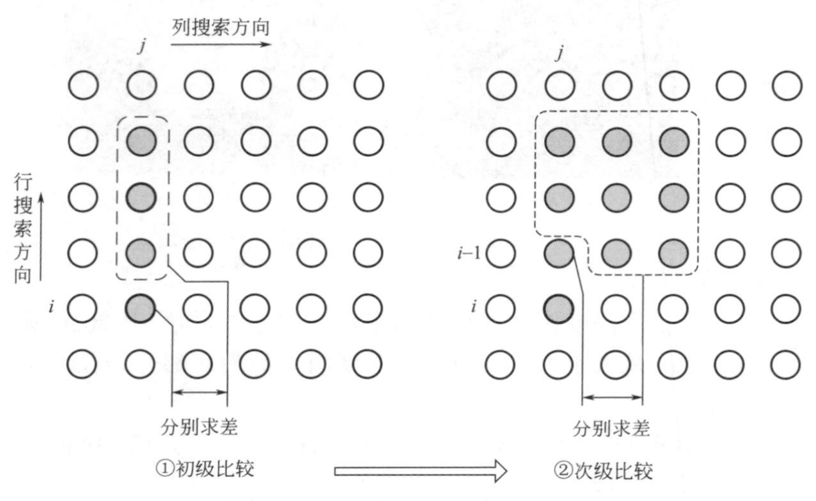

图 3-9 算法比较过程示意图

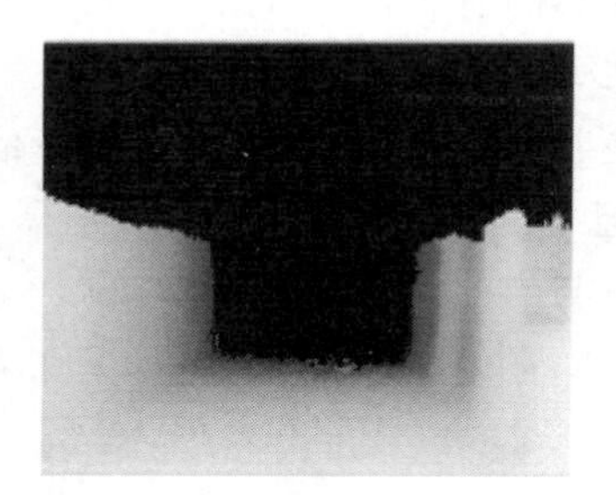

图 3-10 景深 > 7.5m 处理结果

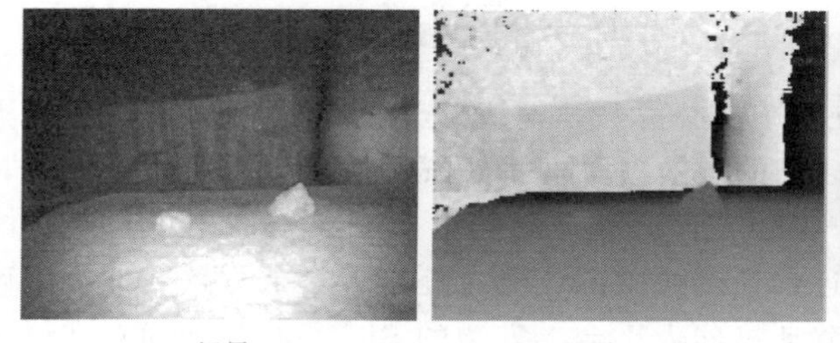

(a) 场景一 (b) 场景一深度原始数据 (c) 场景一处理后深度数据

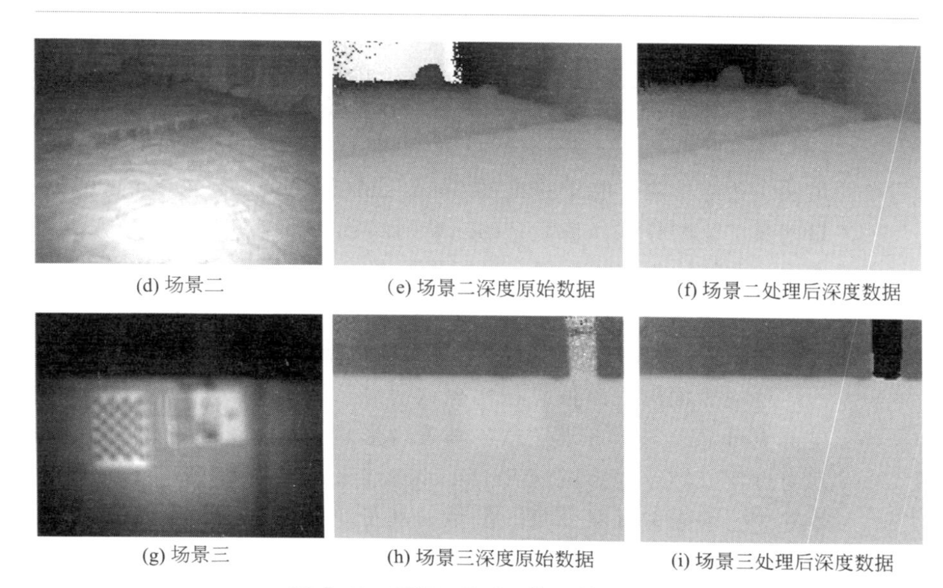

图 3-11 景深>7.5m 处理算法验证

对于图 3-11 所示的场景三，在围板上有一突出的物体，然后是稍远的墙和透过窗户的室外。在摄像机坐同一标系下，从深度图像的下方开始搜索时，距离有一个由远到近再变远的过程，在此情况下，算法并没有将近距离突起物体和稍远的背景墙误检，仅仅滤除了超出 7.5m 的透过窗户的室外远景部分。

3.2 基于三维视觉的障碍物实时检测与识别方法

智能机器人在导航过程中，首先需要识别障碍物，以确定下一步的动作。通常识别的过程包括分割、特征提取和分类识别三个步骤。与规则、物体之间具有较大特征差异的结构化环境不同，当智能机器人处于非结构环境下时，光线多变化、物体之间的差异较小、地形无规律变化等因素将为场景障碍物的分割、特征提取和分类识别带来很大困难。

场景分割作为未知环境下障碍物识别的第一个环节，是实现障碍物识别的关键和基础。国内外的学者针对未知环境的无规律、随机性、复杂性，可获得的场景信息（通常为二维图像信息和空间三维信息）的不同，相应地也提出了不同的分析方法，主要分为场景的图像分割和三维分割两类。

对于场景的图像分割，主要利用视觉传感器的信息。视觉信息能够反映的场景表面特征主要有：对比度（contrast）、能力（energy）、熵（entropy）、相似性（homogeneity）以及颜色（color）等。因此，采用OTSU阈值法、边缘检测、基于特征的Mean-shift算法、基于边界的分割、基于能量函数优化的分割、基于Fisher准则函数的分割等图像处理方法对灰度图像中的非结构化场景分割。对于彩色图像可采用最大似然、决策树、K-最近邻、神经网络、自适应阈值法、模糊C-均值、主分量变换等多种方法在不同的颜色空间（RGB、HIS、Nrgb、混合颜色空间）中进行。

环境表面的三维信息相比视觉信息，受天气、光照等因素影响更少，显得更可靠。对于三维信息，其表现形式为3D点云（3D point clouds），常通过建立数字地形图（digital elevation maps，DEM）和基于几何分类等方法实现未知场景分割。但是，基于三维信息分割的方法需要对点云中的所有信息分析，判断属于同一物体中的点的标准看似简单，实现起来比较复杂和困难，计算量大，进而影响实时性。

3.2.1 基于图像与空间信息的未知场景分割方法

针对未知场景图像分割的方法易受光照等外界因素干扰，场景中物体与背景为同一类物质组成的分割无效，场景三维信息分割计算量大，影响实时性等问题，提出基于二维图像与空间信息的场景分割方法。该算法的出发点在于如果首先能在场景中找到智能机器人感兴趣的目标区域，再针对此目标区域二次分析，可显著地降低计算量，也将有助于提高分割效果。

如图3-12所示，借鉴人类的行走时思维，将非结构环境下的场景划分为天空（理解为移动机器人不可能到达的高度）、远景（理解为超出视线）、地面和障碍物。因为天空、远景和地面不会影响到移动机器人的当前行为和行走路线，所以称之为不感兴趣区域；而障碍物的位置、类型、形状和大小等都与移动机器人的下一步动作息息相关，因此需要重点关注和分析，称之为感兴趣区域。

因为非结构化环境下的复杂性、随机性等因素，感兴趣区域也毫无规律可言，但是非感兴趣区域相对于移动机器人来说是固定的、有迹可寻的。因此，在感兴趣区域难以确定的情况下，该算法采用逆向思维，利用高度和深度信息寻找和标记图像上的不感兴趣区域，场景图像中的剩余部分即为感兴趣区域，然后对感兴趣区域范围内的障碍物分析、处理。其处理流程如图3-13所示。

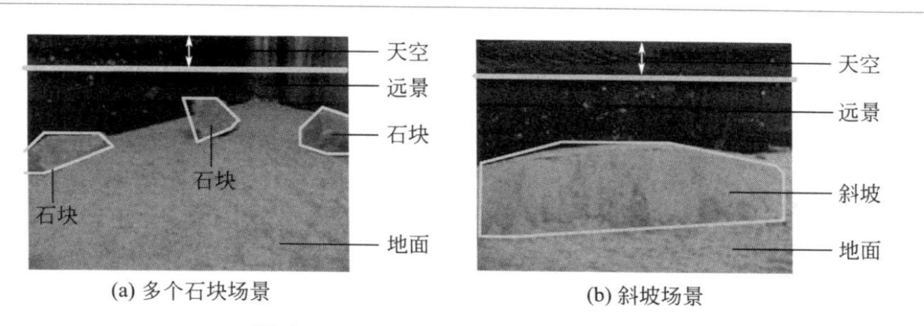

(a) 多个石块场景 (b) 斜坡场景

图 3-12 非结构环境下场景示意图

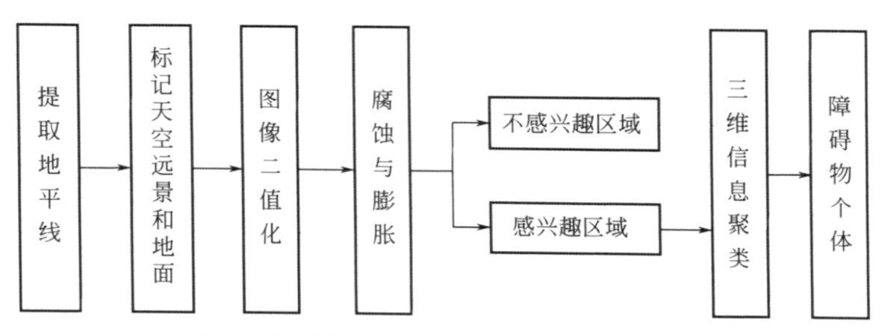

图 3-13 提取非结构环境下障碍物的流程

步骤 1：在图像上提取地平线。为了得到移动机器人坐标系下的地面值，先寻找作为地面和障碍物之间的边界线，即地平线。为此，首先计算各行像素在移动机器人坐标系的高度平均值。

$$\overline{H}_i = \frac{\sum_{j=0}^{N-1} y_{i,j}}{N} \tag{3-24}$$

式中，N 表示图像的列数目。

通常像素处于同一平面上时，其高度变化趋势缓慢；如果不处于一个平面，则高度上会出现阶跃变化。因此，从图像的最底端行开始，当某一行的高度平均值远大于其下面区域的高度平均值时，该行被认为是地面与障碍物区域的分界线——地平线。地平面等于地平线以下区域内各像素的高度平均值。

$$\overline{G} = \frac{\sum_{i=m_0}^{m_n} \overline{H}_i}{m_n - m_1} \tag{3-25}$$

式中，m_1 和 m_n 分别表示起始行和结束行的位置。

步骤 2：标记图像中的天空、远景和地面。忽略天空、远景和地面区域同时也有助于减少后续处理过程中的计算量。

① 根据高度信息标记出图像上属于天空的区域，即如果像素的高度值大于阈值，则像素对应的灰度值置零。

$$\text{if } y_{i,j} > H_{\text{A}} \text{ then } I_{i,j} = 0 \tag{3-26}$$

式中，$I_{i,j}$ 和 $y_{i,j}$ 分别表示图像位置（i,j）的像素灰度值和高度。

② 与此类似，根据深度标记出图像上属于远景的区域，即如果像素的深度值大于阈值，像素对应的灰度值置零。

$$\text{if } z_{i,j} > D_{\text{A}} \text{ then } I_{i,j} = 0 \tag{3-27}$$

式中，$z_{i,j}$ 表示图像位置（i,j）的像素深度值。

③ 利用步骤 1 中确定的地平面值，识别属于地面的像素，即像素的高度与地平面值 $\overline{G}$ 的绝对值小于阈值 G_{A}，将该像素的灰度值置零。

$$\text{if } |y_{i,j} - \overline{G}| < G_{\text{A}} \text{ then } I_{i,j} = 0 \tag{3-28}$$

步骤 3：对标记天空和地面的图像二值化，即非感兴趣区域的灰度值用零表示，感兴趣区域的灰度值用非零值表示。

$$\text{if } I_{i,j} > 0 \text{ then } I_{i,j} = 255 \tag{3-29}$$

步骤 4：在标记地面过程中，由于地面的凹凸不平，可能在非感兴趣区域内存在部分不连续点，本应属于地面却表现为感兴趣区域。先后用腐蚀与膨胀运算处理二值图像，以去掉这些不连续点。

步骤 5：聚类。至此已完全将非感兴趣区域与感兴趣区域分离，但是感兴趣区域内部的个体之间并没有区分开。而在已获得的周围环境三维数据中，数据点间的排列关系反映了环境的几何位置信息，其中障碍表现为相互靠近的数据点。因此，利用像素的空间信息对图像中已经提取出的感兴趣区域进行聚类分析。其前提为假设障碍物是独立的物体，如石块、斜坡等。通过对图像中感兴趣区域当前相邻两点进行比较，如果两点之间的距离在一定范围内，则认为两个数据点属于相同的类；如果超过阈值，则认为两个数据点属于不同的类，并以当前数据点为新增类别的起始点，开始下一轮的数据比较。该算法采用加权曼哈顿距离（Manhattan distance）计算图像中任意两点（i_1,j_1）和（i_2,j_2）之间的距离：

$$D = c_1 |x_{i_1,j_1} - x_{i_2,j_2}| + c_2 |y_{i_1,j_1} - y_{i_2,j_2}| + c_3 |z_{i_1,j_1} - z_{i_2,j_2}| \tag{3-30}$$

式中，c_1、c_2 和 c_3 分别表示障碍物在水平、深度和垂直方向上几何特征变化对聚类的贡献程度。对于障碍检测而言，在深度方向的距离变化最为明显，因此权重选择有 $c_1 < c_2 < c_3$。

为了进一步说明上述算法流程，将该算法用于某一场景的处理。对于图 3-14(a) 所示的场景，不平整的沙地与自然石块的颜色区别很小，特别是场景的左端，石块下方一部分埋在沙地下，与沙地融为了一体。步骤 1 提取的地平线见图 3-14(b) 中的实线，图 3-14(c) 给出了标记天空、远景和地面后的结果，因为地面为不规则且略有起伏的沙地，去地面的结果并不完整，表现为很多离散点。经二值化和腐蚀膨胀后去掉了上一步没有标记出的地面，得到的感兴趣区域见图 3-14(e) 白色部分。执行步骤 5 时，为了便于观察，将水平信息 x、高度信息 y 和深度信息 z 分别以灰度图像形式显示，即图像的像素值为该点的水平值、高度或距离。图 3-14(f)～(h) 分别表示去掉天空、远景和地面后的感兴趣区域像素的水平信息、高度和深度图像，反映了障碍物在水平、垂直和深度上各自的几何特征变化。聚类的结果如图 3-14(i) 所示，即感兴趣区域内单个障碍物区域置以同一灰度值。

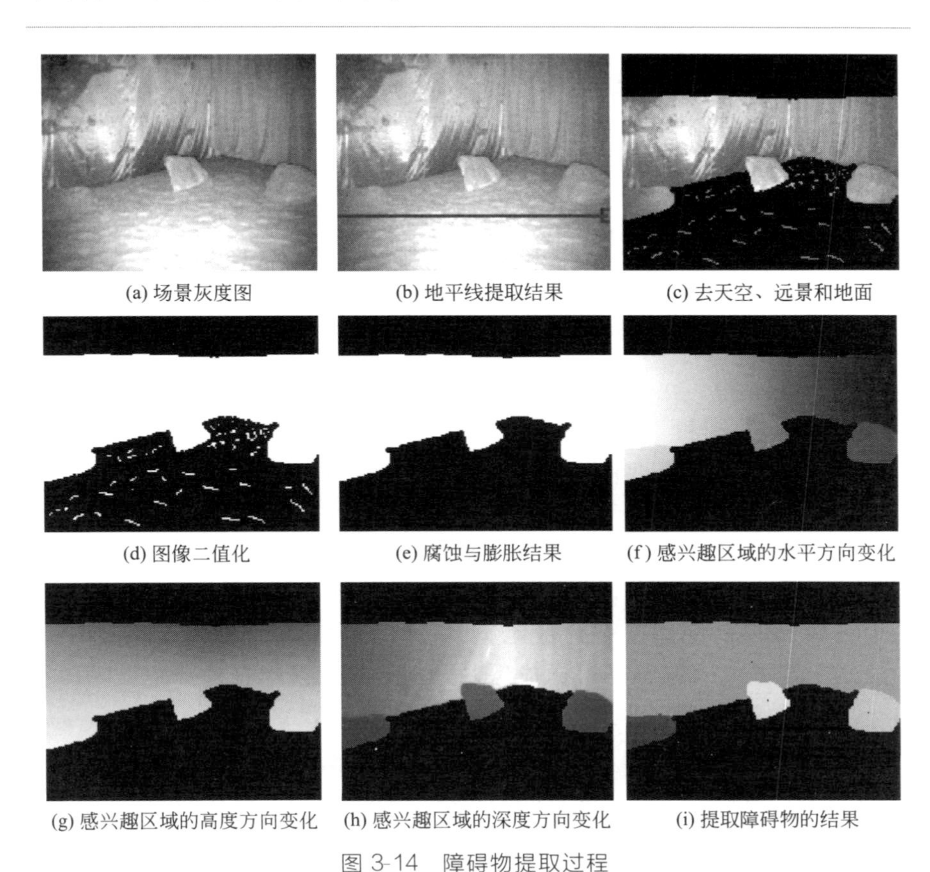

(a) 场景灰度图　(b) 地平线提取结果　(c) 去天空、远景和地面

(d) 图像二值化　(e) 腐蚀与膨胀结果　(f) 感兴趣区域的水平方向变化

(g) 感兴趣区域的高度方向变化　(h) 感兴趣区域的深度方向变化　(i) 提取障碍物的结果

图 3-14　障碍物提取过程

3.2.2 非结构化环境下障碍物的特征提取

通常未知环境下障碍物呈多面性，形状并不规则，至今也没有通用的标准来衡量表示障碍物，对上节的每个聚类结果（即以某个灰度值标记的区域，称为目标区域），本节采用五维向量｛长度、高度、长高比、凹凸度/宽度、面积｝表示，分别定义如下。

① 长度　目标区域每一行的最右边点 (i,j_1) 与其最左边点 (i,j_2) 水平信息之差的最大值。

$$Length=\max(x_{i,j_1}-x_{i,j_2}) \tag{3-31}$$

② 高度　目标区域各像素的高度值与地平面值之差的最大值作为区域的高。

$$Height=\max(y_{i,j}-\overline{G}) \tag{3-32}$$

③ 长高比　目标区域长度与高度的比值。

$$r_{\mathrm{LH}}=Length/Height \tag{3-33}$$

④ 凹凸度/宽度　目标区域各像素的深度方向的最大值与最小值之差。对凸起障碍物以凹凸度描述；对高度为负的障碍以宽度描述。

$$Width=\max(z_{i,j})-\min(z_{i,j}) \tag{3-34}$$

⑤ 深度　反映了障碍物与机器人之间的距离，计算目标区域各像素在 Z 方向的平均值。

$$Depth=\sum_{\Omega}z_{i,j}/P \tag{3-35}$$

式中，Ω 表示目标区域的范围。

⑥ 面积　反映目标的大小记为 $Area$。首先统计目标区域所有像素的总和 P。需要注意的是，即使是同一物体在摄像机前不同距离成像，在图像中所占的像素数也不一样，距离摄像机越近，物体所占像素数越多，反之则越少。因此，需引入已知的特定标准目标在不同距离成像所占像素作为参考，计算出目标的实际面积。为此，将 SR-3000 与 $0.5\mathrm{m}^2$ 的平面目标间的距离从 2～7m 等分为 100 份，在各个距离由 SR-3000 对该标准目标成像，分别得到该目标在各个距离时图像中所占像素总数 r_{Z}，然后对这些数据曲线拟合，得到该标准目标与成像距离之间的关系。

当某个目标与摄像机的距离为 $Depth$ 时，其所占像素总和为 P，则其面积为：

$$Area=P/2r_{\mathrm{Z}} \tag{3-36}$$

$0.5\mathrm{m}^2$ 的平面目标在不同距离由 SR-3000 成像，分别得到各个距离中该目标在图像中的像素总数，基本呈线性关系，以 SR-3000 距离该目标 4.5m 时作为 Z_T。

另外，为了表示障碍物之间的关系，还需计算各障碍物之间的距离。

⑦ 间距　右边区域的最左边点 (i_1, j_1) 与左边区域的最右边点 (i_2, j_2) 之间水平方向上距离与深度方向上距离的平方根。

$$D_{obs}=\sqrt{(x_{i_1,j_1}^{R}-x_{i_2,j_2}^{L})^2+(z_{i_1,j_1}^{R}-z_{i_2,j_2}^{L})^2} \tag{3-37}$$

为了反映物体在场景中的位置，计算物体的重心位置。重心是物体对某轴的静力矩作用中心，其离散形式定义为：

$$x_c=\frac{1}{M}\sum_{c}^{d}\sum_{a}^{b}V(x,y)x \tag{3-38a}$$

$$y_c=\frac{1}{M}\sum_{c}^{d}\sum_{a}^{b}V(x,y)y \tag{3-38b}$$

其中

$$M=\sum_{c}^{d}\sum_{a}^{b}V(x,y) \tag{3-38c}$$

式中，x_c、y_c 是目标重心坐标数值；$V(x,y)$是图像，即图像上(i,j)处像素点的灰度。

对于图 3-14(a) 所示场景，障碍物区域被分为四块，采用上述特征描述图 3-14(i) 中四个区域，其中位于前方的三个区域（按照它们在图中的位置称为左、中、右）的相关特征以及它们的间距分别如表 3-1 和表 3-2 所示。

表 3-1　图 3-14 所示场景识别结果的几何参数

项目	长×高/(cm×cm)		相对误差	深度/cm		相对误差
	测量值	真实值		测量值	真实值	
左	50×33	53×35	5.7%×5.7%	374	368	1.6%
中	38×32	36×33	5.7%×3%	345	347	0.5%
右	42×22	41×25	2.4%×12%	311	310	0.3%

表 3-2　场景一障碍物的间距

项目	间距/cm		相对误差
	测量值	真实值	
左与中	65	69	5.8%
中与右	34	38	10.5%
左与右	151	146	3.4%

表中的相对误差是算法的计算值与人工测量值之间的误差。总体来说，用上述特征表示障碍物能基本反映实际场景的真实情况。物体的重心在图 3-14(i) 中以一黑点表示。

3.2.3 基于相关向量机的障碍物识别方法

未知环境下障碍物不规则、随机性强，从障碍物的空间特点及其对智能机器人移动性的影响出发，下面将未知环境下的障碍物抽象为如下四类物体。

① 石块：体积小，其特点是矮小，可以跨越。

② 石头：体积中型，包括立柱，需避让绕行。

③ 斜坡：包括墙与巨石，其特点是长且高大，根据坡度大小判断是否可攀爬。

④ 沟：其特点是长、凹陷，根据沟的宽窄跨越或避让绕行。

其中，④与其他三类障碍物最大的区别在于它是负障碍物，即低于地面，可以据此将④单独区分开，而对于其他三类的在线识别，这里借助机器学习的方法分析。由于识别对象数量巨大，其形状更是千差万别，有很多不同情形，想要将所有障碍物情况通过收集样本而反映出来是不可能的。所以一个推广性能良好的分类算法对障碍物识别分类有着重要的意义，可以大大提高分类的准确率。

未知环境下障碍物识别问题本质上属于小样本、非线性模式识别问题，而将支持向量机（support vector machine，SVM）用于解决小样本、非线性模式识别问题时，具有泛化能力好、不需要先验知识等优势，而且还可以推广到函数逼近、非线性回归等机器学习问题。但是，SVM 方法在实际的应用中仍存在一些问题：

① 尽管 SVM 方法具备一定的稀疏性，但随着训练样本集的增大，支持向量（SV）的数量相应地线性增加，可能导致过拟合，同时浪费计算时间；

② 无法获取概率式的预测；

③ 使用时需要给定误差参数 C，该参数的选择主观性强，对结果影响很大，且必须通过大量的交叉验证等算法来进行确定，比较耗时；

④ SVM 的核函数必须满足 Mercer 条件，要求为连续的对称正定核。

2001 年，M. E. Tipping 基于概率的贝叶斯学习理论提出了相关向量机（relevance vector machine，RVM）。RVM 是一种与 SVM 函数形式相同的稀疏概率模型，在贝叶斯框架下进行训练。RVM 不存在 SVM 的上述缺点，而且，在预测性能相当的情况下，解的稀疏性明显高于 SVM，即相关向量数目小于支持向量数目。因此，RVM 的分类执行速度比 SVM 更快，更适合实时性要求高的系统要求。本节采用 RVM 对非结构化环境下的障碍物进行分类。

（1）相关向量机分类原理

RVM 与 SVM 的最大不同在于将硬性划分变为概率意义下的合理划分。RVM 采用概率贝叶斯学习框架，通过最大化边际似然函数原理（marginal likelihood maximisation）获得相关向量和权值。与 SVM 类似，RVM 的结构可以表示为核函数与权值的乘积求和，核函数意味着将输入变量所在的空间 X 映射到高维特征空间。

给定训练样本集 $\{x_n, t_n\}_{n=1}^N$，$\{x_n\}_{n=1}^N$ 是样本集中的特征值，设目标值 t_n 独立且同分布，而且包含均值为 0、方差为 σ^2 的高斯噪声 ε_n，则

$$t_n = y(X_n; \boldsymbol{w}) + \varepsilon_n \tag{3-39}$$

RVM 的模型输出可定义为：

$$y(x; \boldsymbol{w}) = \sum_{i=1}^{N} \omega_i K(x, x_i) + \omega_0 = \boldsymbol{\phi} \boldsymbol{w} + \omega_0 \tag{3-40}$$

式中，N 为样本数，权值向量 $\boldsymbol{w} = [\omega_1, \cdots, \omega_N]^T$；$\boldsymbol{\phi}$ 为 $N \times (N+1)$ 阶矩阵，且 $\boldsymbol{\phi} = [\phi(x_1), \phi(x_2), \cdots, \phi(x_N)]^T$，其中 $\boldsymbol{\phi}(x_n) = [K(x_n, x_1), K(x_n, x_2), \cdots, K(x_n, x_N)]^T$；$K(x, x_i)$ 为非线性函数。

由于目标值 t_n 独立，相应地将训练样本集的似然函数表示为：

$$\begin{aligned} p(\boldsymbol{t} \mid \boldsymbol{w}, \sigma^2) &= \prod_{i=1}^{N} p(t_i \mid \boldsymbol{w}, \sigma^2) \\ &= (2\pi\sigma^2)^{-\frac{N}{2}} \exp\left\{-\frac{1}{2\sigma^2} \| \boldsymbol{t} - \boldsymbol{\phi} \boldsymbol{w} \|^2\right\} \end{aligned} \tag{3-41}$$

式中，目标向量 $\boldsymbol{t} = [t_1, \cdots, t_N]^T$。

根据支持向量机的结构风险最小化原则，有：如果不对权值 $\boldsymbol{w}$ 约束，而是直接对式(3-40) 最大化，可能会导致出现过拟合现象。因此，RVM 中的每一个权值都定义了各自的高斯先验概率分布：

$$\begin{aligned} p(\boldsymbol{w} \mid \boldsymbol{\alpha}) &= \prod_{i=0}^{N} N(\omega_i \mid 0, \alpha_i^{-1}) \\ &= \prod_{i=0}^{N} \sqrt{\frac{\alpha_i}{2\pi}} \exp\left(-\frac{\alpha_i}{2} \omega_i^2\right) \end{aligned} \tag{3-42}$$

式中，$\boldsymbol{\alpha} = [\alpha_1, \alpha_2, \cdots, \alpha_N]^T$ 为超参数，它决定了权值 $\boldsymbol{w}$ 的先验分布，每个超参数 α_i 对应一个权值 ω_i。

在给定先验概率分布和似然分布情况下，以贝叶斯准则出发，计算权值的后验概率分布如下：

$$p(w|\boldsymbol{t},\boldsymbol{\alpha},\sigma^2)=\frac{p(\boldsymbol{t}|\boldsymbol{w},\sigma^2)p(\boldsymbol{w}|\boldsymbol{\alpha})}{p(\boldsymbol{t}|\boldsymbol{\alpha},\sigma^2)}$$
$$=(2\pi)^{-\frac{(N+1)}{2}}|\Sigma|^{-\frac{1}{2}}\exp\left\{-\frac{1}{2}(\boldsymbol{w}-\mu)^{\mathrm{T}}\Sigma^{-1}(\boldsymbol{w}-\mu)\right\} \tag{3-43}$$

式中，后验均值 μ 和协方差 Σ 分别表示为：

$$\mu=\sigma^{-2}\Sigma\boldsymbol{\phi}^{\mathrm{T}}\boldsymbol{t} \tag{3-44}$$

$$\Sigma=(\sigma^{-2}\boldsymbol{\phi}^{\mathrm{T}}\boldsymbol{\phi}+\boldsymbol{A})^{-1} \tag{3-45}$$

式中，$\boldsymbol{A}=\mathrm{diag}(\alpha_1,\alpha_2,\cdots,\alpha_N)$。

权值后验分布的均值 μ 确定了权值的估计，而协方差 Σ 表示模型预测的不确定性。因此，为了得到模型的权值，首先需要估算超参数的最优值。超参数的似然分布也即高斯分布表示为：

$$p(\boldsymbol{t}\mid\boldsymbol{\alpha},\sigma^2)=\int p(t_i\mid\boldsymbol{w},\sigma^2)p(\boldsymbol{w}\mid\alpha)\mathrm{d}\boldsymbol{w}$$
$$=(2\pi)^{-\frac{N}{2}}\mid C\mid^{-\frac{1}{2}}\exp\left\{-\frac{1}{2}\boldsymbol{t}^{\mathrm{T}}C^{-1}\boldsymbol{t}\right\} \tag{3-46}$$

式中，协方差 $C=\sigma^2I+\boldsymbol{\phi}\boldsymbol{A}^{-1}\boldsymbol{\phi}^{\mathrm{T}}$。

对超参数似然分布最大化，可得到 $\boldsymbol{\alpha}$ 和 σ^2 最有可能的值。采用迭代反复估计的方法代替解析形式的计算方法来计算式(3-45)。关于 $\boldsymbol{\alpha}$ 和 σ^2，分别对式(3-45) 求导，然后令它为零并重写公式，由 Mackay 的方法有：

$$\alpha_i=\frac{\gamma_i}{\mu_i^2} \tag{3-47}$$

$$\sigma^2=\frac{\|\boldsymbol{t}-\Sigma\mu_i\|^2}{N-\Sigma_i\gamma_i} \tag{3-48}$$

式中，μ_i 为由式(3-44) 得到的第 i 个后验权值的均值；$\gamma_i=1-\alpha_i\Sigma_{ii}$，$\Sigma_{ii}$是当前的 α 和 σ^2 经式(3-45) 得到的后验权值协方差矩阵的第 i 个对角元素。

在反复计算式(3-47) 和式(3-48) 的同时，保持对式(3-47) 和式(3-48) 的更新，直至符合某一收敛条件停止迭代。迭代时，出现大量趋于无穷大的 α_i，根据式(3-43) 可得 $p(\boldsymbol{w}|\boldsymbol{t},\boldsymbol{\alpha},\sigma^2)$出现最大峰值处为零点，因此认为其 ω_i 为零，因而产生稀疏性解。与 SVM 的 SV 有些类似，那些与非零 ω_i 对应的学习样本即为相关向量（relevance vector，RV)。

从上面分析，将 RVM 的建模步骤表示为：

步骤 1：初始化参数 α_i 和 σ^2；

步骤2：计算权值后验统计量 μ 和 Σ；

步骤3：计算所有的 γ_i，同时重新估计 α_i 和 σ^2；

步骤4：若收敛，执行步骤5，否则重新执行步骤2；

步骤5：找到RVs，实现对RVM结构的构建。

(2) 多类问题的相关向量机算法

在机器学习中，常用于构建分类器的方法为：

① 一对多。利用一个分类器将一类与其他的所有类分开，因此，分类器的数目需要与类别数相等。但是对每个分类器的要求较高是该方法的缺点。

② 一对一。假设有 N 类训练样本，相应地构建所有可能的二值分类器，其中每个分类器只对 N 类中的两类进行分类，因此只要构造 $N(N-1)/2$ 个分类器，然后对这些两类分类器的结果利用投票法，以得票的多少作为某类划分所属类别的依据。

这里采用一对一算法进行障碍物识别，其拓扑结构如下：N 类的分类问题包括 $N(N-1)/2$ 个节点。其中，只有一个节点位于顶层，第 i 层有 i 个节点，第 j 层的第 i 个节点指向第 $j+1$ 层的第 i 个和第 $i+1$ 个节点。这里研究三种正障碍物，故设计一个三类的拓扑结构，如图3-15所示，每一个节点均为RVM二值分类器，只需训练各个子分类器，通过对该拓扑结构中的二值分类器的分类间隔最大化，可降低分类的错误率。

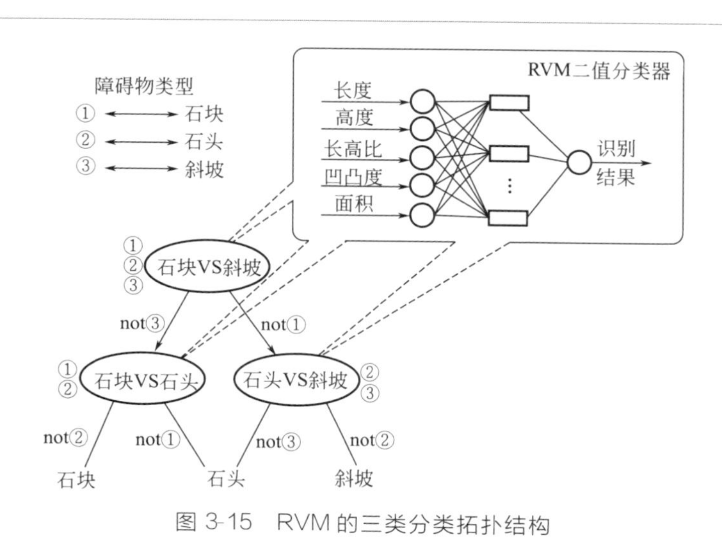

图3-15 RVM的三类分类拓扑结构

本节提出的未知环境下障碍物检测与识别算法总体流程如图 3-16 所示。

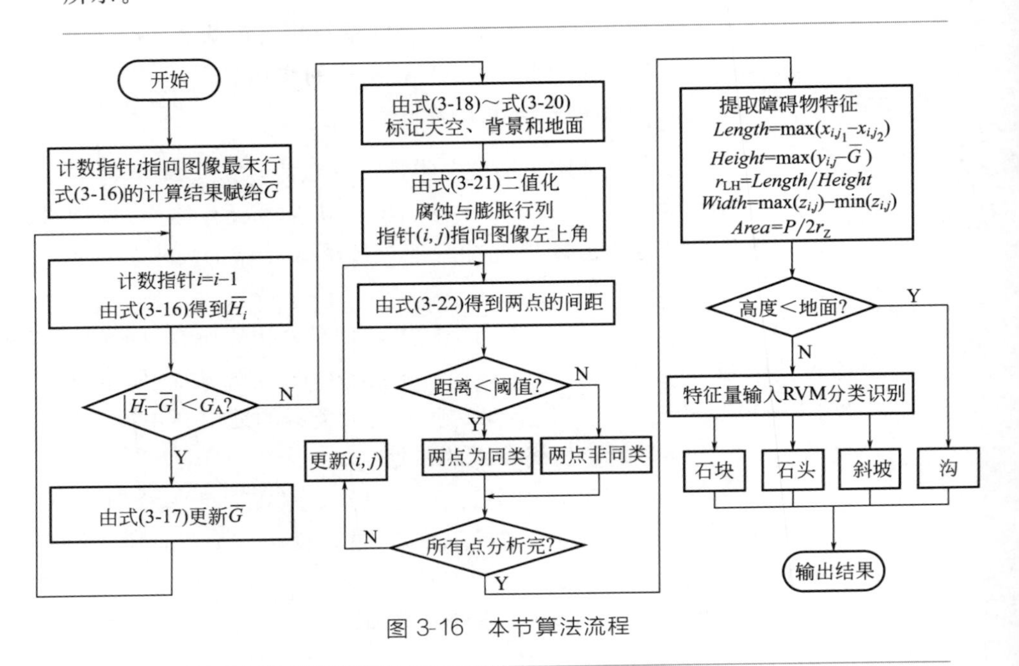

图 3-16 本节算法流程

3.2.4 实验结果

(1) 障碍物分割及其特征提取

对实际环境中的 5 个典型场景获取图像及其空间三维信息，移动机器人的姿态因地形的变化而实时改变。利用本章算法进行处理，算法中的几个参数的取值如下：$H_A=4\text{m}$，$D_A=7\text{m}$，$G_A=3.3\text{cm}$，$c_1=0.15$，$c_2=0.2$，$c_3=0.65$。提取结果中，黑色表示障碍物区域，非障碍物区域中的不同个体通过不同灰度值区分。

如图 3-17 所示，场景一是典型的沙地与石块场景，沙地不平整且石块与沙地的颜色区分不大，左边三个石块间存在遮挡，移动机器人当前姿态——俯仰和横滚分别为$-13.4°$和$-1.9°$。场景中的障碍物区域被分为五个区域，表示有五个障碍物。从分割结果可以看出本算法对同类物体间即使存在遮挡的情况也能很好地处理。左边三个相互遮挡的石块，从它们的空间方位及在图像上的位置对应简称为“左前”“左中”和“左后”，右边独立的石块简称为“右”。表 3-3 为场景一识别结果的几何参数。

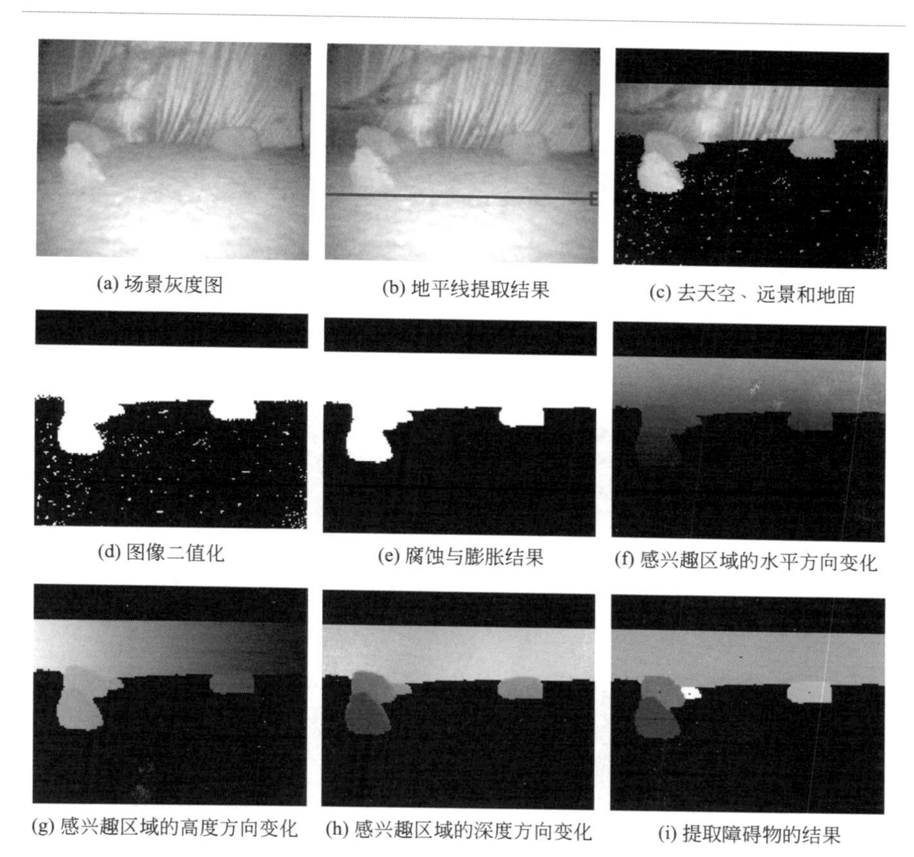

(a) 场景灰度图 (b) 地平线提取结果 (c) 去天空、远景和地面
(d) 图像二值化 (e) 腐蚀与膨胀结果 (f) 感兴趣区域的水平方向变化
(g) 感兴趣区域的高度方向变化 (h) 感兴趣区域的深度方向变化 (i) 提取障碍物的结果

图 3-17 场景一障碍物提取过程及结果

表 3-3 场景一识别结果的几何参数

项目	长×高/(cm×cm)		相对误差	深度/cm		相对误差
	测量值	真实值		测量值	真实值	
左前	42×42	39×42	7.8%×0	230	233	1.3%
左中	38×40	40×42	5%×4.7%	273	271	0.7%
左后	23×16	17×14	35%×14%	297	300	1%
右	50×28	48×26	4.1%×7.6%	376	376	0

如图 3-18 所示，场景二为典型的植被室外场景，地面覆盖了草和植物叶子，因此地面也是表现为随机不平整，此时移动机器人的俯仰和横滚分别为 1.1°和−2.8°。场景中覆盖在地面的植被和草被尽管有随机起伏、稀疏，在去除地面时被成功地划分为一类并去掉，树后的墙与移动机器人的距离较远（这里设阈值为 7m），被认为是远景，也被去掉。场

景中剩下的障碍物为树。表 3-4 为场景二识别结果的几何参数。

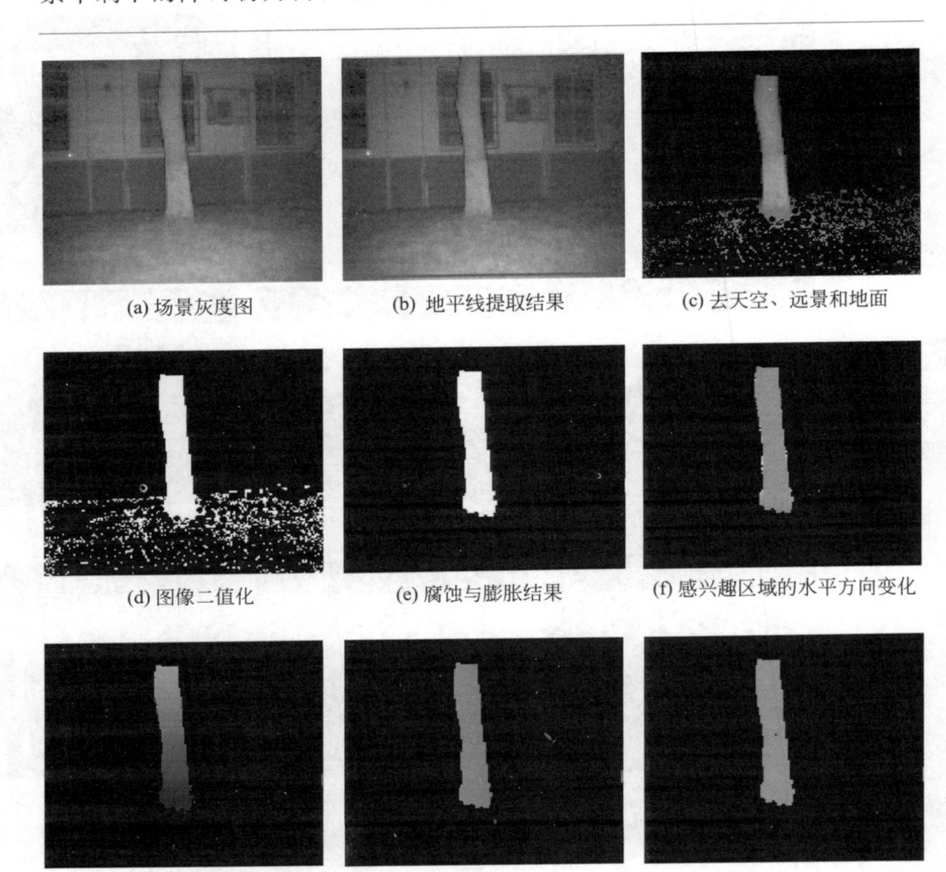

(a) 场景灰度图　(b) 地平线提取结果　(c) 去天空、远景和地面

(d) 图像二值化　(e) 腐蚀与膨胀结果　(f) 感兴趣区域的水平方向变化

(g) 感兴趣区域的高度方向变化　(h) 感兴趣区域的深度方向变化　(i) 提取障碍物的结果

图 3-18　场景二障碍物提取过程及结果

表 3-4　场景二识别结果的几何参数

项目	长×高/(cm×cm)		相对误差	深度/cm		相对误差
	测量值	真实值		测量值	真实值	
目标	30×340	33×347	9%×2%	435	433	0.5%

如图 3-19 所示，场景三为沙地及由沙堆积而成的斜坡，沙地与斜坡的组成物质都是沙子，颜色没有任何区别，且移动机器人非正对斜坡，此时移动机器人的俯仰和横滚分别为 2°和 0.9°。表 3-5 为场景三识别结果的几何参数。

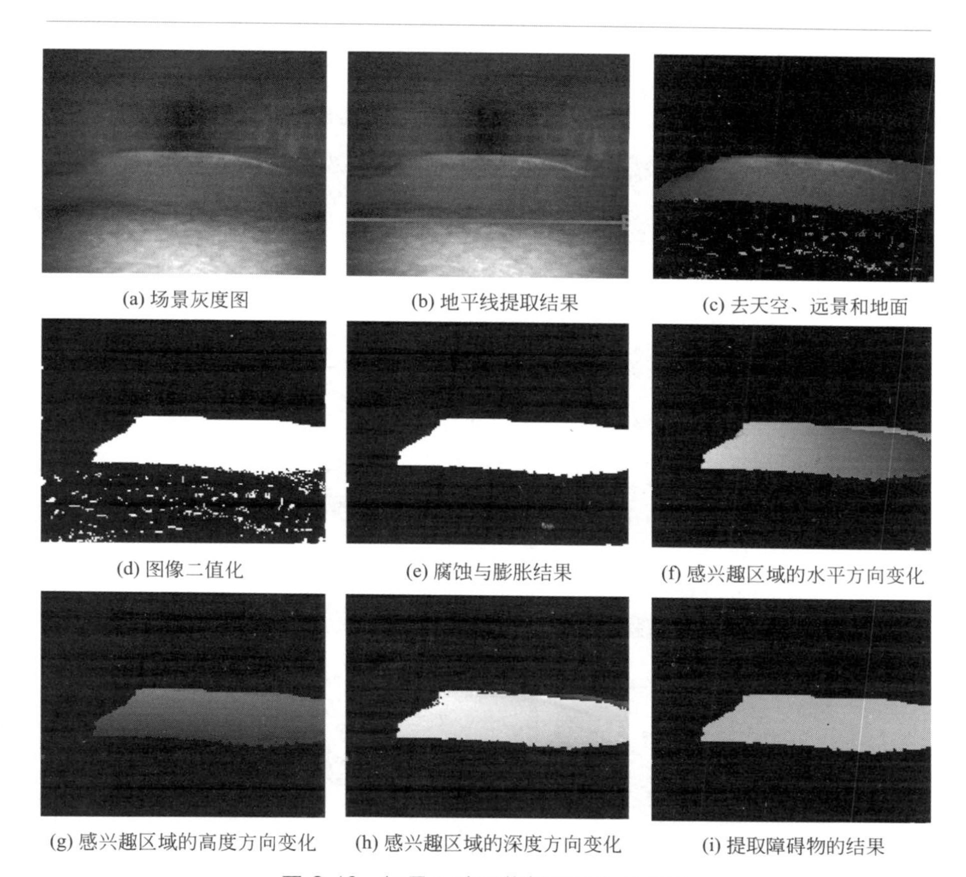

图 3-19 场景三障碍物提取过程及结果

表 3-5 场景三识别结果的几何参数

项目	长×高/(cm×cm)		相对误差	深度/cm		相对误差
	测量值	真实值		测量值	真实值	
目标	508×132	516×129	1.5%×2.3%	574	578	0.7%

如图 3-20 所示，场景四为沙堆、石块组成的非规则复杂场景，此时移动机器人的俯仰和横滚分别为 1.1°和−0.7°。场景中的障碍物区域被分为四个区域，表示有四个障碍物。从它们的空间方位及在图像上的位置对应简称为“左”“左中”“右中”和“右”。从提取结果图 3-20(i) 和表 3-6 可看出，中间两个石块（即“左中”和“右中”）尽管在去地面时稍微去多了一点，但是计算高度时根据式(3-32)，因为是最高点对整个地平面的差，所以并不影响高度计算。同时，位处左右两端的沙堆，

尽管其颜色与沙地一致，也仍然被提取出来。表 3-6 为场景四识别结果的几何参数。

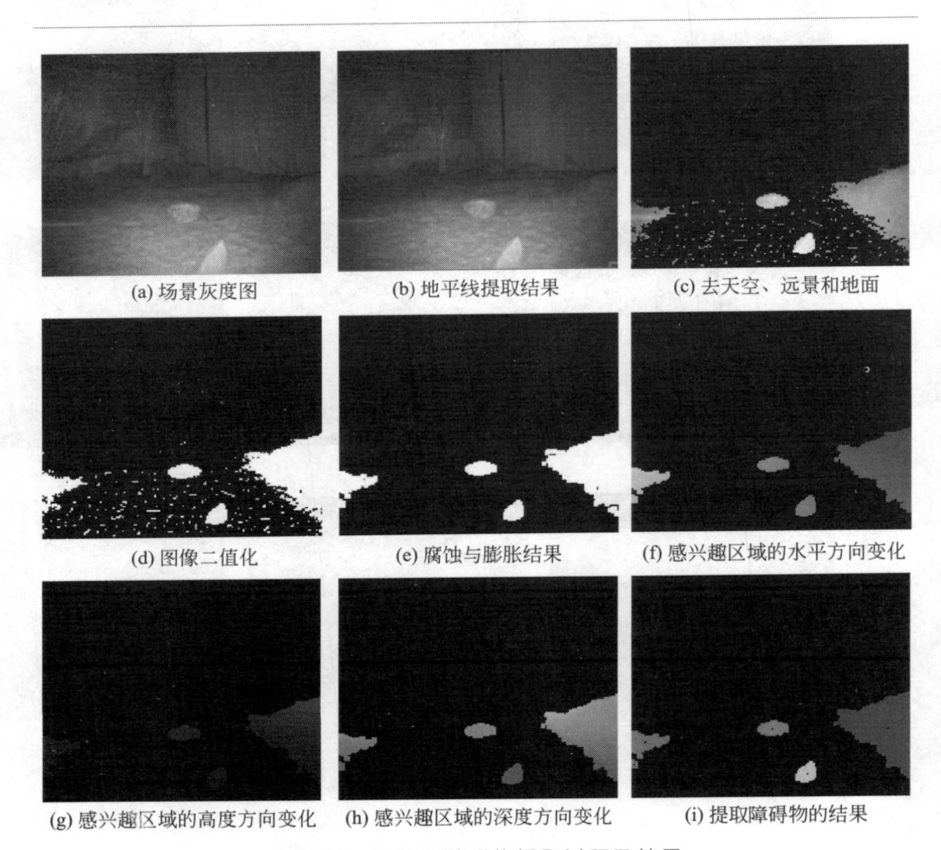
(a) 场景灰度图　(b) 地平线提取结果　(c) 去天空、远景和地面
(d) 图像二值化　(e) 腐蚀与膨胀结果　(f) 感兴趣区域的水平方向变化
(g) 感兴趣区域的高度方向变化　(h) 感兴趣区域的深度方向变化　(i) 提取障碍物的结果

图 3-20　场景四障碍物提取过程及结果

表 3-6　场景四识别结果的几何参数

项目	长×高/(cm×cm)		相对误差	深度/cm		相对误差
	测量值	真实值		测量值	真实值	
左	52×19	60×16	13.3%×18.7%	350	359	2.5%
左中	29×18	34×20	17.6%×10%	253	255	0.8%
右中	19×25	23×27	17.3%×7.4%	215	211	1.9%
右	105×57	110×53	4.6%×7.6%	376	366	2.2%

如图 3-21 所示，场景五为壕沟场景，沙地上本身也有小小的凹陷，此时移动机器人的俯仰和横滚分别为 4°和 3.3°。表 3-7 为场景五识别结果的几何参数。

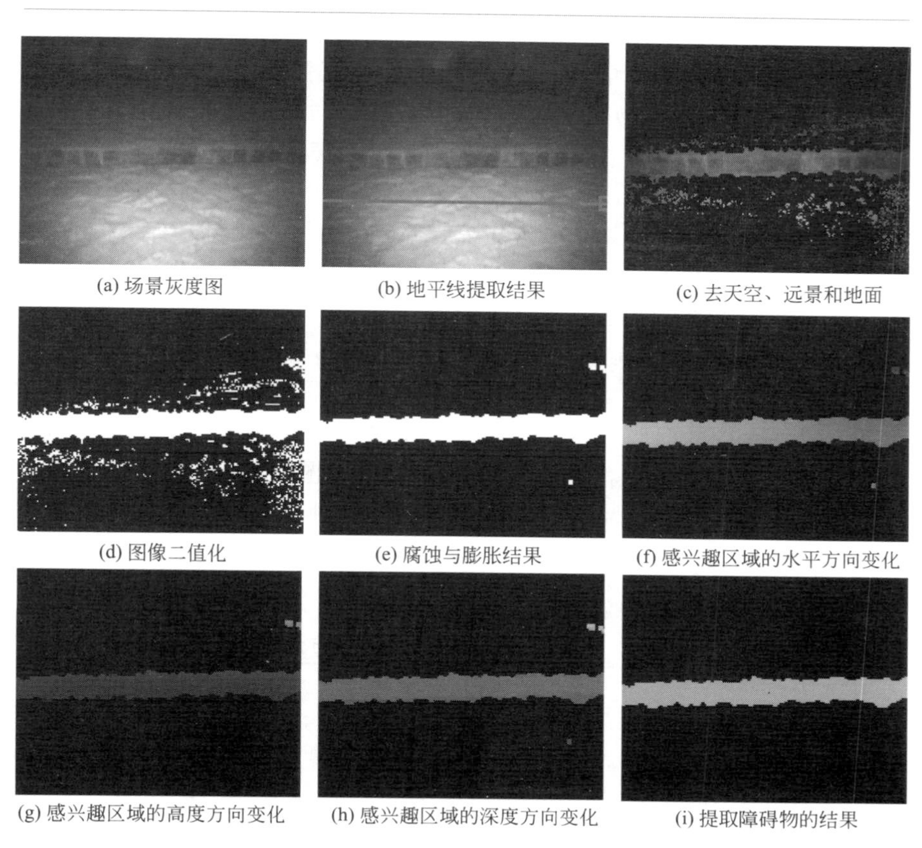
(a) 场景灰度图 (b) 地平线提取结果 (c) 去天空、远景和地面
(d) 图像二值化 (e) 腐蚀与膨胀结果 (f) 感兴趣区域的水平方向变化
(g) 感兴趣区域的高度方向变化 (h) 感兴趣区域的深度方向变化 (i) 提取障碍物的结果

图 3-21 场景五障碍物提取过程及结果

表 3-7 场景五识别结果的几何参数

项目	长×宽/(cm×cm)		相对误差	深度/cm		相对误差
	测量值	真实值		测量值	真实值	
目标	352×40	360×37	2.2%×8.1%	221	225	1.8%

表 3-4～表 3-7 中的相对误差是算法的计算值与人工测量值之间的误差。产生的误差来自以下四个方面。

① 人工量取读数时产生的误差。

② SR-3000 受环境噪声影响产生的误差。

③ 障碍物本身不规则，地面也不平整，人工测量长和高时很难选取测量的位置，这也是产生误差的最主要原因。例如图 3-20 场景四中的“左”和“右”障碍物，本身是由土堆组成，其边界在人工测量时很难确定，只能通过观察土堆大致在摄像机视场中的位置然后再量取，因此，

作为标准的人工测量值（即真实值）也不一定非常贴切，但是本章算法对这些障碍物测量的值与人工量取值的趋势总体上是趋近的。

④ 在障碍物提取过程中，标记地面时错误地将本属于障碍物的物体标记为地面，以及腐蚀、膨胀处理时去掉了一些障碍物上的点，造成识别障碍物比实际障碍物小。例如，图 3-19 中的斜坡，图 3-20 的场景四中“左中”“右中”两个障碍物都有部分被标记为地面。

在定量实验中，将本节所提出的方法与以文献中仅采用颜色特征进行区域分割的方法（下文表示为“方法 1”）和文献中通过分析 3D 点云中各数据点的关系完成区域分割的方法（下文表示为“方法 2”）在同一台机器上、同一环境下对上述五个场景障碍物提取进行了性能比较。表 3-8 中的耗费时间为提取这五个场景中区域平均消耗的时间。方法 1 的前提是场景中各类物体间必须有颜色上的差异，除了因为场景二中草地、树的颜色区别较大，能够将树、草地与墙区分开，对其他几个场景都无法分割。对于上述五个场景，方法 2 因为要分析场景中全部点的三维关系，因此需耗费较多的时间。

表 3-8　本算法与方法 1、方法 2 的性能比较

方法	耗费时间/ms
方法 1	—
方法 2	25
本算法	16

(2) 障碍物识别

智能机器人在未知环境下随机采集了包含不同障碍物的场景图像和空间三维信息共计 500 幅。对这些场景利用本章提出的方法提取障碍物，以向量｛长度、高度、长高比、凹凸度/宽度、面积｝表示障碍物的特征，并人为指定障碍物的类别，训练样本和测试样本的数量如表 3-9 所示。

表 3-9　训练样本和测试样本的数量

障碍物类型	训练样本	测试样本
①石块	238	163
②石头	282	201
③斜坡	167	114
合计	687	478

训练 RVM 障碍物分类，并与 SVM 对比障碍物分类的性能，SVM 和 RVM 的核函数都选取径向基核函数：

$$K(x,x_i)=\exp(-\gamma|x-x_j|^2) \tag{3-49}$$

训练 RVM 分类器，取 $\gamma=0.1$，将测试样本输入训练好的网络，测试结果如表 3-10 所示。

表 3-10 测试样本识别结果

障碍物类型	样本数	正确率/%
石块	163	92.7
石头	201	90.4
斜坡	114	95.5
合计	478	92.86

表 3-11 给出了取不同参数训练 SVM 分类器对测试样本的识别率（三种障碍物识别正确率的平均值）和支持向量（SV）数量。表 3-12 给出了取不同参数训练 RVM 分类器对测试样本的识别率和相关向量（RV）数量。从结果中可看到，近似的识别正确率下，RVM 的 RV 数目比 SVM 的 SV 数量要少很多，因此，分类的时间也相应地减少。RVM 分类的最大识别正确率比 SVM 分类的最大识别正确率大约低 2.1%，可能的主要原因在于 RVM 分类器所用的 RV 数量远少于 SVM 分类器所用的 SV 数量，导致了更稀疏的解。

表 3-11 SVM 识别障碍物的正确率和 SV 数量

核参数 σ	惩罚因子 C	正确率/%	SV
0.1	1000	93.62	322
1	65	94.07	338
1.74	40	95.85	353
1.74	1000	95.56	335

表 3-12 RVM 识别障碍物的正确率和 RV 数量

核参数 σ	正确率/%	RV
0.1	92.86	45
0.7	93.40	56
1	93.67	61
1.74	93.24	50

3.3 基于视觉的地形表面类型识别方法

智能机器人在前进过程中，不同的地形表面对机器人移动性能的影响也不一样。例如，沙地偏软，移动机器人轮子容易陷入其中，由此产生较大的阻力，移动机器人甚至可能陷在其中而无法移动。而碎石偏硬且高低不平，移动机器人在碎石地上速度过快容易打滑和上下颠簸。移动机器人需要根据地表的类型，采取不同的控制策略——减速、绕行、加速等。为此，地表类型的识别成为亟须解决的问题。

为了采集地面图像用于识别地表类型，分析地表对智能机器人移动性能的影响，在智能机器人前端的固定支架上俯视安装高分辨率彩色摄像机，专门用于获取地表的图像信息。以该摄像机作为 SR-3000 的补充，来实现地表类型识别，最终获得硬度。该摄像机在智能机器人上的安装固定位置如图 3-22 所示。

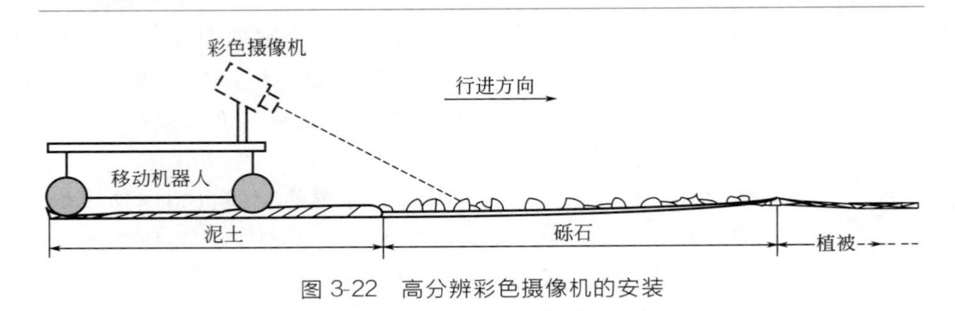

图 3-22 高分辨彩色摄像机的安装

如图 3-23 所示给出了六种常见的地表类型，在随机性很强的非结构化场景中，地形的外观变化无常，有如下特点：

① 即使同一类型的地表从外观上看也不尽相同；

② 具有相似外观的地表却分属不同类型，对移动机器人的移动性也有不同的影响；

③ 不仅只存在泥土、砾石、碎木等单一物质组成的地表，还包括了这些物质的不同组合。

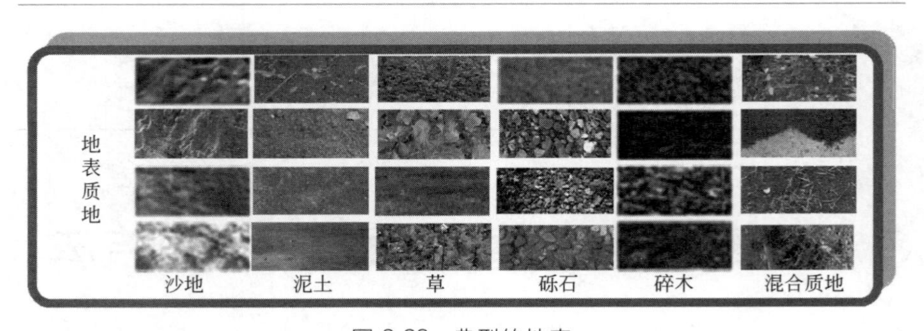

图 3-23 典型的地表

同时，在非结构化环境下的地表模式特征容易受到光照、灰尘、拍摄角度、各种几何形变的影响，不容易提取出高度结构化的环境特征，这给地表质地的识别带来很大的挑战。基于视觉的地表质地识别过程主要包括3个步骤：图像预处理、特征提取和分类识别，其中特征提取是后续分类识别的关键。因此，这方面的研究工作主要集中在地表的特征提取上，主要是对颜色、纹理的分析。常用的颜色特征有红色均值（average red）、颜色均值（average color）、颜色直方图（color histogram），表示不同地表物质。对于纹理，则采用不同的滤波器组提取地表图像某个区域的纹理。Alon等[12] 利用OGD滤波器（oriented gaussian derivatives filters）、Walsh-Hadamard滤波器组提取地面特征。在非结构化环境下光照条件随机性较强，甚至是云层的遮挡引起的光线变化也可能造成地形外观上（包括颜色和纹理）的变化，为此，Helmick等[13] 同时提取颜色和纹理特征，然后通过训练的手段减小光线变化带来的影响，以提高系统的鲁棒性。

3.3.1 基于Gabor小波和混合进化算法的地表特征提取

在非结构化环境下，光照、灰尘、拍摄角度、各种几何形变随机性很强，不容易提取出高度结构化的环境特征，传统的颜色、纹理特征提取方法很难以较高正确率识别图3-23所示的六种地表类型。Gabor小波能够同时捕捉空域、时域和方向上的最佳分辨率，具有和人类视觉相似的识别效果，其变换系数描述了图像上给定位置附近区域的纹理特征。Gabor小波在实际应用中被广泛用于提取图像的纹理特征。同时，特定尺度特定方向上的Gabor小波系数可以反映该方向上的形状特征，其提取的图像特征受光照影响小且对一些形变也不敏感。而地表由于组成物质的不同，其特征表现一般沿一定的方向分布。因此，这里提出采用Gabor小波提取地表图像中多个尺度多个方向上的特征。然而，在Gabor小波运算时，需进行多个不同尺度多个方向上的运算，形成一个高维统计特征，特征维数过高引起较大的计算量和内存消耗，将直接影响分类器的分类效果和效率。为此，本章利用分级进化优化算法选取地表特征，算法的整体框图如图3-24所示。

离线训练阶段为混合进化算法，选取最能区分地表特征的图像节点及Gabor小波的方向和尺度参数。在确定图像节点和Gabor小波参数后，将特征量输入分类器分类。

(1) Gabor小波提取地表特征

根据Gabor小波的定义，可以将Gabor小波的函数形式表示为：

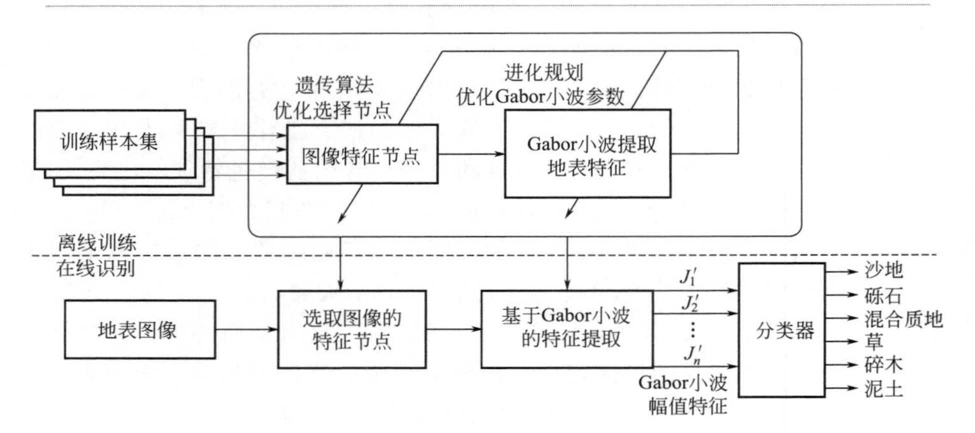

图 3-24　地表特征优化提取整体结构图

$$\psi_j(x)=\frac{\| k_v \|^2}{\sigma^2}\mathrm{e}^{\| k_v \boldsymbol{A}x \|^2}\left(\mathrm{e}^{ik_v \boldsymbol{CA}x}-\mathrm{e}^{\frac{-\sigma^2}{2}}\right) \tag{3-50}$$

式中

$$\boldsymbol{A}=\begin{bmatrix}\cos\theta & \sin\theta \\ -\sin\theta & \cos\theta\end{bmatrix}, \boldsymbol{C}=[1\quad 0]$$

式中，$k_v=k_{\max}/f^v$，f 是频率参数，v 为与波长相关的参数，相当于伸缩因子；θ 为方向参数，通常文献中取 $\theta=\mu\pi/N$，N 是方向数目，μ 表示第几个方向；x 是一个 2×1 的列向量，表示二维平面上的一个点；$\mathrm{e}^{ik_v CAx}$ 为变换核定振荡部分；$\mathrm{e}^{\frac{-\sigma^2}{2}}$ 为补偿变换核定的直流分量，达到消除图像灰度绝对值影响的目的。当 σ 足够大时，直流项的影响可忽略。

图像 $f(x)$ 的 Gabor 小波定义如下：

$$GW(k,x_0)=(f*\psi_k)(x_0) \tag{3-51}$$

式中，$k=[k_v\quad \mu]$；$*$ 为卷积运算符。

通过改变参数波长 v 和方向参数 μ 的方式，可获得在不同尺度、不同方向上的 Gabor 小波，利用式(3-51) 计算出函数中多个尺度、多个方向上的 Gabor 小波系数。

Gabor 小波卷积计算产生的是一个由实部和虚部组成的复数响应。在这两个分量边缘附近可能产生振荡，将影响后续的分类识别效果。为此，将 Gabor 响应表示为实部和虚部平方和开根号的幅值响应，幅值响应反映了图像局部的能量谱，有利于分类识别。

对于地表图像，利用 Gabor 小波变换将图像分解到 M 个尺度和 N

个方向，则对于图像上位于（i,j）处的像素 $p(i,j)$ 可得到 $M\times N$ 个幅值特征，将这些幅值特征级联起来表示为 $\boldsymbol{J}_{p(i,j)}$。再将所有位置上像素的 $\boldsymbol{J}$ 级联，可得到输入图像 I 的 Gabor 特征表示：

$$\boldsymbol{J}_I=\{\boldsymbol{J}_{p(i,j)}\mid(i,j)\in I\} \tag{3-52}$$

（2）混合进化算法优化地表特征选择

若将每一个像素都当作一个特征点，对于 128×128 大小的图像，采用尺度和方向为 5×8 的 Gabor 小波，总的 Gabor 特征数量为 128×128×40＝655360 个，计算量非常大，将耗费大量的计算时间和内存，在后续分类识别中也容易造成维数灾难，因此需要对特征向量进行降维处理。常见的降维方法：①在使用 Gabor 小波与图像卷积之前稀疏图像；②对 Gabor 小波与图像卷积之后的特征向量降维。

通过网格对分析地表图像稀疏化，以部分像素（本节称之为图像特征节点）代替整个图像像素与 Gabor 小波卷积，一定程度上能降低特征的维数。但是如何选择图像特征节点的数量和位置，确保后续识别率高和计算量少是使用 Gabor 小波提取地表特征的一大难题。

此外，当图像特征节点确定后，特征提取的时间将消耗在计算不同尺度、不同方向的 Gabor 特征上，尺度和方向越多，计算量越大，相应地也越能代表图像的特征；尺度和方向越少，计算量也越小，其描述图像的精度也越低。因此，Gabor 小波参数的尺度和方向的选择是进行地表特征时的另一难题。

为此，采用混合进化算法优化选取图像特征节点和 Gabor 小波的尺度及方向参数。其中，遗传算法（genetic algorithm，GA）位于外层，优化选取那些对地表区分能力较强的图像特征节点；进化规划（evolutionary programming，EP）位于内层，优化选取特征节点中所包含的多个尺度多个方向上的特征。

1）进化算法

进化算法从遗传学角度，如个体的变异、选择，来模拟自然进化过程，在由个体构成的群体层面上实现适应性学习。个体操作是随机的，因此进化算法可视为一种随机搜索和优化的技术。EA 主要包括以下 3 类方法[14]。

① 遗传算法（GA）。遗传算法的理论和方法由 Michigan 大学 J. H. Holland 在 1975 年出版的著作《Adaptation in Natural and Artificial System》中系统地阐述。遗传算法是一种全局优化算法，GA 主要强调染色体的操作。

② 进化规划（EP）。进化规划思想是美国的 L. J. Fogel 等于 20 世纪 60 年代提出的，最初被用于预测输入符号序列的有限状态机的进

化，后来大量用于优化实参数。其特点是进化发生在个体上，而不是发生在个体染色体上；新个体的出现只依赖于个体的突变，而没有任何重组算子。

③ 进化策略（evolution strategy，ES）。德国的 Rechenberg 在解决弯管形态优化问题过程中形成了进化策略思想。它将定义于 n 维实向量空间上的实函数作为优化对象，进化策略中的自然选择采用确定性选择。进化策略中提供了重组算子，但与遗传算法中的交换不同，它使个体中的每一位发生结合，新个体中的每一位都包含有两个旧个体的相应信息。存在两种进化策略，它们之间稍微有一点区别：$(\mu+\lambda)-ES$ 的选择过程中采用 μ 个父体和 λ 个子个体一起作为候选解，生成 μ 个后代；$(\mu,\lambda)-ES$ 仅由 λ 个子个体中形成 μ 个后代。

GA、EP 和 ES 三种方法很大程度上具有相似性，因此将它们表示在统一的框架下，统称为进化算法（EA）。

2）进化算法优化地表选择步骤

地表特征的优化可分为特征节点的优化和 Gabor 小波的参数优化两部分。图 3-25 给出了本章提出的混合进化算法优化地表特征选择的流程，为双层结构，首先在外层用 EA 算法优化特征节点的选取，在外层特征节点确定的情况下，内层 EP 开始优化 Gabor 小波参数。

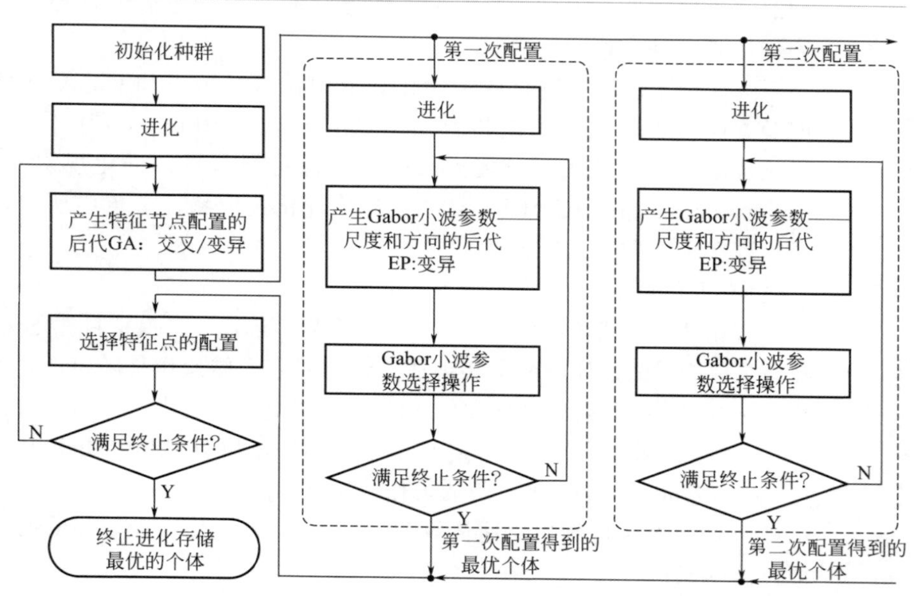

图 3-25 双层混合优化选择图像特征节点和 Gabor 小波参数的流程

① 编码　外层GA采用二进制编码，将原始地表特征分为被选择特征节点和未选择特征节点，当位置为（i,j）的特征节点被选择时，它在染色体上对应的基因为1，否则为0，记为$Link_n(n=0,1,2,\cdots,i\times j-1)$。内层EP的编码采用整数编码，将尺度和方向的数量排列在一起。其染色体的组成如图3-26所示。

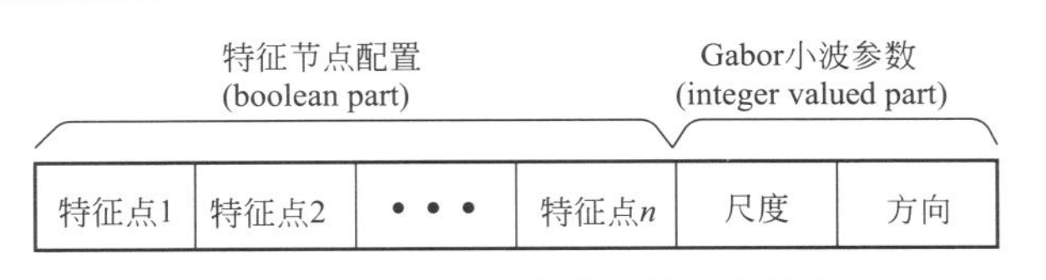

图3-26　优化选择地表特征的染色体编码

② 交叉和变异　在外层的GA中，采用典型的单点交叉（one-point crossover）和基本位变异操作，内层的EP中，没有交叉过程，仅采用高斯随机变异：

$$GaussMution(x)=\exp\left(-\frac{|x-\eta_i|^2}{(H_i-L_i)/PopNum}\right) \tag{3-53}$$

式中，η_i表示内层第i个分量；H_i和L_i为该分量的最大和最小值。

③ 适应度函数　适应度函数的选择关系到地表物质的识别，为此，以选择的特征维数小、分类的错误率最低为标准来确定适应度函数的基本原则。

为达到第一个目标，需要满足选择的特征节点数少，分解节点特征的尺度和方向数目小，定义适应度函数$Fitness_1$为：

$$Fitness_1=\exp\left[-\left(\frac{Lng}{s}+\frac{K}{100}\right)\right] \tag{3-54}$$

式中，s为图像的大小（此处为128×128）；$Lng=\sum_{n=1}^{s}Link_n$，即图像的像素被选中用于表示地表特征的特征节点的数量和；K为用于分解图像的Gabor小波尺度与方向数量的乘积。

这样选择的特征节点数目越少，选用的Gabor小波尺度与方向数目越小，评价函数$Fitness_1$值越高。

对于第二个目标，实际中计算错误率实现起来有较大困难，因此选用其他指标间接代替。各类样本能分开是因为它们处于特征空间中的不同区域，这些区域之间的距离越大，则可分性越高；而同一类别的样本之间的距离越小，则分类的可靠性越高。

定义类间距为：

$$S_1=\sum_{m=1}^{M}\sum_{\substack{n\neq m,\\ n=1}}^{M}\left[(u_m-u_n)(u_m-u_n)^{\mathrm{T}}\right]^{1/2} \tag{3-55}$$

式中，M 表示类别个数；$u_m=\mathrm{E}[J_m]$，$u_n=\mathrm{E}[J_n]$，其中 J_m 和 J_n 分别表示 m 类和 n 类各自经 Gabor 小波提取的特征幅值向量，运算符 E [] 表示求均值。

定义类间距为：

$$S_2=\sum_{m=1}^{M}\left\{\frac{1}{L_m}\sum_{i=1}^{L_m}\left[(x_i^m-u_m)(x_i^m-u_m)^{\mathrm{T}}\right]^{1/2}\right\} \tag{3-56}$$

式中，M 表示类别个数；L_m 表示第 m 类样本的数量；x_i^m 表示属于 m 类的第 i 个样本经 Gabor 小波提取的特征幅值。

可分性和可靠性适应度函数如下：

$$Fitness_2=\frac{1}{2}[1-\exp(-S_1)+\exp(-S_2)] \tag{3-57}$$

最终的适应度函数可表示为 $Fitness_1$ 和 $Fitness_2$ 的加权组合：

$$Fitness=\alpha Fitness_1+\beta Fitness_2 \tag{3-58}$$

式中的加权系数 α 和 β 根据实验设定。

④ 选择 在 GA 和 EP 中，均采用结合轮盘赌和精英选择法，满足条件则选入下一代，形成新种群。

⑤ 终止条件 当算法满足设定的收敛判断条件时，算法终止。收敛的条件设为：迭代到指定代数终止，实验中设 GA 的代数为 250 代，EP 的代数为 50 代。

3.3.2 基于相关向量机神经网络的地表识别

Tipping 提出的相关向量机应用于回归与分类，通过最大化边际似然函数原理获得相关向量和权值，但不具备在线调整参数的能力。而基于经验风险最小化原则的神经网络，常面临如何确定隐层节点数的问题。隐层节点过多，计算时间增加，而且网络泛化能力下降；隐层节点太少，则学习性能不足，网络难以收敛。实际应用中往往靠经验确定，显然不可靠。这里提出一种相关向量机神经网络，首先训练构建相关向量机用以确定网络结构并初步确定网络的参数，然后将其等价为神经网络，用 BP 算法进行在线训练其权值，提高地表类型识别效果。

(1) 相关向量机与神经网络的关系

如图 3-27 所示，相关向量机与多层前向神经网络具有相似的结构。

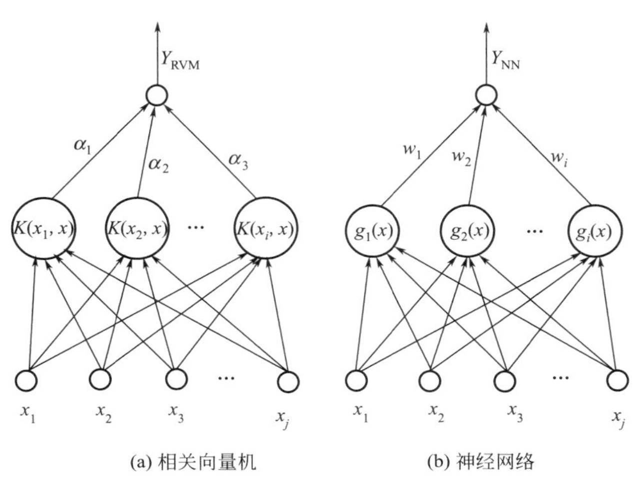

图 3-27 相关向量机和神经网络

对于一个基函数的相关向量机，其决策函数为：

$$f_{\mathrm{RVM}}(x)=\sum\alpha_i K(x,x_i)+b \tag{3-59}$$

式中，α_i 为输出权值；$K(x,x_i)$为基函数；x_i 为相关向量；b 为偏置。

对于一个三层前向神经网络，其输出函数为：

$$f_{\mathrm{NN}}(x)=\sum w_i g_i(x)+c \tag{3-60}$$

式中，w_i 为隐层到输出层的连接权值；$g_i(x)$ 为隐层的传输函数；c 为输出偏置值。

将式(3-59) 和式(3-60) 对比可发现，它们的网络输出函数同样也有相似性。若将这两个网络中各个参数一一对应取值，则两个网络的输出也相同。因此，可将相关向量机转化为对应的神经网络。将相关向量机转化为神经网络后，相应的神经网络的结构被确定。相关向量机具备优良的全局性能，因此也就得到了优化的神经网络结构，神经网络的推广性能也得到了保证。同时，等价得到的神经网络的参数与全局最优点接近。在此基础上采用 BP 算法进一步优化神经网络，减小了再次陷入局部最优的可能性，还能利用其局部搜索能力强的优点，从而又快又好地找到全局最优点。

(2) 相关向量机神经网络结构

使用训练样本集训练，得到训练好的相关向量机。将这个相关向量机转化为相应的神经网络。转化后的神经网络结构如图 3-28 所示。

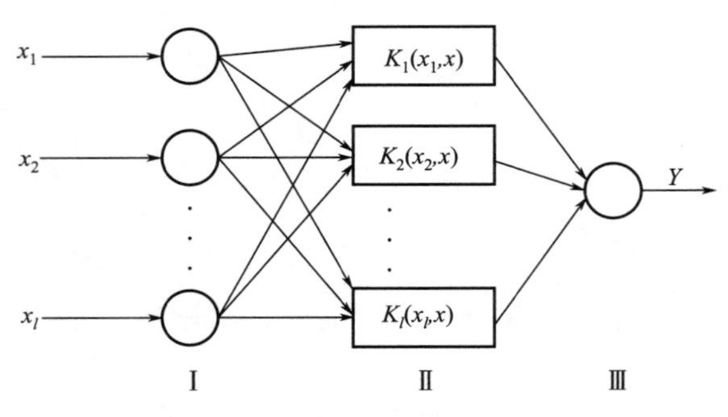

图 3-28 相关向量机神经网络的结构

第一层是输入层，其输入输出关系为：

$$O_i^{(1)}=I_i^{(1)} \tag{3-61}$$

$$I_i^{(1)}=x_i \tag{3-62}$$

第二层是基函数层，该层的输入输出关系如下式：

$$I^{(2)}=O^{(1)} \tag{3-63}$$

$$O_j^{(2)}=K_j(I^{(2)},x_j^*) \tag{3-64}$$

$$K_j(x,x_i^*)=k_{1j}(xx_i^*)^{d_j}+k_{2j}[\exp(-r_j|xx_i^*|^2)] \tag{3-65}$$

式中，$j=1,2,\cdots,k$；k 为训练得到的相关向量机中相关向量的数目；$K_j(x,x_i^*)$是相关向量机中的基函数。

第三层为输出层,该层的输入/输出如下：

$$I^{(3)}=\sum_{j=1}^{k}O_j^{(2)}W_j \tag{3-66}$$

$$Y=O^{(3)}=I^{(3)} \tag{3-67}$$

(3) 相关向量机神经网络的训练

采用 BP 算法学习等价转换的神经网络，而神经网络参数的初值由预先训练得到的相关向量机确定。对于神经网络训练初值，输出层中的 W_j 等于相关向量机中的 α_j，基函数层中的 x_j^* 为相关向量机中对应的相关向量。

定义神经网络的学习误差为：

$$J=\frac{1}{2}(D-Y)^{\mathrm{T}}(D-Y) \tag{3-68}$$

式中，D 为神经网络的期望输出；Y 为神经网络的实际输出。

输出层中，网络权值 $\boldsymbol{W}$ 的反向修正公式表示为：

$$\Delta W_j=-\frac{\partial J}{\partial W_j}=(D-Y)O_j^{(2)} \tag{3-69}$$

式中，$j=1,2,\cdots,k$，k 为相关向量机中相关向量的数目。

$$W_j(t+1)=W_j(t)+\eta\Delta W_j \tag{3-70}$$

式中，η 是学习率。

定义基函数层中参数的误差修正为：

$$\Delta k_{1j}=-\frac{\partial J}{\partial k_{1j}}=(D-Y)W_j[(I^{(2)}x_j^*)^{d_j}] \tag{3-71}$$

$$\Delta k_{2j}=-\frac{\partial J}{\partial k_{2j}}=(D-Y)W_j[\exp(-r_j|I^{(2)}-x_j^*|^2)] \tag{3-72}$$

$$k_{1j}(t+1)=k_{1j}(t)+\eta\Delta k_{1j} \tag{3-73}$$

$$k_{2j}(t+1)=k_{2j}(t)+\eta\Delta k_{2j} \tag{3-74}$$

$$\Delta d_j=-\frac{\partial J}{\partial d_j}=(D-Y)W_j[k_{1j}(I^{(2)}x_j^*)^{d_j}\ln(I^{(2)}x_j^*)] \tag{3-75}$$

$$\Delta r_j=-\frac{\partial J}{\partial r_j}=-(D-Y)W_j\{k_{2j}[\exp(-r_j|I^{(2)}-x_j^*|^2)](|I^{(2)}-x_j^*|^2)\} \tag{3-76}$$

$$\begin{aligned}\Delta x_j^* &=-\frac{\partial J}{\partial x_j^*}\\ &=(D-Y)W_j\{k_{1j}d_j(I^{(2)}x_j^*)^{d_j-1}I^{(2)}+\\ &k_{2j}[\exp(-r_j|I^{(2)}-x_j^*|^2)](2r_j|I^{(2)}-x_j^*|)\}\end{aligned} \tag{3-77}$$

$$d_j(t+1)=d_j(t)+\eta\Delta d_j \tag{3-78}$$

$$r_j(t+1)=r_j(t)+\eta\Delta r_j \tag{3-79}$$

$$x_j^*(t+1)=x_j^*(t)+\eta\Delta x_j^* \tag{3-80}$$

通过混合进化算法确定了图像特征节点的位置及数量 N_1、Gabor 小波的参数尺度 N_v 和方向 N_θ，在最大可能表征原图像的情况下，有效减少卷积的次数。将仅由图像特征节点组成的图像记作 I'，对于地表图像上位于 (i,j) 处的像素 $p(i,j)$ 可得到 $N_v\times N_\theta$ 个幅值特征，将这些幅值特征级联起来表示为 $J'_{p(i,j)}$。再将所有位置上像素的 J'级联，可得到输入图像 I 的优化后 Gabor 特征表示：

$$J'_I=\{J'_{p(i,j)}|(i,j)\in I'\} \tag{3-81}$$

将优化后的特征向量 J'_I输入相关向量机神经网络进行分类，特征向量的每一个分量对应神经网络的一个输入节点，即输入层的节点数为 $N_1\times N_v\times N_\theta$，隐层的节点数为 N_{hidder}，输出节点只有一个，与地表类型相对应。地表的类型为 0～1 的数，每一类地表类型对应一个值，如表 3-13 所示。

表 3-13 地表类型真值表

地表类型	参数值
沙地	0
砾石	0.2
混合质地	0.4
草	0.6
碎木	0.8
泥土	1

本节提出的地表识别算法总体流程如图 3-29 所示。

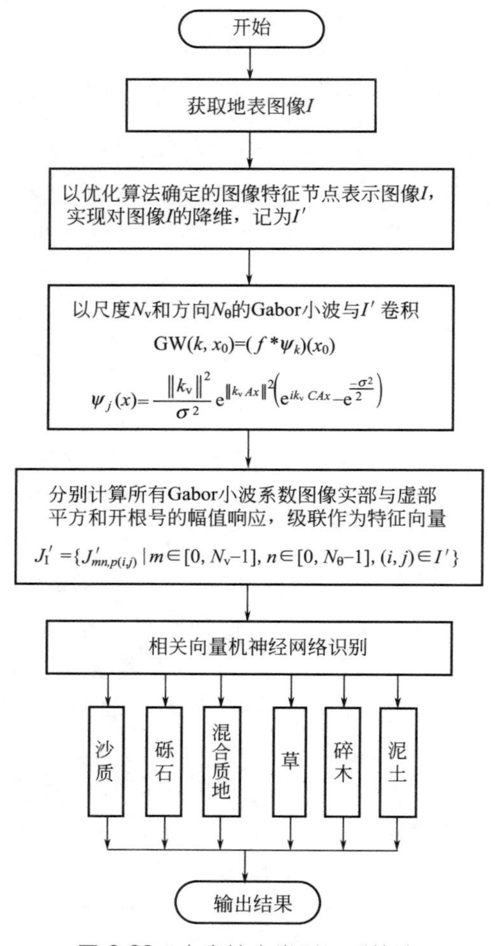

图 3-29 本章地表类型识别算法

3.3.3 实验结果

智能机器人在如图3-23所示的沙地、混合质地、草、碎木、砾石和泥土等六类地表上行走时，随机获取每种地表的图像400幅，合计2400幅，并取这些图像的中心128×128像素大小的区域作为样本。图3-30给出了部分泥土地表样本。

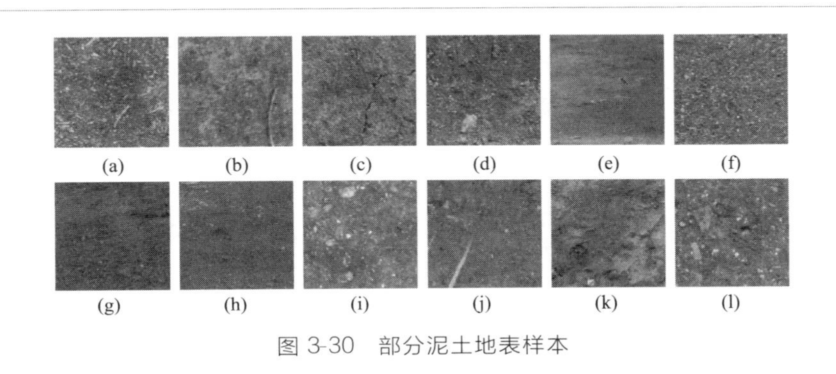

图3-30 部分泥土地表样本

(1) 图像特征节点和Gabor小波参数优化结果

利用3.3.1节提出的混合进化算法对图像特征节点的配置和Gabor小波参数的选择进行优化，该双层混合进化算法所用到的参数如表3-14所示。

表3-14 混合EA所用到的参数

参数/遗传算子	参数值
GA/EP最大运行代数	250/50
群体规模/编码方法	68
个体长度/编码方法	16386
精英数目	5
GA的交叉概率/交叉算子	0.4
GA的变异概率/变异算子	0.03

优化过程曲线如图3-31所示。图像特征节点的配置结果见表3-15，表中的图像特征节点位置以 (i,j) 表示，其中 i 和 j 分别对应原图像中的行和列。与优化之前相比，需用Gabor小波分解的特征节点只有109个，不到原有特征节点数量的1/150，使得参与Gabor小波卷积计算的像素大大减少，计算量随之也大大减少。Gabor小波参数的优化结果为采用4个尺度、6个方向进行纹理特征提取，即 $v=\{0,1,2,3\}$，$\theta=\{0,1,$

2,3,4,5}，图 3-32 给出了应用于地表特征提取的 24 个小波系列。

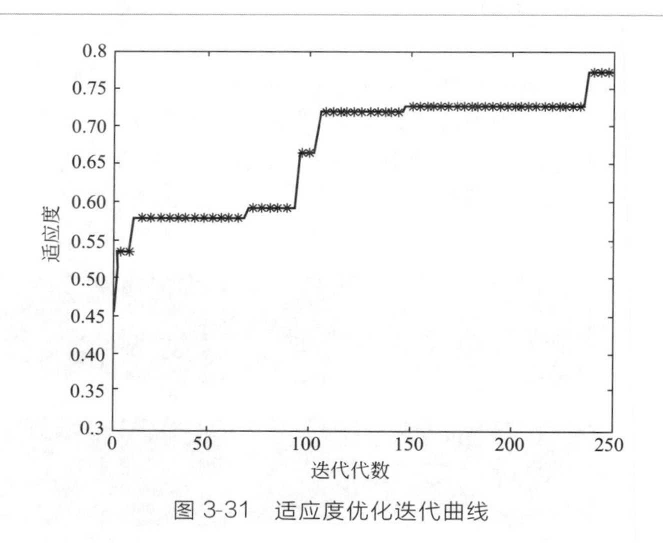

图 3-31 适应度优化迭代曲线

表 3-15 图像特征节点配置优化结果

编号	图像特征节点在图像中的位置(行,列)						
1～7	(1,88)	(2,123)	(3,6)	(5,47)	(5,75)	(7,109)	(8,25)
8～14	(8,61)	(8,100)	(10,12)	(10,81)	(11,113)	(12,39)	(15,70)
15～21	(16,35)	(16,96)	(17,27)	(20,2)	(20,116)	(23,31)	(23,55)
22～28	(23,104)	(24,67)	(25,87)	(27,74)	(28,39)	(28,61)	(29,95)
29～35	(31,10)	(31,111)	(32,81)	(33,91)	(36,74)	(37,12)	(39,32)
36～42	(39,97)	(41,4)	(41,108)	(42,53)	(42,60)	(43,41)	(43,102)
43～49	(44,117)	(45,25)	(45,67)	(45,122)	(48,83)	(49,103)	(50,13)
50～56	(51,55)	(52,76)	(53,127)	(56,111)	(57,88)	(59,38)	(59,68)
57～63	(59,83)	(60,6)	(60,119)	(61,32)	(62,46)	(63,92)	(64,20)
64～70	(65,5)	(67,86)	(68,13)	(68,40)	(71,105)	(74,23)	(75,112)
71～77	(76,20)	(76,63)	(76,127)	(77,80)	(77,114)	(78,32)	(78,48)
78～84	(78,95)	(80,66)	(82,22)	(84,68)	(84,110)	(85,9)	(87,105)
85～91	(88,58)	(88,98)	(90,74)	(90,127)	(93,33)	(93,85)	(96,45)
92～98	(96,50)	(99,123)	(100,54)	(100,59)	(108,15)	(108,88)	(108,104)
99～105	(110,35)	(110,69)	(111,113)	(115,78)	(118,67)	(123,43)	(123,84)
106～109	(124,108)	(125,22)	(126,50)	(126,120)	—	—	—

(2) 结果评价

为了检验分级进化优化算法对特征项优化组合及分类器的优化结果的可靠性，做了验证试验。其测试结果如表 3-16 所示。

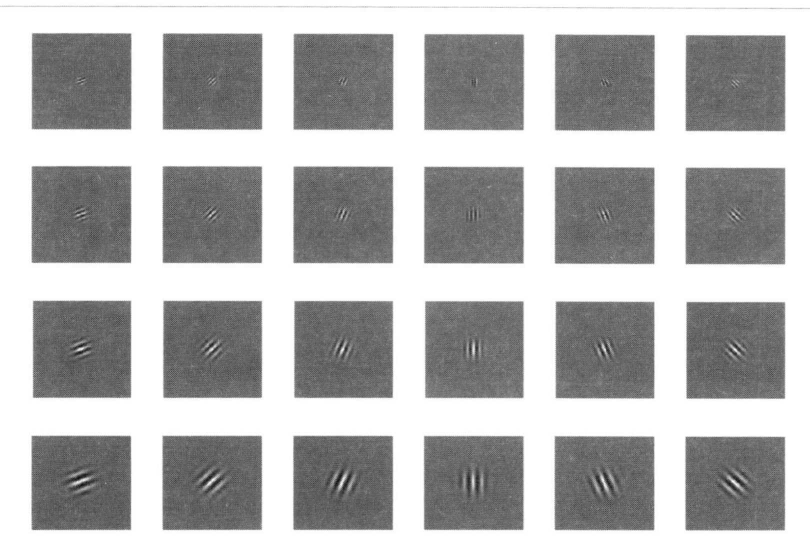

图 3-32 用于提取地表特征的 Gabor 小波

表 3-16 本章方法识别地表的测试结果

项目	沙地	混合质地	砾石	碎木	草	泥土	正确个数	样本总数	正确率/%
沙地	69	8	3	1	0	1	69	82	84.1
混合质地	3	50	4	2	2	2	50	63	79.3
草	0	0	0	0	147	0	147	147	100
碎木	1	3	4	73	0	2	73	83	88.0
砾石	1	3	122	3	0	3	122	130	90.7
泥土	0	2	2	1	0	99	99	104	95.1
合计	—	—	—	—	—	—	560	609	91.9

从实验结果可以看到，采用本章方法对地表物质进行分类，总体识别正确率达到 91.9%，这说明该特征提取方法对地表分类是有效的。混合质地的识别正确率稍低，这是因为其中物质组合比较随机，表现的纹理特征与其他类比较相近，从而造成错分。

下面将该方法与其他方法做对比试验。

① 特征选取方法不一样，分类器均采用相关向量机神经网络。

a. 采用 10×10 大小网格直接对样本图像网格化，得到图像特征节点为 163 个，利用 Gabor 小波对其分解到 4 个尺度、6 个方向上，称为图像降维方法。

b. 利用 Gabor 小波直接将 128×128 的样本图像分解到 4 个尺度、6 个方向上，然后采用 PCA 方法降维，称为特征降维法。

c. 提取地表图像的颜色直方图特征。

d. Walsh-Hadamard 滤波器组提取地面特征。

利用上述方法提取的特征，分别训练相关向量机神经网络分类器，然后用测试样本测试。表 3-17 列出了本章特征选取方法与另外四种特征选取方法采用同一分类器对六种地表的识别率。

表 3-17 五种特征选取方法的性能——正确率（%）对比

算法 \ 地表类型	沙地	混合质地	砾石	草	碎木	泥土
图像降维方法	80.7	74.9	85.6	97.4	84.5	87.2
特征降维方法	82.4	75.2	87.2	98.9	86.1	91.3
Color histogram	67.5	57.9	75.4	97.8	71.8	80.7
Walsh-Hadamard 滤波器	77.7	71.6	82.9	94.2	80.4	85.3
本章方法	84.1	79.3	90.7	100	88	95.1

从实验结果可以得出如下结论。

a. 在使用相同分类器的情况下，本章方法选取的特征对六种地表类型的识别率要高于图像降维方法和特征降维方法的识别率。在采用同样的 Gabor 小波参数的情况下，不同位置的图像特征节点对分类的贡献也不一样。

b. 五种方法都能较好地识别“草”类地表，这是因为“草”无论是颜色还是纹理与其他几类地表差别较大。

c. Walsh-Hadamard 滤波器提取特征不如 Gabor 小波提取特征的识别率高。

d. 颜色直方图识别率最低，因为颜色容易受光线、灰尘等环境因素的影响，同一地表在不同光线下的颜色可能也不一样。

目前，本章算法在 VC.net 下实现，识别一幅 128×128 的地表图像需要 70ms，能够满足移动机器人实时性的要求。

② 特征选取方法一样，采用不同的分类器。

作为对比，同时采用了相关向量机神经网络、RBF 核函数相关向量机和 RBF 神经网络作为分类器进行上述六种地表类型识别实验。取实验所得到的六种地表类型的总体识别率作为结果，实验结果见表 3-18。

表 3-18 地表类型识别结果

算法	总体识别率/%
相关向量机神经网络识别算法	91.9
相关向量机识别算法	90.2
神经网络识别算法	87.5

从实验结果看，基于相关向量机神经网络的地表识别的平均识别准确率优于相关向量机检测算法和神经网络识别算法。

3.4 非结构化环境下地形的可通行性评价

如何让移动机器人更好地理解它所处的环境，甚至能具备与智能生命体相似的环境认知能力，是实现移动机器人自主导航的基础和关键，长期以来引起了国内外学者的密切关注和积极研究。通过提取地形特征来评价可通行性（traversability），是解决智能机器人在未知环境下导航的一个重要手段。

本节在假设已知智能机器人越障能力的前提下，主要研究在模糊逻辑框架下如何度量移动机器人通过某地形的难易程度，提出融合视觉信息和空间信息从粗糙度、开阔度、坡度、不连续度和地面硬度五个方面评价地形的可通行性方法，以增加移动机器人对非结构化环境的理解能力。

3.4.1 地形的可通行性

在室内环境或室外结构化环境中运行的智能机器人，因为地面较平整，结构相对简单，一般仅仅将场景定义为严格的自由空间（free space）和障碍物（obstacle）两类，它们分别对应可通行区域和不可通行区域。在非结构化环境下，地面不再是平面，而是随机起伏、不连续、有坡度的，此时，智能机器人不仅要避免与障碍物发生碰撞，还要防止在攀爬斜坡的过程中倾覆、陷入壕沟或者因为在不平整地面上的运动速度过快引起颠簸。因此，要求智能机器人具备根据地形特点选择合理的运动方式的能力。例如，如果智能机器人在非结构化环境下遇到的障碍物是柔软的，且小于一定的坡度时，移动机器人可以以较慢的速度翻越该障碍物，而不是绕开该障碍物。为此，有学者研究通过语言描述来提取场景全局统计信息，Seraji提出了区域的可通行性来度量移动机器人通过某个地形的容易程度。目前，可通行性方面的研究主要是采用人工智能和统计学的方法分析地形的物理属性，其中粗糙度（roughness）和坡度（slope）为最常用和基本的参数。

美国喷气动力实验室（JPL）的学者从地形特点出发，利用语言描述和模糊逻辑方法，用粗糙度、坡度、扩展度（expansion）等物理属性描述场景，并分析当前地形的可通行性系数（traversability index）来量化移动机器人通过自然地形的容易程度。可通行性系数通常以区间［0,1］内的数字表示，地形区域的可通行性系数越大，移动机器人通过该区域就越困难[15]。Gennery[16] 利用立体视觉或者激光扫描仪获取地形表面的三维轮廓，通过提取一定区域内地形的高度、坡度及粗糙度来描述地形，然后结合移动机器人的运动性能，判定机器人能否通过该区域。在随后的研究中，Howard 和 Seraji[17,18] 采用视觉获取环境信息，根据隶属函数，将地形粗糙度、地形坡度、硬度的地形属性转化为语言变量描述，然后利用模糊逻辑规则推理得到地形的可通行性系数。其中，粗糙度由地形区域内岩石的密度确定，而地形的坡度取决于地形上的点与从图像中提取得到的地平线之间的角度。上述方法主要针对行星地表某些特殊地形，即假设行星地表平坦且主要由岩石组成。在此框架下，从统计矩出发，分析图像中的纹理信息，建立亮度直方图，以此获得粗糙度，通过训练的神经网络，根据地面纹理预测起伏度，经过模糊推理确定地形可通行性，并用于搜救机器人的导航中[19]。

另一种方法是通过构造三维地形数据相关矩阵，运用统计的方法估计坡度和粗糙度等地形特性，并据此构造代价函数决定地形的可通行性。Singh 等[20]、Jin 等[21] 将地形分成若干小块区域，用最小二乘法将这些小区域分别拟合为平面，并以此平面相对于地面的俯仰和横滚作为该区域的俯仰角和横滚角。粗糙度由拟合平面与实际区域表面之间的残差表示。在此基础上，Ye 等[22] 对获得的某一区域地形的三维数据点集，采用最小二乘平面法对数字地面拟合得到一近似平面，以该近似平面与水平面的夹角作为地形的坡度；地形的粗糙度以地形三维数据点集与近似平面之间距离的方差表示，从而得到地形的可通行性评价，对在城市环境中运行的机器人进行路径规划。文献［23］采用相对特征实现对地面起伏度的表征，通过曲面拟合获得地形的坡度，结合布朗运动模型提取用以反映地形的破碎程度和不规则度的地形粗糙度，并以模糊逻辑思想入手组合三个地形信息，推理出地形的可通行性评价。

采用人工智能的方法，对于克服噪声和不确定性等影响有较强的鲁棒性，但是具体需要哪些地形属性去评价地形的可通行性，以及如何定义地形的物理属性尚没有统一的标准。后一种方法的缺点在于对传感器噪声、姿态等不确定性较敏感，而且从不同角度获取同一地形的高程很难达到一致，其变换过程难以精确建模。

除此以外，Iagnermma 等[24] 从不同物质组成的地表对车轮的应力也不一样的角度出发，分析车轮-地面接触模型，通过训练建立车轮在不同介质地面上运行时驱动电机输出电流与该地表之间的关系，实时分析地形的可通行性。

3.4.2 基于模糊逻辑的地形可通行性评价

根据3.3节的分割结果，得到场景中的障碍物，可用于度量地形的粗糙度、开阔度、坡度和不连续性。根据3.4节的地表识别方法可获得地表类型，用于分析地形的硬度。因为模糊系统对传感器噪声、环境不确定性的影响具有良好的鲁棒性，而且可以较好模拟人的行走思维方式，便于后续导航的实现，本节在模糊逻辑框架下融合视觉信息和空间信息推理得到反映非结构化环境中地形可通行性的可通行性指数，其总体流程如图3-33所示。

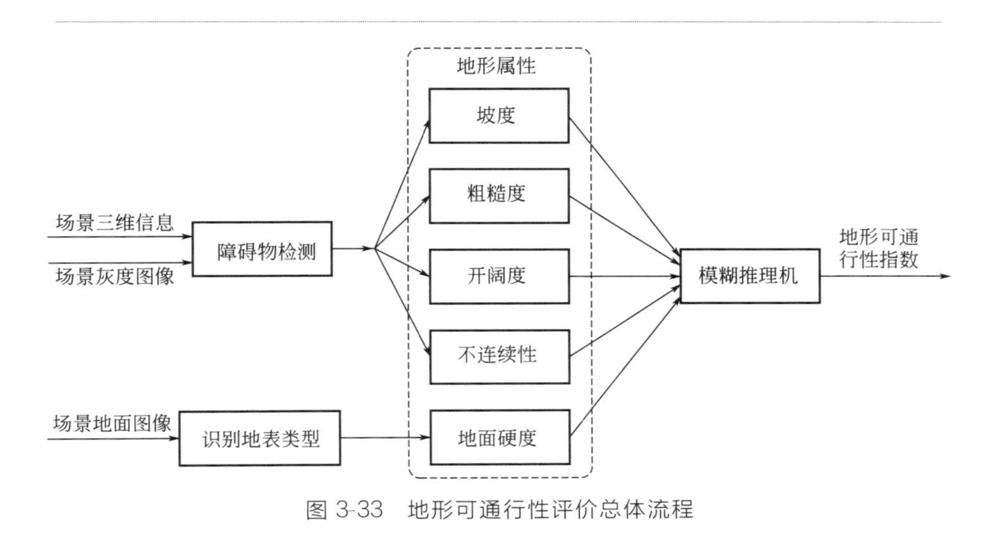

图3-33 地形可通行性评价总体流程

(1) 地形坡度

坡度作为地形的一种关键属性，它的大小决定了移动机器人的导航策略——攀爬或避让。Gennery[16] 根据三维信息使用平滑插值方法计算地形的坡度。Castejon等[25] 运用Sobel算子作用于粗糙地表上的点，可得到沿坐标轴 x、y 方向的正切向量，由两个正切向量计算平面上该点的方向，以其与坐标轴 z 之间的角度作为地形的坡度。Howard等采用双目视觉得到反映环境信息的一对图像，在图像对中分别标记出地面与背景的分界线，两幅图像各自的分界线上存在相互关联的像素，通过训练神经网络寻找这些关联像素的位置与地形坡度的内在关系，最终估算出坡度。神经网络的输入节点为四个，以关联像素 $I_L(x_1, y_1)$、$I_R(x_2, y_2)$ 各自在图像中的行和列的位置作为神经网络的输入，隐层节点为两个，一个输出节点对应地形坡度[19]，如图 3-34 所示。

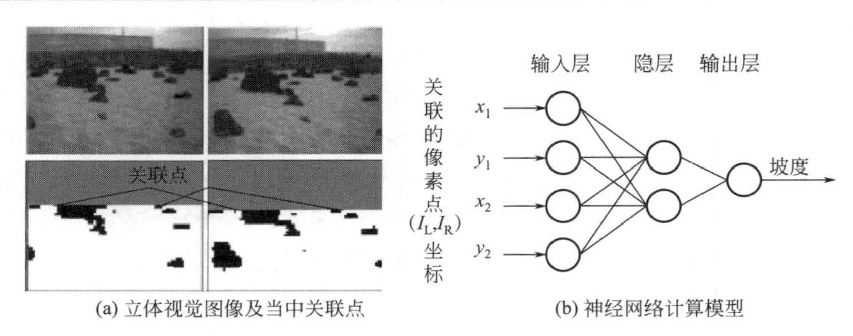

(a) 立体视觉图像及当中关联点　(b) 神经网络计算模型

图 3-34　Howard 确定斜坡地形的示意图

Howard 将图像中一点与其他四个邻域点的最大灰度差值作为该点的坡度值，进一步求得地形内所有像素点的平均坡度值作为地形的坡度。Williams 等通过 Hough 变换检测雪地中的条形痕迹，估算覆雪地形的坡度。如前所述，光照条件的随机性较强，对图像中的灰度等有很大影响，因此仅通过分析区域内的像素灰度来确定坡度的方法并不稳定和可靠。同时，相关文献在分析地形坡度时只考虑了移动机器人正对斜坡的情况。当移动机器人侧对斜坡时，斜坡的分析描述模型有了变化。在此情况下，如何利用所获取的有限的传感器信息去得到正确坡度值以及确定移动机器人与斜坡的相对位置则鲜有报道。

RBF 神经网络是一种典型的局部逼近神经网络，具有很强的非线性映射能力，适用于大工况范围内的非线性建模分析。基于此思想，提出训练 RBF 网络寻找地形坡度与测量的三维信息之间的内在关系。即使移动机器人观察斜坡的方位未知，也能正确估算出斜坡的坡度，然后推算移动机器人与斜坡之间的相对位置，以期为移动机器人的导航决策提供正确的依据。

① 建立斜坡地形描述模型　自然地形表面任意一点的坡度是该点的切平面与水平面的夹角，坡度表示了地平面在该点的倾斜程度。如图 3-35 (a)、(b) 所示，当移动机器人正对斜坡，理想情况下，坡度数值上等于图像中该点与它同列向下相邻点之间的高度差除以深度差取反余切。

$$\beta=\arctan\left(\left|\frac{y_{i,j}-y_{i+1,j}}{z_{i,j}-z_{i+1,j}}\right|\right) \tag{3-82}$$

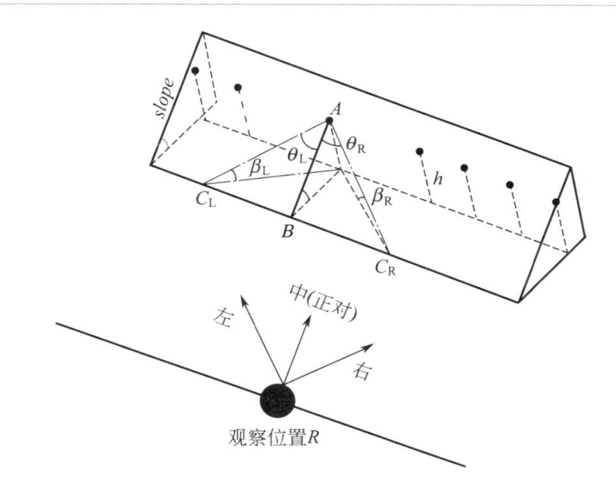

(a) 坡度与观察位置

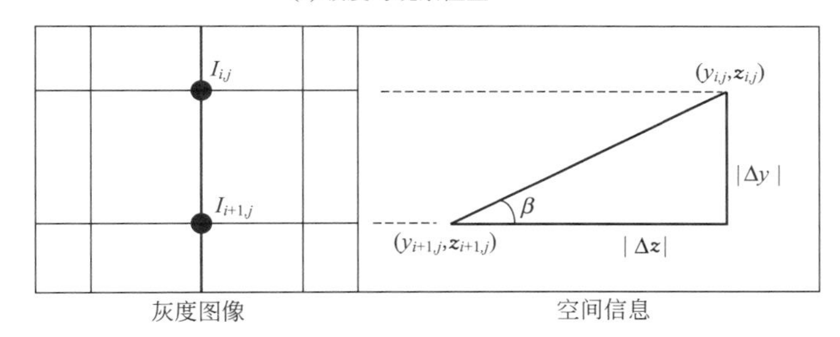

(b) 正对斜坡的坡度计算示意图

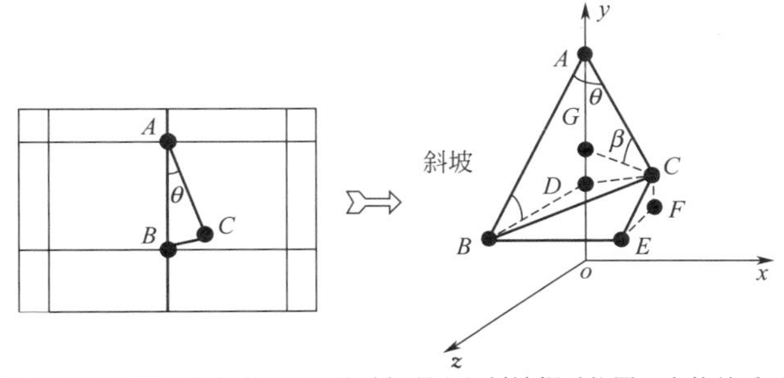

(c) 实际坡度、计算的坡度以及移动机器人与斜坡相对位置三者的关系示意图

图 3-35 斜坡分析

设点 A 为图像中某个区域内要计算坡度的像素。当以角度 θ［即移动机器人与斜坡法线的夹角，图 3-35(a) 中 R 位置的偏左或右方位］侧视斜坡，再用式(3-82) 计算的坡度 β 实际上是图像中 AC 两点间直线相对地平面的夹角，而 AB 两点间直线相对地平面的夹角才是真正的坡度

$slope$。图 3-35(c) 给出了 θ、β 和 $slope$ 间的几何关系。点 D 为点 B 在 y 轴上的投影，点 G 为点 C 在 y 轴上的投影，$\angle BAC=\theta$，$\angle ABD=slope$，$\angle ACG=\beta$。三角形 CEF 平行于平面 ABD，B、D、E 和 F 四个点的高度一致，故有 $\angle CEF=slope$。

考虑三角形 BCE 有：

$$CE=BC\sin\frac{\theta}{2} \tag{3-83}$$

考虑三角形 ABC 有：

$$BC=2\times AB\sin\frac{\theta}{2} \tag{3-84}$$

考虑三角形 CEF 有：

$$CF=CE\times\sin(slope) \tag{3-85}$$

式(3-83) 和式(3-84) 代入式(3-85) 有：

$$CF=2\times AB\times\sin^2\frac{\theta}{2}\sin(slope) \tag{3-86}$$

考虑三角 ACG 有：

$$AG=AC\sin\beta \tag{3-87}$$

因为 $AB=AC$，式(3-87) 可改写为：

$$AG=AB\sin\beta \tag{3-88}$$

考虑三角 ABD 有：

$$AD=AB\sin(slope) \tag{3-89}$$

又因为 $GD=CF$，

$$CF=AD-AG \tag{3-90}$$

将式(3-86)、式(3-88) 和式(3-89) 代入式(3-90) 得：

$$\sin\beta=\left(1-2\times\sin^2\frac{\theta}{2}\right)\times\sin(slope) \tag{3-91}$$

即：

$$slope=\arcsin\frac{\sin\beta}{\cos\theta} \tag{3-92}$$

另外，对于图 3-35(a) 中同一高度 h 上的点，在斜坡前同一位置 R 上从左、中、右不同角度观察该斜坡，同一坐标系下，这些点到 R 的距离变化趋势也不一样。为此，做了三组实验，从左、中、右三个方位观察同一斜坡，如图 3-36(a)～(c) 所示，图 3-36(d)～(e) 给出了斜坡同一高度 h（选取 0.8m 及 0.4m）上的点在机器人直角坐标系下 Z 方向上到观察位置 R 的距离变化趋势。

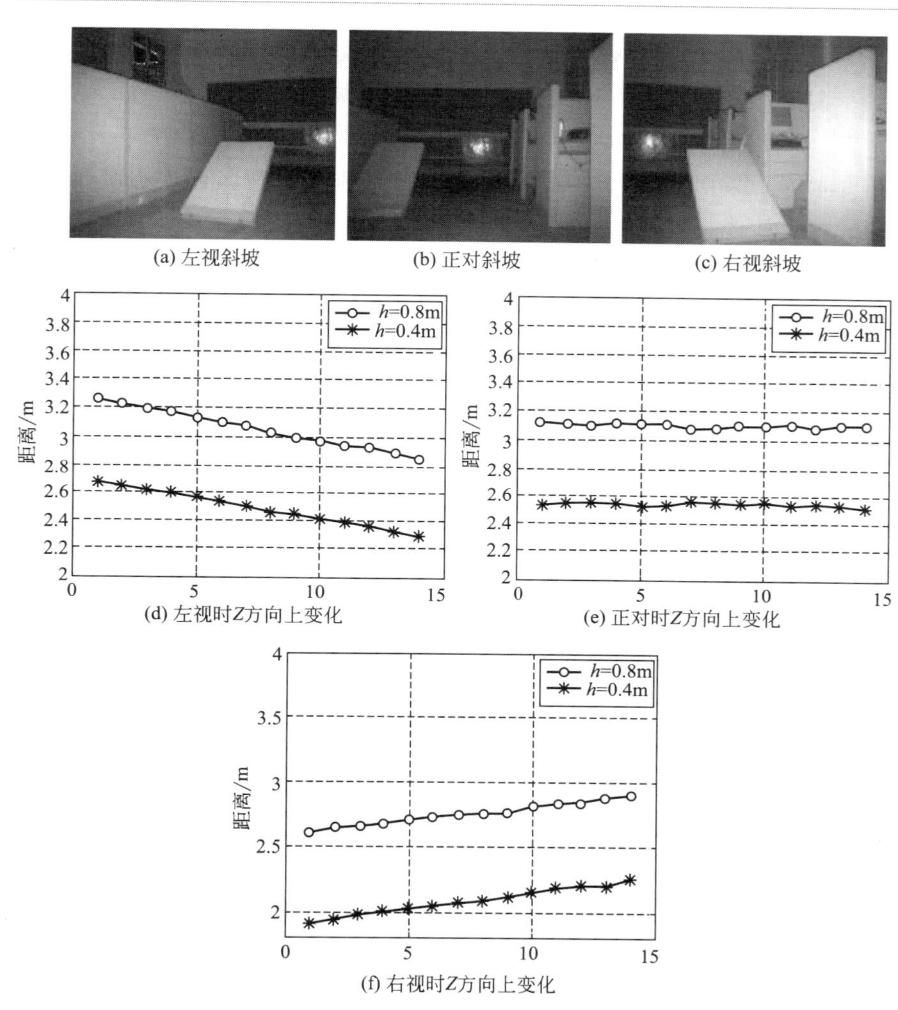

图 3-36 移动机器人与斜坡同一高度上的点之间的深度变化趋势

可得到如下结论：机器人直角坐标系下 Z 方向上，当移动机器人从右边侧视斜坡时，斜坡区域内同一高度上右边的点比左边的点到移动机器人的距离近；当移动机器人正对斜坡时，斜坡区域内同一高度上的点到移动机器人的距离基本相等；当移动机器人从左边侧视斜坡时，斜坡区域内同一高度上左边的点比右边的点到移动机器人的距离近。

②“投票法”确定移动机器人与斜坡的相对方位 为了计算地形坡度，首先要确定移动机器人观察斜坡的方向，即移动机器人是从左边还是右边侧视斜坡，或者是正对斜坡。这里从移动机器人与斜坡同一高度

上的点之间的深度变化趋势出发，判断移动机器人与斜坡的相对方位。

步骤 1，计算图像上区域重心（l,k）所在行从左到右两两相邻点之间的深度差：

$$\Delta z_{n-n_0}=z_{l,n}-z_{l,n+1} \tag{3-93}$$

式中，$n\in[n_0,n_1]$，n_0 和 n_1 分别为斜坡区域重心所在行的起始和结束列。

步骤 2，计算属于 $|\Delta z_{n-n_0}|>d$ 且 $\Delta z_{n-n_0}<0$ 区间的像素数 r_0 占整个区间的百分比：

$$r_{\text{left}}=\frac{r_0}{(n_1-n_0)+1}\times 100\% \tag{3-94}$$

步骤 3，计算属于 $|\Delta z_{n-n_0}|>d$ 且 $\Delta z_{n-n_0}>0$ 区间的像素数 r_1 占整个区间的百分比：

$$r_{\text{right}}=\frac{r_1}{(n_1-n_0)+1}\times 100\% \tag{3-95}$$

步骤 4，计算属于 $|\Delta z_{n-n_0}|\leqslant d$ 区间的像素占整个区间的百分比为：

$$r_{\text{face}}=100\%-r_{\text{left}}-r_{\text{right}} \tag{3-96}$$

步骤 5，求 r_{left}、r_{right} 和 r_{face} 中的最大值。当 r_{left} 为最大时，认为移动机器人从左边侧视斜坡；当 r_{right} 为最大时，认为移动机器人从右边侧视斜坡；当 r_{face} 为最大时，认为移动机器人正对斜坡。

③ 基于 RBF 神经网络的估算地形坡度方法　从上一小节的分析可知，在移动机器人侧视斜坡的情况下，式(3-82) 计算的地形坡度并不能反映真实情况。移动机器人与斜坡法线的夹角 θ 越小，按式(3-82) 计算的坡度值 β 就越接近实际的坡度 $slope$；夹角 θ 越大，按式(3-82) 计算的 β 与实际的坡度 $slope$ 间的偏差越大。未知环境下，传感器所获知的场景信息通常为图像及其各像素点对应的空间三维信息，而夹角 θ 很难事先确定或者通过现有的传感器得到。此处采用 RBF 网络学习地形的空间三维信息与其坡度之间的关系，从而估算地形的坡度。

用式(3-82) 计算图像区域的重心及其四邻域（间隔距离为四个点，即 $I_{l,k}$、$I_{l+4,k}$、$I_{l-4,k}$、$I_{l,k+4}$ 和 $I_{l,k-4}$）各自的坡度 $\beta_m(m=1,2,\cdots,5)$，然后求这些坡度的平均值：

$$\bar{\beta}_{l,k}=\sum_{m=1}^{5}\beta_m/5 \tag{3-97}$$

以重心及其四邻域点各自在机器人坐标系下的高度信息、深度信息和它们的坡度平均值作为 RBF 坡度估算网络的输入，共计 11 个节点，

记为向量 $\boldsymbol{P}$。左边侧视与右边侧视具有互补性，因此，若移动机器人左边观测斜坡，则：

$$\boldsymbol{P}=\{y_{l,k},z_{l,k},y_{l-4,k},z_{l-4,k},y_{l+4,k},z_{l+4,k},y_{l,k+4},z_{l,k+4},y_{l,k-4},z_{l,k-4},\bar{\beta}_{l,k}\} \tag{3-98}$$

否则

$$\boldsymbol{P}=\{y_{l,k},z_{l,k},y_{l+4,k},z_{l+4,k},y_{l-4,k},z_{l-4,k},y_{l,k+4},z_{l,k+4},y_{l,k-4},z_{l,k-4},\bar{\beta}_{l,k}\} \tag{3-99}$$

它们之间的区别在于分别交换了节点 3 与 5 的输入、节点 4 与 6 的输入。

$$\boldsymbol{P}'=\boldsymbol{P}/10 \tag{3-100}$$

$$angle'=angle/90 \tag{3-101}$$

式(3-100) 和式(3-101) 中，P'和 $angle'$为归一化值，P 和 $angle$ 为标定值。RBF 的输出节点只有一个，对应该区域真正的坡度 $slope_{l,k}$。

图 3-37 中采用的 RBF 网络结构为 11-u-1，RBF 模型中的基函数为高斯函数，网络输出函数为

$$y^{out}=\sum_{m=1}^{u}\exp\left[-\frac{\|\boldsymbol{P}-\boldsymbol{C}_m\|^2}{\left(\frac{\sigma}{2}\right)^2}\right]\times\omega_m \tag{3-102}$$

式中，u 为隐层节点数；$\boldsymbol{P}$ 为 $p_1,\cdots,p_{11}$ 组成的 11 维输入向量；$\boldsymbol{C}_m$ 为第 m 个非线性变化单元的中心向量；σ 为高斯宽度；y^{out} 代表网络输出；ω_m 为第 m 个隐层单元与输出之间的连接权值。

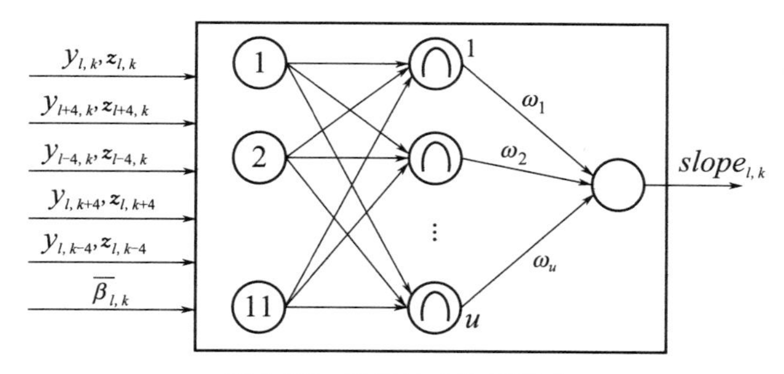

图 3-37 地形坡度估算模型

地形坡度估算 RBF 网络的学习过程分为离线学习和在线学习两个阶段。离线学习采用目前应用较多的 K 均值聚类算法确定径向基函数的中心，隐层与输出层之间的连接权值矩阵 ω 可由最小二乘法计算得到。与 BP 网络相比，RBF 的隐层节点具有了明确的物理含义。为了提高地形坡度估算模型对动态环境的自适应能力，采用在线调整策略对 RBF 在线学习，主

要包括添加和删除隐层节点的操作。设窗口包含的样本总数为 n，样本序列 (x_k, y_k)，(x_{k+1}, y_{k+1})，…，(x_{k+n}, y_{k+n})，网络的调整步骤如下。

① 计算输入向量与各隐层节点中心之间的距离。定义新的判据为：

$$\|x_k - c_n\| > D_n \tag{3-103}$$

式中，c_n 为与当前样本距离最近的隐层中心；D_n 为该节点类的最大类距。若输入满足式(3-103)，则添加新节点。调整新节点的步骤为：

a. 初始化新增隐层中心：$v_{c+1}(0) = x_k$；

$\sigma_{c+1}^2(0) = \sum\limits_{x \in X_{c+1}} [x - v_{c+1}(0)]^{\mathrm{T}} [x - v_{c+1}(0)]/n$，并新增加输出权值：$\omega_{c+1} = y_k - f(x_k)$，$f(x)$ 为高斯基函数。

b. 计算误差函数 $e_k = |y_k - y^{out}|$，并迭加计入到网络的总体评价 $J = \sum\limits_{i=1}^{n} e_i$。若 $J < \varepsilon$（ε 为阈值），调整完成，否则顺序执行步骤 c。

c. 用梯度下降法反向调节。

d. 返回步骤 b 继续迭代。

② 若隐层节点 i 与输出层的连接权值满足：$|\omega_i| < \varepsilon^n$，则认为该隐层节点对输出的贡献程度过小，对该隐层节点执行删除操作。其中，ε^n 为隐层节点的贡献程度阈值。

由 $\bar{\beta}_{l,k}$ 和 RBF 网络的输出 $slope_{l.k}$ 可得到移动机器人与斜坡法线的夹角：

$$\theta = \arccos[\sin\bar{\beta}_{l,k} / \sin(slope_{l,k})] \tag{3-104}$$

将 θ 用模糊语言 {NB, NS, Z, PS, PB} 表示，坡度用模糊语言 {Flat, Sloped, Steep} 表示，图 3-38(b) 给出了它们的隶属度函数。由移动机器人与斜坡法线的夹角与坡度共同确定斜坡的攀爬难度，显然正对斜坡且坡度很小时，更容易攀爬上坡面。将斜坡的攀爬难度（Climb Slope）定义用模糊语言 {Easy, Normal, Difficult} 表示，其隶属度函数见图 3-38(c)，模糊控制规则见表 3-19。

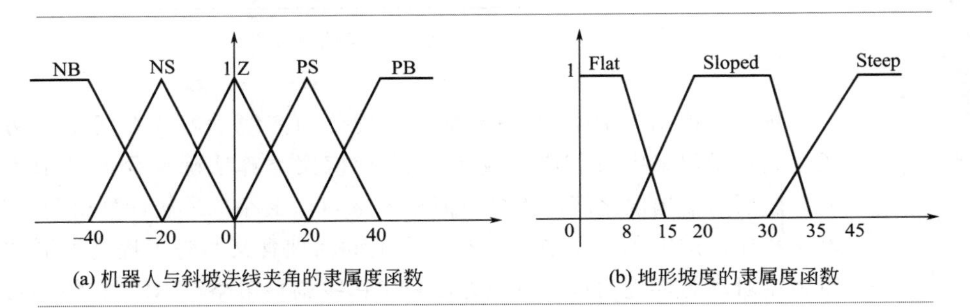

(a) 机器人与斜坡法线夹角的隶属度函数

(b) 地形坡度的隶属度函数

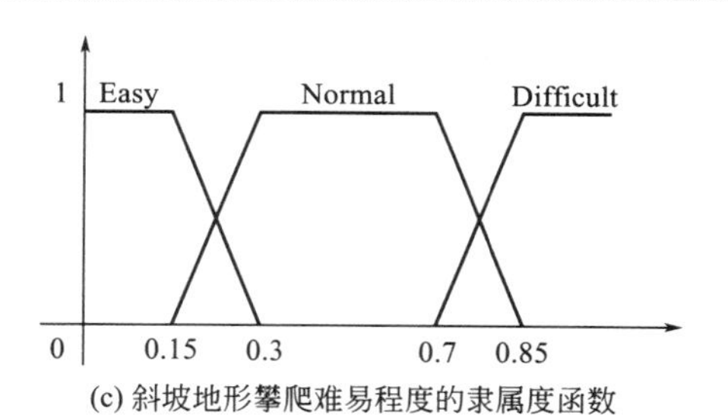

(c) 斜坡地形攀爬难易程度的隶属度函数

图 3-38 机器人与斜坡位置关系及地形坡度的隶属度函数

表 3-19 斜坡地形可爬性模糊规则

θ	斜块类型	可爬性
×	Steep	Difficult
NB/PB	×	Difficult
NS/PS	Flat	Normal
NS/PS	Sloped	Difficult
Z	Flat	Easy
Z	Sloped	Normal

注：×表示可以任取其定义的模糊语言。

（2）地形粗糙度

地形粗糙度反映了地面上某个区域内的高低不平情况，也就是通常意义上的“颠簸”。地形的粗糙程度对移动机器人在该区域内的移动速度有很大的影响。如 3.2.1 节分析，在标记地面过程中，因为地面的不平整，有很多本属于地面的空间点并没有被标记为地面，表现为图像下方的很多不连续区域，即比地平面稍高（起）或稍低（伏）区域，称为起伏区域，如图 3-39 所示。起伏区域为 3.2 节中地面上的非障碍物区域。

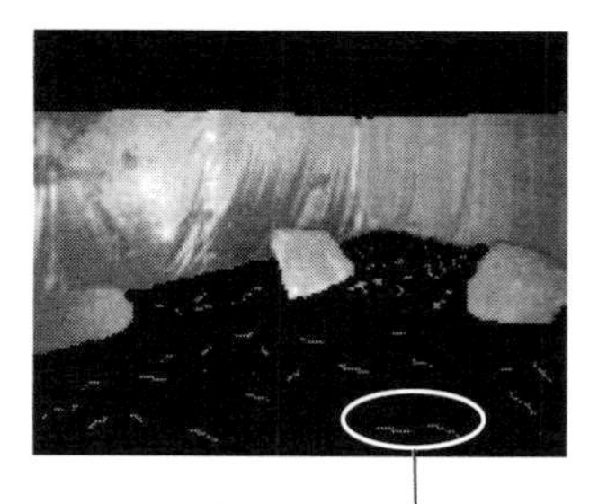

图 3-39 地面上的起伏区域

起伏区域的数量及所有起伏区域的像素总数分别表示为 g_{higher} 和 P_{gHigher}，同时整个地面的像素总数记为 P_{ground}。定义的起伏区域的密度和大小如下：

$$Concentration=\frac{P_{\text{gHigher}}}{P_{\text{ground}}} \tag{3-105}$$

$$Size=\frac{P_{\text{gHigher}}}{g_{\text{higher}}} \tag{3-106}$$

密度反映了起伏区域在整个地面中所占的比例，用模糊语言｛Few，Many｝表示；而大小反映了起伏区域平均占用的范围，用模糊语言｛Small，Large｝表示。根据表3-20所示的模糊规则。经过推理后可得到地形粗糙度模糊语言变量表述｛Smooth，Rough，Bumpy｝。它们的模糊隶属度函数如图3-40所示。

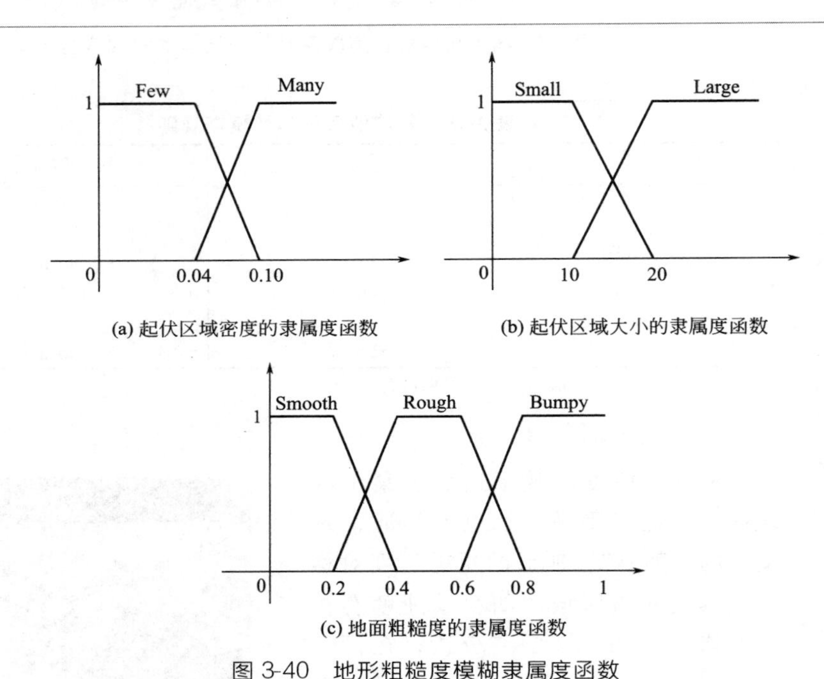

(a) 起伏区域密度的隶属度函数

(b) 起伏区域大小的隶属度函数

(c) 地面粗糙度的隶属度函数

图3-40 地形粗糙度模糊隶属度函数

表3-20 地形粗糙度模糊规则

区域密度	区域大小	地面粗糙度
Few	Small	Smooth
Few	Large	Rough
Many	Small	Rough
Many	Large	Bumpy

(3) 地形开阔度

地形开阔度表示移动机器人前方不可攀爬、跨越的障碍物分布情况。在开阔的情况下，移动机器人速度快，否则移动机器人低速或者转向等。

步骤1，区分障碍物类型。根据3.2节的障碍物识别结果，对于移动机器人能攀爬的石块障碍物认为是小型障碍，否则是大型障碍物。

步骤 2，目标合并。将障碍物间距小于 1.2 倍移动机器人宽度的大型障碍物合并为新的障碍物，并更新目标标志。

步骤 3，计算小型障碍物和大型障碍物各自的密度，分别定义如下。

$$C_{\text{small}}=\frac{Object_{\text{small}}}{Object}\times\frac{P_{\text{small}}}{P_{\text{image}}} \tag{3-107}$$

$$C_{\text{large}}=\frac{Object_{\text{large}}}{Object}\times\frac{P_{\text{large}}}{P_{\text{image}}} \tag{3-108}$$

式中，$Object_{\text{small}}$ 和 $Object_{\text{large}}$ 分别表示场景中识别的小型障碍物和大型障碍物的数量；$Object$ 表示场景中的障碍物总数；P_{small}、P_{large} 和 P_{image} 分别表示场景中所有小型障碍物所占像素总数，场景中所有大型障碍物所占像素总数以及场景图像除天空与远景外所占像素总数。然后将 C_{small} 和 C_{large} 均用模糊语言 {Few,Many} 表示，它们的隶属度函数如图 3-41(a) 所示。

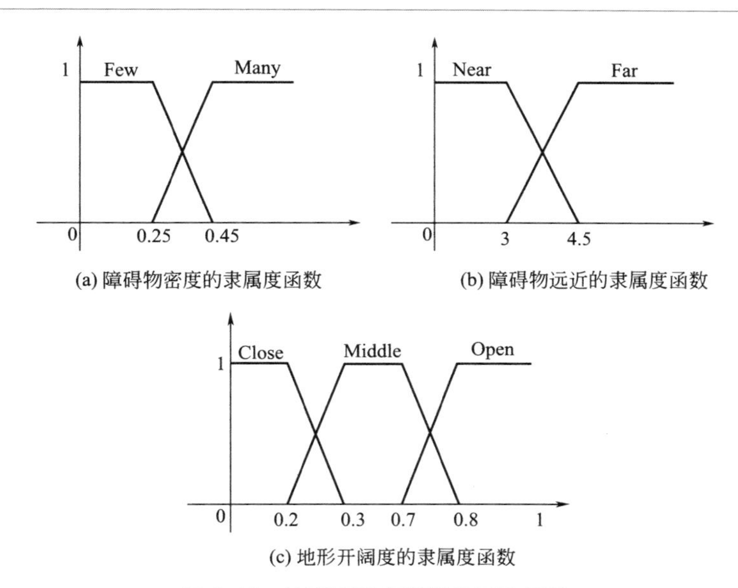

图 3-41　地形开阔度模糊隶属度函数

步骤 4，计算所有小型障碍物和大型障碍各自与移动机器人的平均距离为

$$Dis_{\text{small}}=\frac{\sum Dis_{\text{small}}}{Object_{\text{small}}} \tag{3-109}$$

$$Dis_{\text{large}}=\frac{\sum Dis_{\text{large}}}{Object_{\text{large}}} \tag{3-110}$$

然后将 Dis_{small} 和 Dis_{large} 均用模糊语言 {Near,Far} 表示，图 3-41(b) 给出了它们的隶属度函数。

根据表 3-21 所示的模糊规则，经过推理后可得到地形开阔度模糊语言变量表述 {Close, Middle, Open}，其模糊隶属度函数见图 3-41(c)。

表 3-21 地形开阔度模糊规则

C_{small}	C_{large}	Dis_{small}	Dis_{large}	Openness
Few	Few	Far	×	Open
Few	Few	Near	×	Middle
Few	Many	Far	Far	Open
Few	Many	Near	Far	Middle
Few	Many	×	Near	Close
Many	Few	Far	Far	Opne
Many	Few	Far	Near	Middle
Many	Few	Near	Far	Middle
Many	Few	Near	Near	Close
Many	Many	×	×	Close

注：×表示可以任取其定义的模糊语言。

(4) 地形不连续度

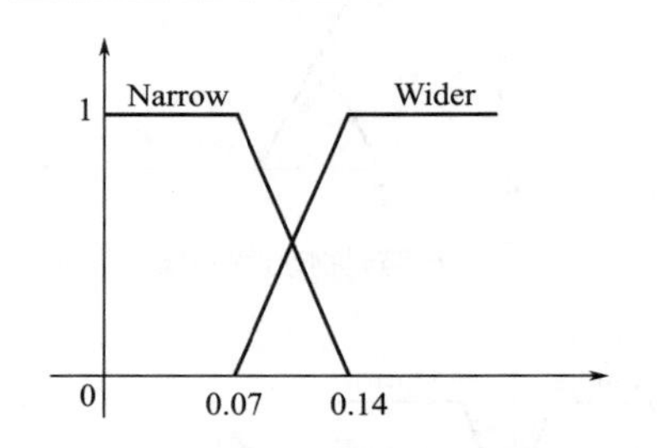

图 3-42 地形不连续度的隶属度函数

地面除了凸起障碍物外，还有诸如沟的凹陷物。3.2 节中以是否高出地面为依据判断是否为负障碍物，然后根据其宽度判断是否可以跨越。由移动机器人的轮子大小（单位 m），将凹陷物的宽度（即不连续性，Discontinuity）用模糊语言 {Narrow,Wider} 表示，其模糊隶属度函数如图 3-42 所示。

(5) 地形表面硬度

在 3.4 节中通过神经网络分类器识别得到地表的类型，并得到一个在区间 [0,1] 之间的数，通过对该参数值模糊化来表示地面的硬度，所用的模糊语言为 {Soft,Moderate,Hard}，其模糊隶属度函数如图 3-43 所示。

(6) 地形可通行性评价

一旦提取出视野内地形的几何和物理属性，利用模糊逻辑，并制定相应的模糊规则，就可进一步确定移动机器人通过视场内地形的难易程度，用可通行指数表示。为此，将可通行性指数用模糊语言 {Low, Normal, High} 表示，其模糊隶属度函数如图 3-44 所示，模糊规则库如表 3-22 所示。

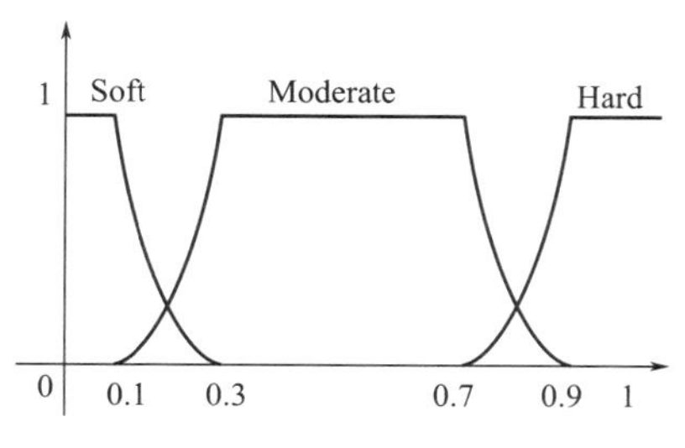

图 3-43 地面硬度的隶属度函数

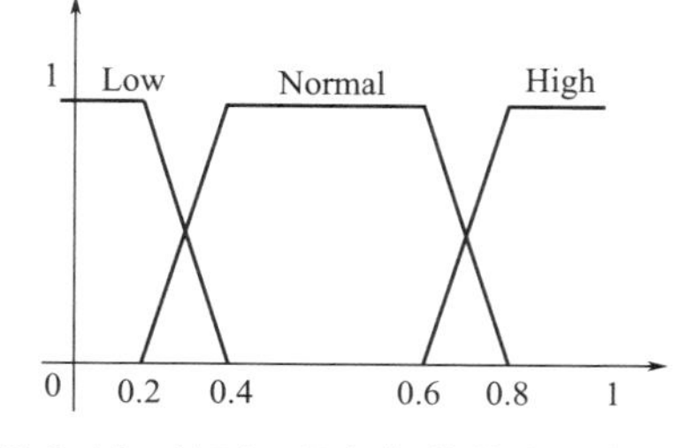

图 3-44 地形可通行指数的隶属度函数

表 3-22 地形可通行指数模糊规则

Roughness	Openness	Climb Slope	Discontinuity	Hardness	Traversability index
×	×	×	×	Soft	Low
×	Close	×	×	×	Low
×	×	Difficult	×	×	Low
×	×	×	Wider	×	Low
Smooth	Middle	Easy	Narrow	Moderate	Normal
Smooth	Middle	Normal	Narrow	Moderate	Low
Smooth	Middle	Easy	Narrow	Hard	Normal
Smooth	Middle	Normal	Narrow	Hard	Low
Smooth	Open	Easy	Narrow	Moderate	High
Smooth	Open	Easy	Narrow	Hard	High
Smooth	Open	Normal	Narrow	Moderate	Normal
Smooth	Open	Normal	Narrow	Hard	Normal
Rough	Middle	Easy	Narrow	Moderate	Normal
Rough	Middle	Easy	Narrow	Hard	Normal
Rough	Middle	Normal	Narrow	Moderate	Low
Rough	Middle	Normal	Narrow	Hard	Low
Rough	Open	Easy	Narrow	Moderate	High
Rough	Open	Easy	Narrow	Hard	High
Rough	Open	Normal	Narrow	Moderate	Normal
Rough	Open	Normal	Narrow	Hard	Normal
Bumpy	Middle	Easy	Narrow	Moderate	Low
Bumpy	Middle	Easy	Narrow	Hard	Normal
Bumpy	Middle	Normal	Narrow	Moderate	Low
Bumpy	Middle	Normal	Narrow	Hard	Low

续表

Roughness	Openness	Climb Slope	Discontinuity	Hardness	Traversability index
Bumpy	Open	Easy	Narrow	Moderate	Normal
Bumpy	Open	Easy	Narrow	Hard	Normal
Bumpy	Open	Normal	Narrow	Moderate	Low
Bumpy	Open	Normal	Narrow	Hard	Low

注：×表示可以任取其定义的模糊语言。

3.4.3 实验结果

（1）RBF 神经网络的训练

本节提出的斜坡估计及移动机器人与斜坡方位确定算法的总体流程如图 3-45 所示。

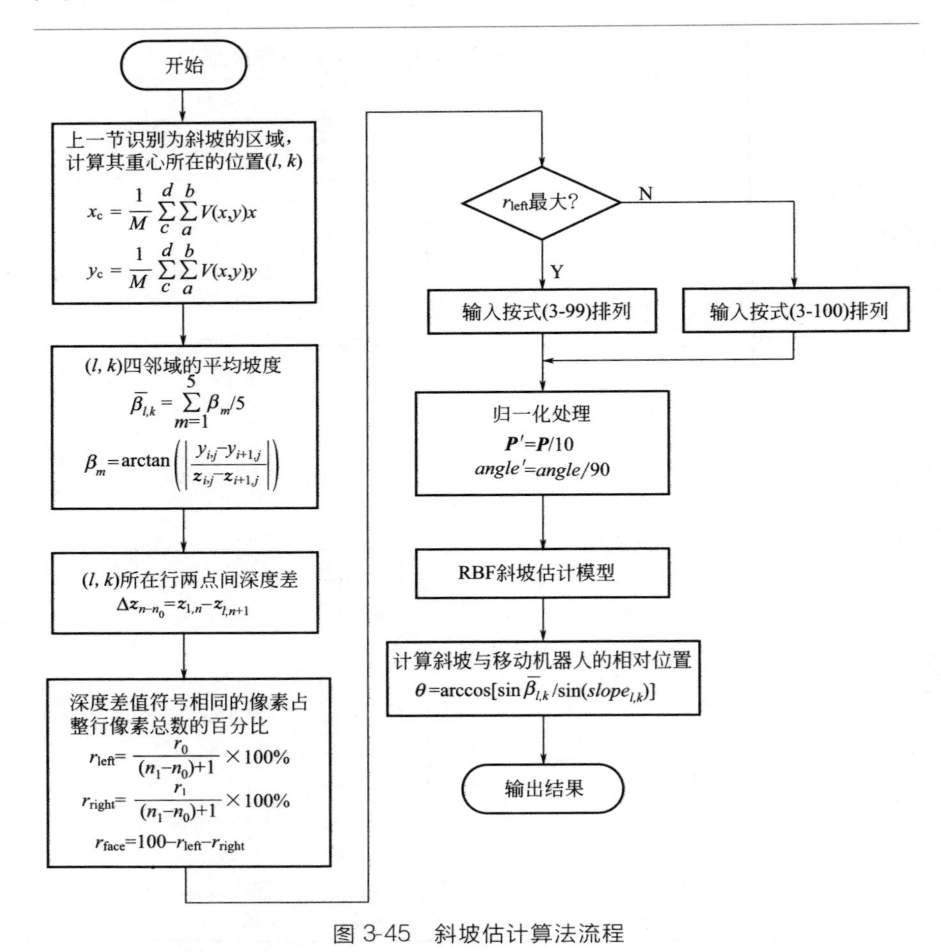

图 3-45 斜坡估计算法流程

移动机器人在不同坡度斜坡前的不同观测点通过 SR-3000 获取场景图像及其对应的三维数据，样本选择规则如下。

① 斜坡的选取：这里假设移动机器人的最大爬坡能力为 45°。远大于该坡度的斜坡，即使 RBF 模型输出误差很大，只要大于 45°，在移动机器人的导航决策中仍不可攀爬。坡度较小的斜坡，即使 RBF 模型估算的坡度比真实值稍大，也不会影响到移动机器人的导航决策。因此，选择斜坡坡度在 10°～45°并以 2°为间隔变化。斜坡为定制标准平面。

② 观测距离的选取：根据三维相机的视场，选取观测距离在 2.5～6.5m 之间，并等分为 8 个距离。

③ 观测方位的选取：考虑到移动机器人侧视斜坡且移动机器人与斜坡法线的夹角 θ 取 20°，式(3-82) 计算的坡度与真实坡度值的误差并不大，故忽略 $\theta<20°$时的情况。因为 $\theta>60°$时，斜坡在移动机器人视场内的范围较小，在此也不予考虑。右边侧视与左边侧视有互补性，因此只需从斜坡的一侧获取训练样本。此处选左边作为观测方位，θ 在 20°～60°等分为 8 个观测点。

按上述方法，得到 1088 幅斜坡的数据。选取其中的 800 幅作为训练样本，剩下 288 幅为测试样本。

(2) RBF 神经网络的智能估算结果及评价

图 3-46 为离线学习测试样本场景，上面一行是灰度图像，下面一行是将距离作为图像的灰度值显示的深度图像，从左到右编号为场景 1～3。表 3-23 给出了各场景斜坡的真实值、RBF 模型估算输出和按式(3-82) 的计算结果。

图 3-46 离线学习测试样本场景

表 3-23 RBF 神经网络离线估算结果

场景	真实值	RBF 估算值	式(3-82)计算值
1	20°	19.8°	15.2°
2	30°	30.2°	18.7°
3	44°	43.7°	36.9°

在线估算样本分为 2 组，第一组样本与之前的离线学习样本相似，在图 3-47(a) 中从左到右对应场景 4～6；另一组为离线学习样本，选取规则之外的新场景，图 3-47(b) 中从左到右对应场景 7～9。

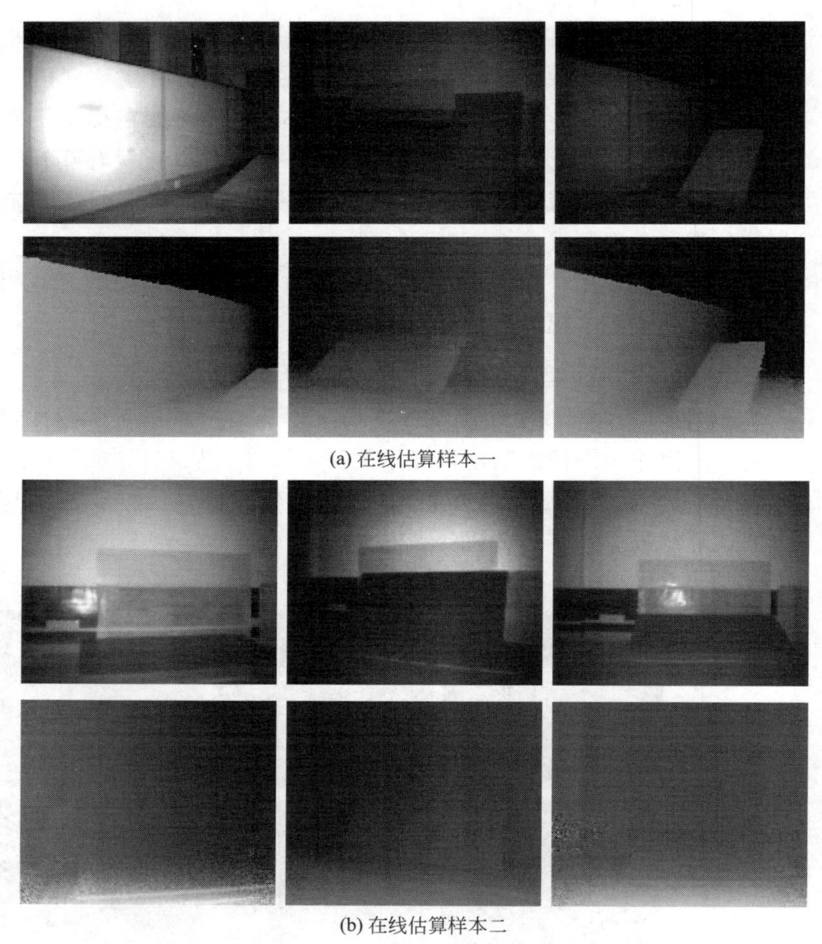

(a) 在线估算样本一

(b) 在线估算样本二

图 3-47 在线估算样本

将训练好的 RBF 模型推广到非结构化环境中的地形坡度估算。图 3-48

中从左到右对应场景10～12，坡面为沙堆，坡面略有些起伏、不平整。该模型面对略有不平整的斜坡也十分有效，有较好的鲁棒性。

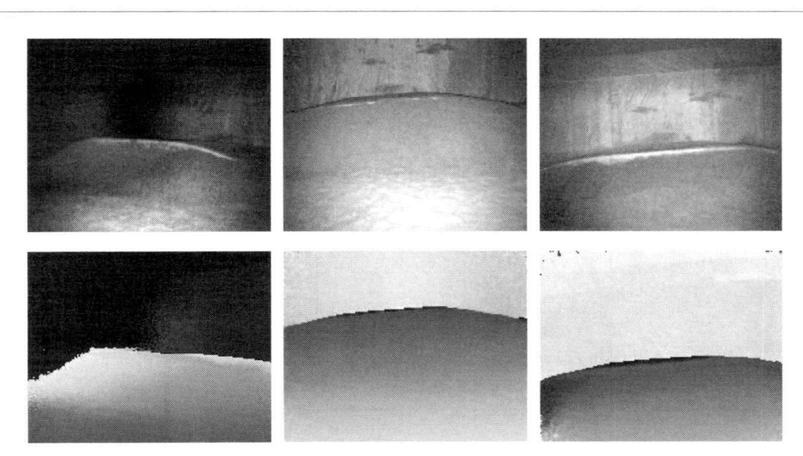

图3-48 非结构化环境下斜坡坡度估算

表3-24给出了各场景斜坡的真实值、RBF模型在线估算输出和按式(3-82)的计算结果。即使面对场景10～12中稍有不平整的非结构化环境下的斜坡估算偏差也不大，可见RBF地形坡度估算模型的输出基本接近真实值，很好地解决了移动机器人与斜坡位置未知情况下的斜坡坡度测量问题。

表3-24 RBF神经网络在线估算结果

场景	真实值/(°)	RBF估算值/(°)	式(3-82)计算值/(°)
4	15	15.1	11.3
5	37	36.7	33.8
6	33	32.6	28.6
7	8	7.9	7.7
8	64	63.7	59.8
9	25	24.9	24.89
10	31	29.4	25.8
11	39	36.2	35.6
12	27	24.6	22.5

(3) 移动机器人与斜坡的相对位置

对场景1～9中的斜坡，移动机器人与斜坡法线的夹角θ的真实值和由式(3-104)得到的计算结果见表3-25。根据本书提出的判断移动机器人与斜坡的相对方位算法，场景1～3和7、12均为从左侧视斜坡，场景4～6和8、10均为从右侧视斜坡，场景9和11为正对斜坡，与实际情况相吻合。

表 3-25 移动机器人与斜坡的相对位置

场景	真实值/(°)	计算值/(°)	r_{left}/%	r_{right}/%	r_{face}/%
1	40	39.3	89.7	2.7	7.6
2	50	50.4	93.3	0.4	6.3
3	30	29.7	88.2	7.4	4.4
4	41.9	41.5	3.0	87.4	9.6
5	22	21.4	8.3	83.4	8.3
6	28	27.3	3.1	87.6	9.3
7	12.2	13	81.7	6.1	12.2
8	16.1	15.5	6.4	82.6	11.0
9	0.2	0.7	0.6	0.3	99.1
10	32	27.2	5.2	83.3	11.5
11	6.4	9.7	22.6	7.3	70.1
12	18.7	23.2	74.9	10.9	14.2

参考文献

[1] Kahlmann T, Ingensand H. Calibration and development for increased accuracy of 3D range imaging cameras, 2008, 2: 1-11.

[2] Linder M, Schiller I, Kolb A, Koch R. Time-of-Flight sensor calibration for accurate range sensing. Comput Vis Image Underst, 2010, 11(4): 1318-1328.

[3] Dragos Falie, Vasile Buzuloiu. Noise Characteristics of 3D Time-of-Flight Cameras, 2007: 1-6.

[4] A Prasad, K Hartmann, W Weihs, S. E. Ghobadi, A Sluiter. First steps in ehancing 3d vision technique using 2d/3d sensors. Computer Vision Winter Workshop, Czech Pattern Recognition Society, Chum and Franc, Eds, 2006.

[5] Sigurjón Árni Guðmundsson, Henrik Aanæs, Rasmus Larsen. Fusion of Stereo Vision and Time-of-Flight Imaging for Improved 3D Estimation, Int. J. Intelligent Systems Technologies and Applications, 2008: 1-8.

[6] K. D Kuhnert, M Stommel. Fusion of stereo camera and pmd-camera data for real-time suited precise 3d environment reconstruction. In IEEE/RSJ International Conference on Intelligent Robots and Systems (IROS'06), 2006.

[7] Benjamin Huhle, Sven Fleck, Andreas Schilling. Integrating 3D Time-of-Flight Camera Data and High Resolution Images for 3DTV Applications, 2008: 1-4.

[8] Miles Hansard, Georgios Evangelidisa, Quentin Pelorsona, Radu Horauda. Cross-calibration of time-of-flight and col-

our cameras. Computer Vision and Image Understanding, 2014, 9(1).

[9] S. May, B. Werner, H. Surmann, et al. 3D time-of-flight cameras for mobile robotics. Proceedings of the 2006 IEEE International Conference on intelligent Robots and Systems, 2006: 790-795.

[10] S. A. Guðmundsson, H. Aanes, R. Larsen. Environmental effects on measurement uncertain ties of time-of-flight cameras. International Symposium on Signals, Circuits and Systems, 2007, 1: 1-4.

[11] Martin T. Hagan, Howard B. Demuth, Mark H. Beale. Neural Network Design (1st edition). PWS Publishing Company, 1996.

[12] Y. Alon, A. Ferencz, A. Shashua. Off-road path following using region classification and geometric projection constraints. Proc. Of the 2006 IEEE Computer Society Conference on Computer Vision and Pattern Recognition, 2006: 1-8.

[13] D. Helmick, A. Angelova, L. Matthies. Terrain adaptive navigation for planetary rovers. Journal of Field Robotics, 2009, 26(4): 391-410.

[14] D. J. Kenneth. Evolutionary computation. Wiley Interdisciplinary Revews: Computational Statistics, 2009, 1(1): 52-56.

[15] Weiqiang Wang, Minyi Shen, Jin Xu, et al. Visual traversability analysis for micro planetary rover. IEEE International Conference on Robotics and Biomimetics, 2009: 907-912.

[16] D. B. Gennery. Traversability analysis and path planning for a planetary rover. Autonomous Robots, 1999, 6(2): 131-146.

[17] A. Howard, H. Seraji. An intelligent terrain-based navigation system for planetary rovers. IEEE Robotics & Automation Magazine, 2001, 18(10): 9-7.

[18] A. Howard, H. Seraji. Vision-based terrain characterization and traversability assessment. Journal of Robotic Systems, 2001, 18(10): 577-587.

[19] 郭晏，包加桐，宋爱国，等. 基于地形预测与修正的搜救机器人可通过度. 机器人，2009, 31(5): 445-452.

[20] S. Singh, R. Simmons, T. Smith, et al. Recent progress in local and global traversability for planetary rovers. Proc IEEE International Conference on Robotics and Automations, 2000, 1194-1200.

[21] Gang-Gyoo Jin, Yun-Hyung Lee, Hyun-Sik Lee, et al. Traversability analysis for navigation of unmanned robots. SICE Annual Conference, 2008: 1806-1811.

[22] C. Ye. Navigating a mobile robot by a traversavility field histogram. IEEE Transactions on Systems, Man, and Cybernetics PartB: Cybernetics, 2007, 37(2): 361-372.

[23] 刘华军，陆建峰，杨靖宇. 基于相对特征的越野地形可通过性分析. 数据采集与处理，2006, 21(3): 58-63.

[24] K. Iagnermma, K. Shinwoo, H. Shibly, et al. Online terrain parameter estimation for wheeled mobile robots with application to planetary rovers. IEEE Transactions on Robotics, 2004, 20(5): 921-927.

[25] C. Castejon, D. Blanco. Compact modeling technique for outdoor navigation. IEEE Transactions on Systems, Man and Cybernetics, Part A: Systems and Humans, 2008, 38(1): 9-24.

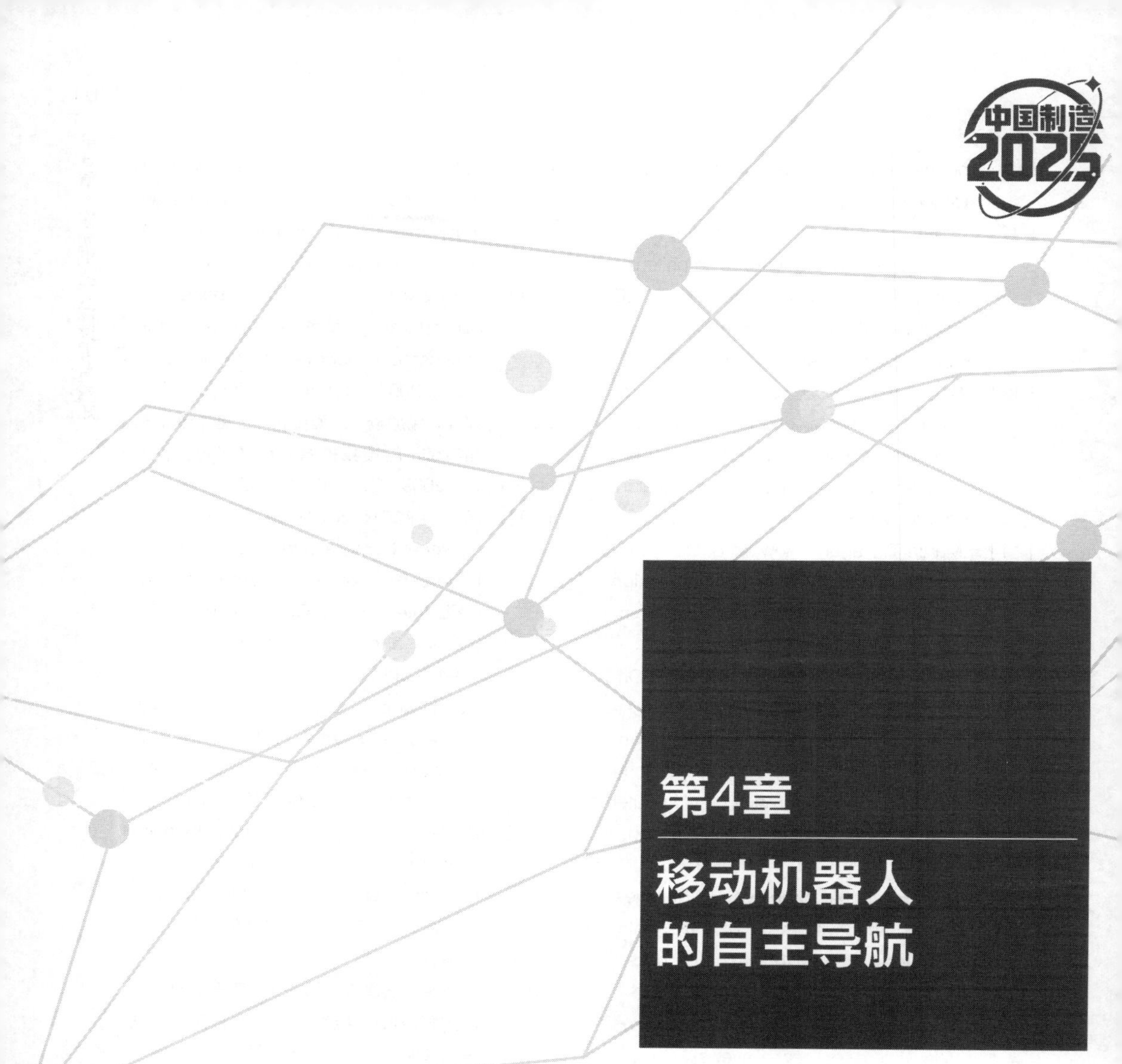

第4章

移动机器人的自主导航

自主导航是移动机器人应具备的基本功能，体现了移动机器人的智能性。实时导航对人类和动物来说是很简单的任务，但对于机器人来说具有相当大的挑战性。实时自主导航意味着移动机器人利用传感器获取环境信息，在理解环境信息的基础上，在起始位置与目标点之间实时制定一条路径，通过控制移动机器人的运动速度和方向无碰撞地到达目标位置。因为环境的复杂性、多变性、随机性，至今仍没有令人满意、通用的移动机器人导航控制方案。

4.1 移动机器人反应式导航控制方法

给定已知起始位置和目标位置信息，移动机器人依赖于已知或未知环境信息，沿给定路径或者自主制定路径快速无碰撞地运行至目标位置，即完成导航控制任务。反应式控制是针对传感器所探测到环境信息的实时响应，它以路径的子目标点、实时环境信息和机器人的实时位姿参数为输入，输出为移动机器人驱动轮速度控制参数，以避免在往期望目标方向行驶过程中与障碍物发生碰撞。其优点在于能够对环境的即时变化作出响应，计算代价小、实时性好、简单而有效，因而得到广泛应用。但由于反应式控制方法仅利用局部提供的环境信息，而忽视了全局信息的积累，移动机器人通常会陷入局部最小情况，形成长期无效的徘徊和振荡。

4.1.1 单控制器反应式导航

将导航任务看成一个大的、复杂的非线性系统，设计单个控制器，以完成任务。模糊逻辑因为具有类似人思维决策和处理传感器信息不确定性的能力，在反应式控制中得到了广泛应用[1,2]，其基本框架如图 4-1 所示。输入量为多个测距类等传感器探测的环境信息，输出为执行器上移动机器人的运动速度和方向。因为移动机器人所面临的环境复杂、未知，所以其导航控制是一个非常复杂的任务，如何确定模糊隶属度函数、制定完备的导航控制规则是模糊逻辑方法的主要难点。

基于模糊的反应式导航控制系统设计时，为了克服难以制定导航控制规则的困难，相关研究人员将模糊逻辑与神经网络相结合，通过学习构建导航控制器。根据神经网络在模糊控制中的作用，神经网络与模糊逻辑有三种组合方式：①利用神经网络存储模糊控制规则；②利用神经网络产生模糊控制规则；③利用神经网络优化模糊规则和模糊隶属度函数的参数。有研究人员通过离线训练 BP 神经网络存储模糊控制规则，实现移动机器人的导航[3]。Kumar 等首先设计了 T-S 型模糊推理系统控制移动机器人的导航，然后将该模糊系统对应到一个六层结构的神经网络，通过神经网络的学习，实现对该 T-S 型模糊推理系统后件参数的调整[4]。

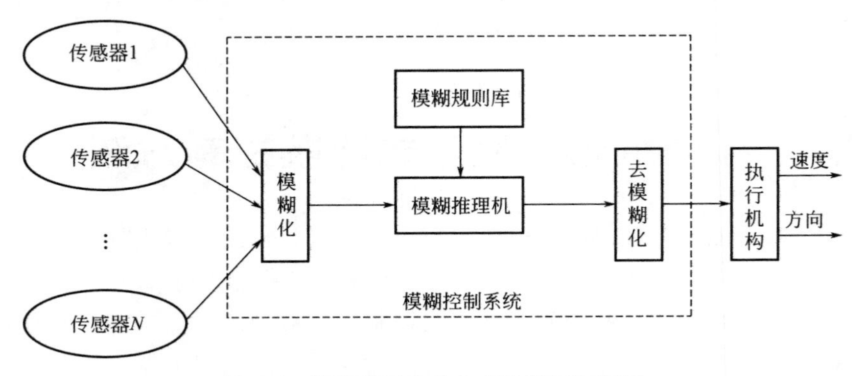

图 4-1 基于模糊的反应式控制原理框图

Marichal 等[5] 提出了一种模糊神经网络结构，用于结构化环境下的移动机器人导航避障。该神经网络控制器为三层结构，隐层采用径向基函数。其学习过程分为两个阶段。第一个阶段通过输入-输出数据确定中间层到输出层之间的连接权值、径向基函数的中心点和宽度。第二阶段为优化隐层节点数量，隐层的节点数对应于导航模糊控制规则数。其主要思想是通过计算隐层与输出层的连接权值两两间的欧式距离来增加或裁剪隐层的节点。

Zhu 等[6] 在此基础上，提出一个五层结构的模糊神经网络导航控制器。第一层为输入层，以左、前、右三个方向的障碍物距离信息、目标方向角度（移动机器人运动方向与移动机器人中心和目标连线之间的夹角）、移动机器人当前运行速度作为该模糊神经网络导航控制器的输入。第二层表示输入变量的模糊隶属度。第三层为规则库。第四层为输出变量的模糊隶属度。第五层为控制器的输出，即左、右轮的速度。该方法与传统模糊神经网络导航控制器[7] 相比有如下优点。

① 所需的规则更少，仅 48 条，有些传统的方法需要大量的规则，模糊神经网络隐层节点数的减少，简化了模糊神经网络的结构，相应地减少了计算时间。

② 在训练过程中每个参数的物理意义仍十分明确，而在传统方法中

已失去了参数原有的物理意义。

③ 改进了导航控制的整体性能。

移动机器人要在未知环境下安全和可靠地完成指定任务，除了需具备规划、建模、运动等基本功能外，更重要的是还要能够处理突发情况，逐渐适应环境的特点。相应地要求移动机器人的导航控制系统具有较强的自适应能力。因此，在导航控制系统的设计中引入了强化学习（reinforcement learning）理论和算法、进化算法等机器学习算法[8,9]。与监督学习和无监督学习方法不同的是，强化学习和进化学习是利用与环境的交互而获得的评价性反馈信号（分别对应于增强信号或进化算法的个体适应度）来实现系统性能的优化。目前，应用强化学习和进化学习方法等机器学习算法来设计和优化未知环境下移动机器人导航控制器成为一个重要的发展趋势。

强化学习在移动机器人导航控制器设计的应用上已有很多成功的例子，将强化学习与模糊推理系统结合形成模糊强化学习系统，并用于机器人导航控制中。Ganapathy[10] 提出强化学习与神经网络结合，通过两个阶段的学习构建机器人导航控制器。由于移动机器人导航控制具有连续的状态和行为空间，因而强化学习在移动机器人导航系统中应用研究的重点和难点主要在于状态空间的泛化、强化信号的确定及探索策略的选择等问题。

基于进化学习的移动机器人导航控制系统主要采用的控制结构有模糊推理系统、人工神经网络、LISP 程序等。例如，Hani Hagras 等[11] 提出一种新型模糊遗传算法用于机器人避障行为学习，系统采用 life-long 学习方法，动态适应新环境并更新知识库。文献［12］提出一种软计算方法用于机器人行为设计，通过基于遗传算法训练的模糊控制规则，用于保安机器人的导航。Zhou 等[13] 则提出一种新型动态自组织模糊控制器用于机器人的导航，系统采用 GA 算法学习调整模糊规则及参数，动态适应新环境并更新知识库。基于进化学习的移动机器人导航控制系统的主要优点在于可以简化设计过程，设计结果具有一定的鲁棒性。但是进化学习在仿真设计、运行时间、评估性能指标等方面还没有理论依据，需要更进一步的探讨。

4.1.2 基于行为的反应式导航

随着移动机器人工作范围的扩展，移动机器人所面临的环境越来越复杂、多变，单独一个控制器很难满足机器人在所有环境下工作的需要。

为了减小智能控制系统的复杂性，提高导航控制系统对不同环境的适应能力，有学者采用“分而治之”的策略，将作为整体的任务划分为若干个子任务来实现。这种子任务通常称为行为，即保证机器人安全运行并成功完成任务的一系列功能模块。通常每种行为都遵循“感知—决策—控制”的架构：利用传感器信息决定行为是否触发，并为行为的执行过程提供相应的决策依据。这些行为相互协调和协作，产生移动机器人的整体行为。基于行为的控制方法有效提高了对环境动态变化的响应速度。

图 4-2 所示为基本的行为控制原理，表示基于行为的机器人的相关操作。从最高层次看，机器人由感知单元、智能控制单元和执行单元组成。环境信息通过传感器检测传递给智能控制单元内部的一些基本行为模块。基本行为包括避障行为、奔向目标行为、沿墙走行为等。行为协调器将这些基本行为模块所计算出的运动命令进行融合或选择，然后将仲裁后的命令发送给驱动电机去执行。

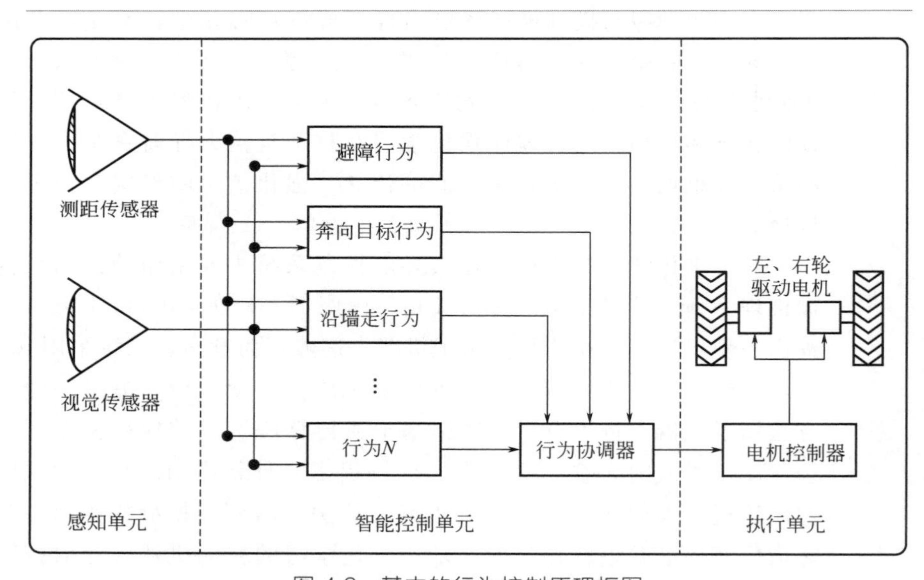

图 4-2　基本的行为控制原理框图

基于行为的导航控制技术主要集中在子行为控制器的设计和行为协调控制器的研究两个方面。其中，子行为的设计方法和过程跟上一节控制器的设计类似，只是将任务简化，一个子行为对应某一特定任务，相应地简化了控制器的设计难度。针对不同目的的子行为的决策在某一时刻特定的场合下可能会互相矛盾，从而导致整个系统不稳定。因此，需要构建一个有效的行为协调机制，在某一时刻所处的某个场合能选择相关的行为产生最合理的系统响应。

目前，行为协调机制主要可以分为两类：行为仲裁机制和命令融合机制。行为仲裁机制在某一时刻从众多行为中只选择一个行为作为输出，适合相互之间存在竞争冲突的行为，但是，各种不同行为之间选择切换，时常会导致机器人不稳定。而命令融合机制通过同时激活所有的行为的方式，部分解决了此问题，即在同一时刻由多个行为共同作用的结果，每个行为对最终决策的贡献由权值确定，适用于相互协作的行为。然而，当多个子行为出现相互冲突的控制命令时，命令融合机制将会导致移动机器人运行出现抖动、停滞等现象。为此，研究人员对行为协调机制开展了大量的研究工作。E. Gat 等[14] 提出了优先级仲裁策略，即给每个子行为分配优先级，每一时刻优先级高的行为被选中执行，而优先级低的任务则被忽略，并没有充分考虑多个行为的并发性，例如，在避障的同时完成奔向目标这个最终目的。R. C. Arkin[15] 为每个子行为的输出预先分配一个固定的权值，最后行为的输出为子行为输出与其对应权值的乘积之和。这种方法由于权值固定，只能用于特定的环境下，当环境发生变化时，需要重新分配权值。文献［16］设计了避障接近目标行为和沿墙走行为，两个行为的切换使用检测特征阈值的方法，当环境发生变化时，固定的阈值可能不能满足行为切换的需要。Han[17] 将环境划分为九种典型环境，相应设计了九种子行为，计算当前传感器输入与预定义的环境模型中传感器检测到信息的欧式距离，然后将这些距离归一化后作为各行为的权值，实现行为融合。

有学者提出了一些基于模糊逻辑的命令融合方法解决此类问题。Vadakkepat 等[18] 将行为分为两层结构——低级行为和高级行为，低级行为指与移动机器人动作相关的最基本的行为，如沿墙走、原地旋转、到指定位置等；高级行为由一个或多个低级行为组合而成。首先制定了模糊规则库，根据环境和任务选择要执行的高级行为，然后该高级行为所包含的若干个低级行为根据传感器检测信息得到各自的操作命令，这些命令与预先分配的权值乘积求和得到最终的输出。这种方法结合了行为仲裁机制和命令融合机制，但是低级行为的融合尚不能适应环境的变化。Aguirre 等[19] 提出一种用于识别局部环境特征的模糊感知模型，对墙、走廊、角点、大厅等识别，通过控制、执行和规划分层结构，协调优化移动机器人的行为。Tunstel[20] 定义了模糊规则库，根据传感器信息实时辨识环境，以确定在当前环境下各行为的权值。此类方法的缺点在于对于复杂的基于行为系统，需要制定相应庞大的规则库。

神经网络良好的分类性能和学习能力，在行为协调机制中也被广泛地应用。Im 等[21] 将结构化环境划分为五种典型环境，相应地设计五种子行为控制器，然后训练神经网络对环境分类，根据分类的结果选择执行的子行为。Zalama 等[22] 将移动机器人的控制分为碰撞、随机运动、避障、沿墙走、奔向目标、探索、调整校正七种行为，并利用自组织竞争神经网络模型，根据传感器信息，自适应选择机器人行为。文献［23］将机器人的行为分为避障、奔向目标和漫步，通过强化学习方法在不同环境中训练行为切换器，实现机器人根据周围障碍物的分布状况，在多个行为间自适应切换。

综上所述，作为性能卓越的控制器核心的行为协调机制应该有如下特征：

① 结合行为仲裁和命令融合；

② 便于协调合作和存在竞争的行为。

4.2 基于混合协调策略和分层结构的行为导航方法

4.2.1 总体方案

因为移动机器人所处环境通常是复杂、部分或全部未知、不可预测的，如果使用单个控制器，如模糊控制器、神经网络控制器亦或模糊神经网络控制器等，为解决导航这一复杂非线性问题需要确定很多内部参数，其结构也十分复杂。因此，本章基于行为的导航控制方法将导航任务划分为若干行为，再分别设计子行为控制器，建立行为协调机制，从而更容易实现复杂环境下的导航控制。

如图 4-3 所示，行为由高层行为和底层基本行为组成。高层行为为抽象的语言描述性行为；底层基本行为为移动机器人最基本的执行动作行为。高层行为定义为四类：①自由漫步，四周空旷、开阔，行走不受限制；②限制性行走，向目标点行走过程中可能会碰到各种类型的障碍物，需要完成避障等基本动作；③沿物体轮廓走，在移动机器人的一侧有障碍物，机器人与该障碍物保持一定距离或避障，同时尽快向目标靠近；④死区，机器人陷入陷阱，需要返回。底层基本行为包括：①奔向目标，即直接往目标位置前进；②避障，检测到前面障碍物，机器人调整前进方向和速度绕开障碍物；③沿墙走，机器人与其一侧的障碍物保持一定距离前进；④掉头，机器人停止前进，调整为相反的方向返回。高级行为层中的行为包括一个或多个底层基本行为。对于底层基本行为，采用模糊神经网络设计子行为导航控制器。

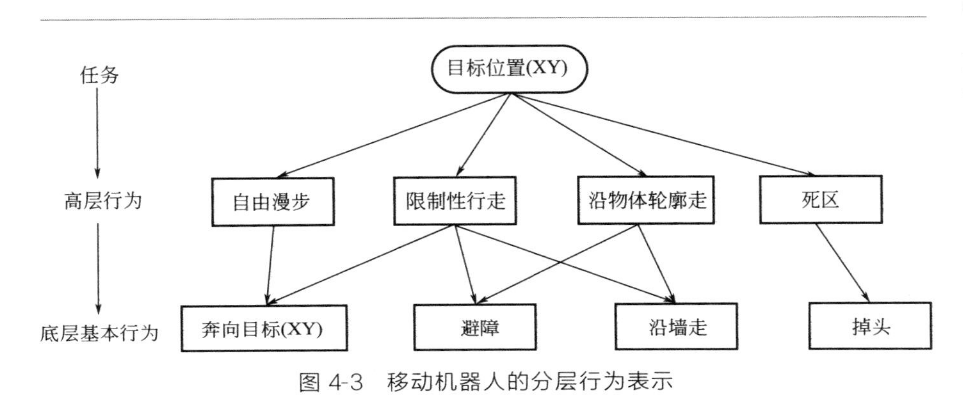

图 4-3　移动机器人的分层行为表示

在行为协调机制上，本章提出一种基于混合仲裁和融合行为协调机制，满足 4.1.2 节所总结的行为协调机制的要求。该行为协调方法在上层采用行为仲裁机制，根据神经网络辨识当前环境的结果，从高层行为中选出要执行的行为；在底层采用融合机制，通过计算声呐探测数据与环境模型之间的匹配度为被选的高层行为所包含的各基本行为分配融合的权值。通过仲裁机制，在高层行为中将有冲突的行为自由漫步和死区区分开；对于可以协调的行为，在底层融合共同作用于机器人的动作，符合要求①和②。本章提出的移动机器人导航控制方案如图 4-4 所示。

4.2.2　基于模糊神经网络的底层基本行为控制器设计

底层基本行为包括奔向目标、避障、沿墙走和掉头四个基本行为。本节采用模糊神经网络分别设计①～④的基本行为的控制器。依据人的驾驶习惯和经验，所有控制器的输出为移动机器人的速度 v 和相对当前行进方向要旋转的角度 β_d。控制器的输入为传感器信息，包括移动机器人上安装的 8 个声呐检测的距离信息 $\boldsymbol{d}=\{d_1,d_2,\cdots,d_8\}$，移动机器人当前行进方向与目标位置间的夹角为 θ_t，移动机器人当前的速度为 v_c。为了说明问题，图 4-5 给出了移动机器人安装的传感器配置示意图。图中数字 1～8 的位置为声呐传感器安装位置，根据方位分为左侧、前方和右侧，分别用 $d_L=\min(d_1, d_2, d_3)$、$d_F=\min(d_4, d_5)$ 和 $d_R=\min(d_6, d_7, d_8)$ 表示，min 为取最小操作。θ_t 和 v_c 分别由 GPS 和速度传感器得到。控制器的输入和输出可表示为：

$$\boldsymbol{u}=[d_L, d_F, d_R, \theta_t, v_c] \tag{4-1}$$

$$\boldsymbol{y}=[v, \beta_d] \tag{4-2}$$

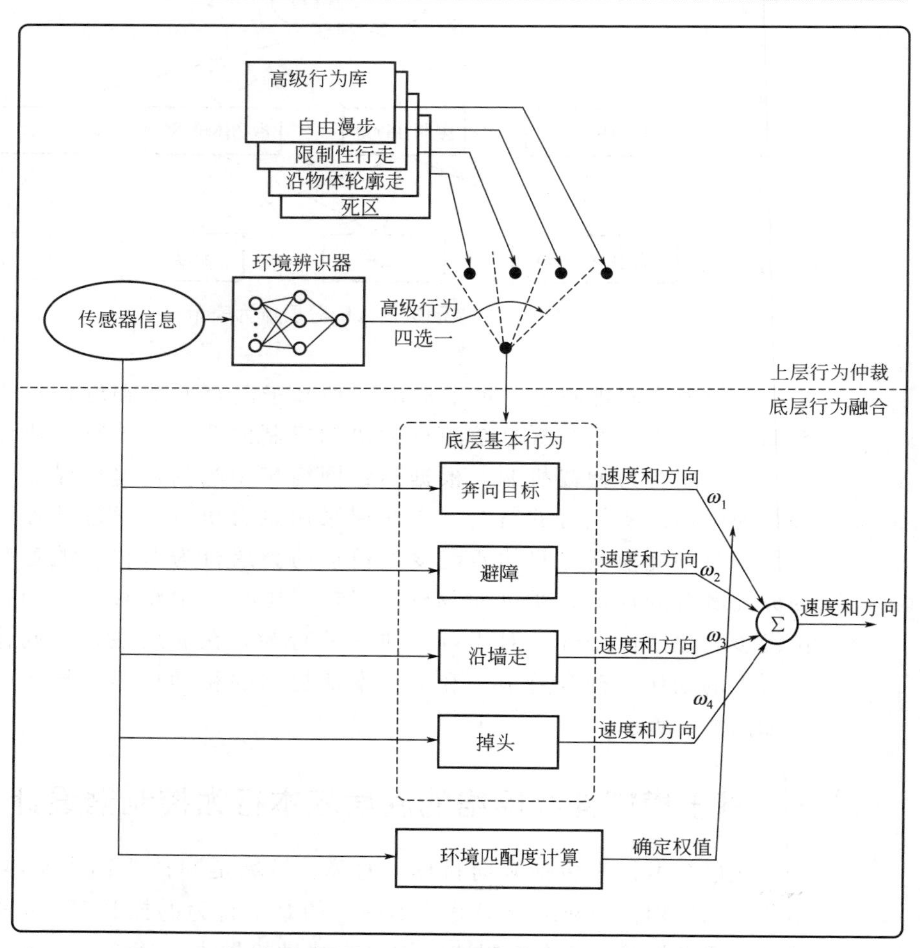

图 4-4　基于混合协调策略和分层结构的导航控制系统总体框图

避障行为相对其他基本行为更复杂、更具典型性，因此以避障行为为例详细分析说明子行为控制器的设计过程，其他两个行为设计过程类似，仅介绍关键步骤。

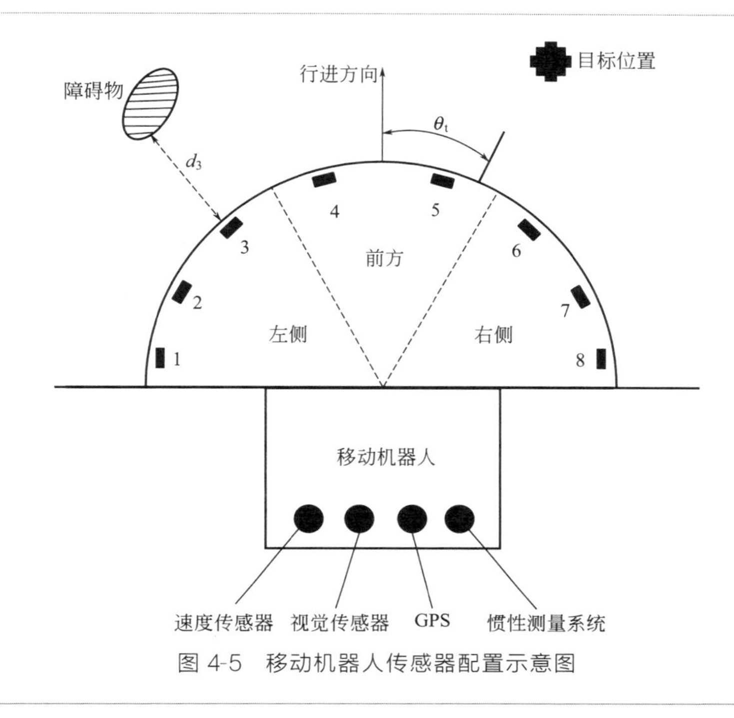

图 4-5 移动机器人传感器配置示意图

(1) 避障行为

① 基于模糊神经网络的导航控制器结构　模糊逻辑提供了处理不确定性、不精确问题的框架，以语言规则的形式充分利用了人类的知识。然而，FIS 主要依赖于专家经验制定规则，特别是缺乏自组织和自学习机制，给模糊隶属度函数的确定带来很大困难。另外还缺少将专家知识转化为规则库的系统化、理论化过程，导致规则库中存在冗余规则。不过，神经网络具有较强的学习能力，在复杂非线性系统的建模方面有优良的性能。因此，神经网络与模糊推理系统结合，能用于解决复杂的移动机器人导航控制问题，并通过学习改进其性能。

本章采用 Zhu 等提出的五层模糊神经网络结构设计导航控制器，其结构如图 4-6 所示。第一层为输入层，将移动机器人左侧、前方、右侧三个方向障碍物的距离信息、目标方向角度作为该模糊神经网络导航控制器的输入，如式(4-1) 所示。第二层表示输入变量的模糊隶属度。第三层为规则库。第四层为输出变量的模糊隶属度。第五层为控制器的输出，即移动机器人的速度和旋转方向，如式(4-2) 所示。该模糊神经网络结构与模糊推理系统结构一一对应，结构清晰，各参数都有明确的物理意义，其本质上还是一个模糊控制器。

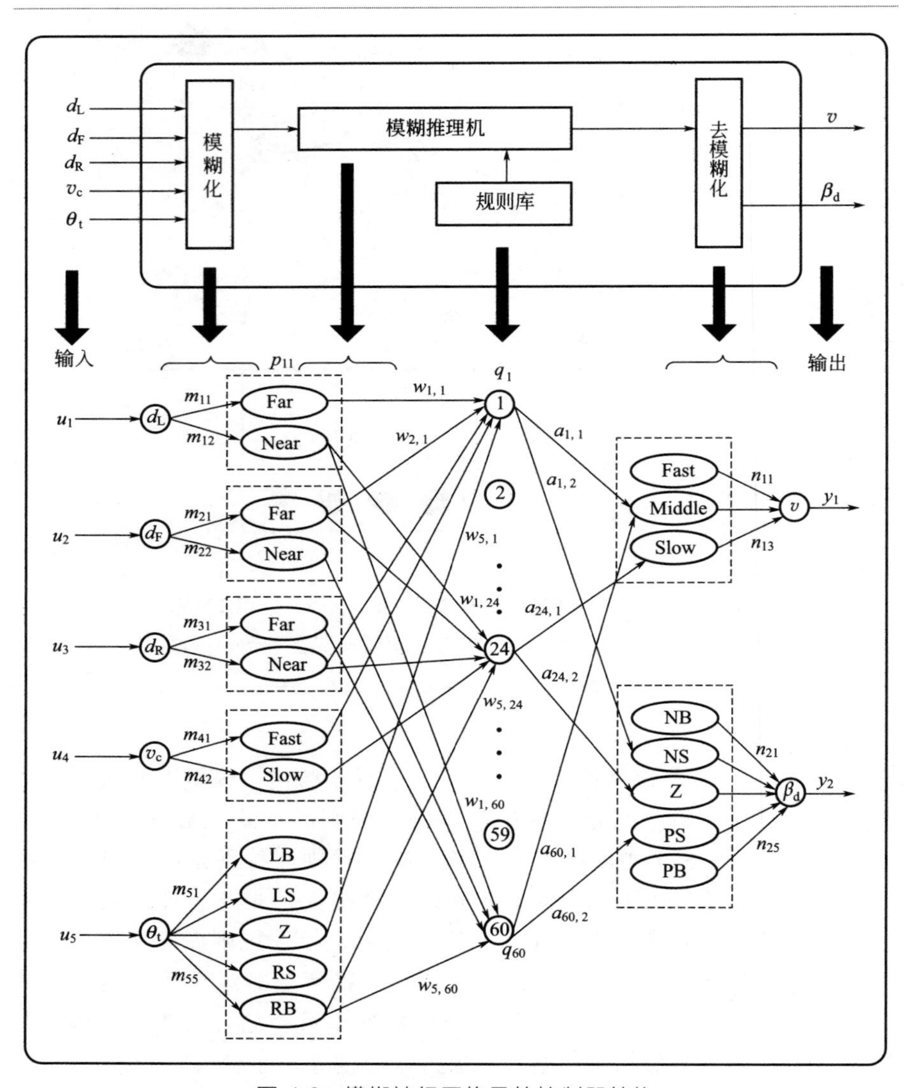

图 4-6　模糊神经网络导航控制器结构

② 模糊控制器设计

a. 模糊化。对控制器的输入距离信息$\{d_L, d_F, d_R\}$用{Far,Near}两个模糊语言变量表示，输入 θ_t 用{LB,LS,Z,RS,RB}五个模糊语言变量表示，输入 v_c 用{Fast,Slow}两个模糊语言变量表示。控制器的输出 v 由{Fast,Middle,Slow}三个模糊语言变量表示，输出 β_d 由{LB,LS,Z,RS,RB}五个模糊语言变量表示。它们的隶属度函数如图 4-7 所示，当中采用的三角函数、S 型函数和 Z 型函数，依次定义如下：

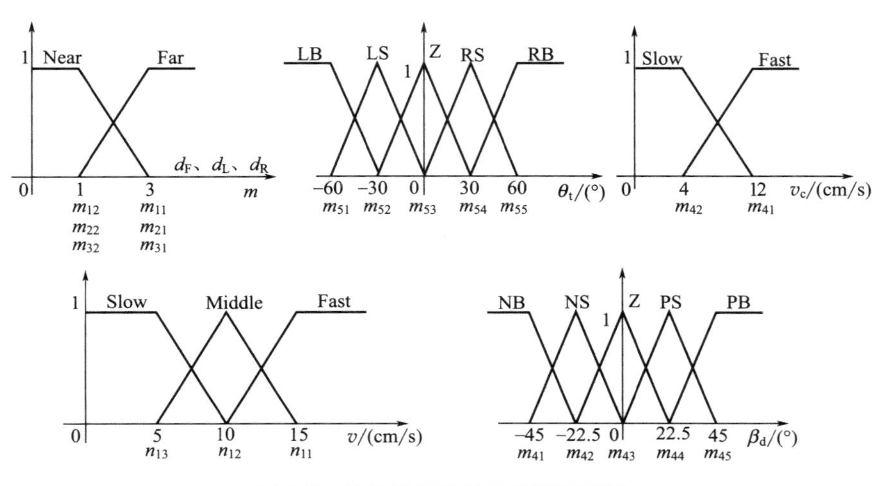

图 4-7 输入输出变量的隶属度函数

$$P_{ij}=\begin{cases}1-\dfrac{2|u_i-m_{ij}|}{\sigma_{ij}}, & m_{ij}-\dfrac{\sigma_{ij}}{2}<u_i<m_{ij}+\dfrac{\sigma_{ij}}{2}\\ 0, & \text{其他}\end{cases} \tag{4-3}$$

$$P_{ij}=\begin{cases}0, & u_i<m_{ij}-\dfrac{\sigma_{ij}}{2}\\ 1, & u_i>m_{ij}\\ 1-\dfrac{2|u_i-m_{ij}|}{\sigma_{ij}}, & \text{其他}\end{cases} \tag{4-4}$$

$$P_{ij}=\begin{cases}0, & u_i>m_{ij}+\dfrac{\sigma_{ij}}{2}\\ 1, & u_i<m_{ij}\\ 1-\dfrac{2|u_i-m_{ij}|}{\sigma_{ij}}, & \text{其他}\end{cases} \tag{4-5}$$

式中，$i=1,2,3,4,5$ 为第 i 个输入变量；$j=1,2,3,4,5$ 表示输入变量的语言变量数目；P_{ij} 对应于第 i 个输入变量的第 j 个语言变量的隶属度；m_{ij} 和 σ_{ij} 分别为该函数的中心和宽度；u_i 为模糊控制器的第 i 个输入变量，其中 $\{u_1,u_2,u_3,u_4u_5\}=\{d_L,d_F,d_R,\theta_t,v_c\}$。

b. 建立导航控制知识规则。避障行为用于移动机器人附近有障碍物的情况，放弃原有前进方向而绕开障碍物。制定的规则如表 4-1 所示。

表 4-1 避障行为模糊控制规则库

规则编号	输入					输出	
	d_L	d_F	d_R	v_c	θ_t	v	β_d
1	Far	Far	Near	Fast	Z	Middle	NS
2	Far	Far	Near	Fast	RS	Slow	NS
3	Far	Far	Near	Fast	RB	Slow	NS
4	Far	Near	Near	Slow	Z	Middle	NS
5	Far	Far	Near	Slow	RS	Slow	NS
6	Far	Far	Near	Slow	RB	Slow	NS
7	Far	Near	Near	Fast	LB	Slow	NB
8	Far	Near	Near	Fast	LS	Slow	NS
9	Far	Near	Near	Fast	Z	Slow	NS
10	Far	Near	Near	Fast	RS	Slow	NS
11	Far	Near	Near	Fast	RB	Slow	NS
12	Far	Near	Near	Slow	LB	Middle	NB
13	Far	Near	Near	Slow	LS	Middle	NS
14	Far	Near	Near	Slow	Z	Middle	NS
15	Far	Near	Near	Slow	RS	Slow	NS
16	Far	Near	Near	Slow	RB	Slow	NS
17	Near	Far	Near	Fast	LB	Middle	Z
18	Near	Far	Near	Fast	LS	Middle	Z
19	Near	Far	Near	Fast	RS	Middle	Z
20	Near	Far	Near	Fast	RB	Middle	Z
21	Near	Far	Near	Slow	LB	Slow	Z
22	Near	Far	Near	Slow	LS	Slow	Z
23	Near	Far	Near	Slow	RS	Slow	Z
24	Near	Far	Near	Slow	RB	Slow	Z
25	Far	Near	Far	Fast	LB	Middle	NB
26	Far	Near	Far	Fast	LS	Middle	NS
27	Far	Near	Far	Fast	Z	Middle	NS
28	Far	Near	Far	Fast	RS	Middle	PS
29	Far	Near	Far	Fast	RB	Middle	PB
30	Far	Near	Far	Slow	LB	Slow	NB
31	Far	Near	Far	Slow	LS	Slow	NS
32	Far	Near	Far	Slow	Z	Slow	NS
33	Far	Near	Far	Slow	RS	Slow	PS
34	Far	Near	Far	Slow	RB	Slow	PB
35	Near	Near	Near	Fast	LB	Slow	NB
36	Near	Near	Near	Fast	LS	Slow	NB
37	Near	Near	Near	Fast	Z	Slow	NS
38	Near	Near	Near	Fast	RS	Slow	PS
39	Near	Near	Near	Fast	RB	Slow	PB
40	Near	Near	Near	Slow	LB	Slow	NB
41	Near	Near	Near	Slow	LS	Slow	NB

续表

规则编号	输入					输出	
	d_L	d_F	d_R	v_c	θ_t	v	β_d
42	Near	Near	Near	Slow	Z	Slow	NS
43	Near	Near	Near	Slow	RS	Slow	PS
44	Near	Near	Near	Slow	RB	Slow	PB
45	Near	Near	Far	Fast	LB	Slow	PS
46	Near	Near	Far	Fast	LS	Slow	PS
47	Near	Near	Far	Fast	Z	Slow	PS
48	Near	Near	Far	Fast	RS	Slow	PB
49	Near	Near	Far	Fast	RB	Slow	PB
50	Near	Near	Far	Slow	LB	Middle	PS
51	Near	Near	Far	Slow	LS	Middle	PS
52	Near	Near	Far	Slow	Z	Middle	PS
53	Near	Near	Far	Slow	RS	Slow	PB
54	Near	Near	Far	Slow	RB	Slow	PB
55	Near	Far	Far	Fast	LB	Middle	PS
56	Near	Far	Far	Fast	LS	Middle	PS
57	Near	Far	Far	Fast	Z	Middle	PS
58	Near	Far	Far	Slow	LB	Slow	PS
59	Near	Far	Far	Slow	LS	Slow	PS
60	Near	Far	Far	Slow	Z	Middle	PS

c. 去模糊化。采用重心法确定模糊量中能反映出整个模糊量信息的精确值，这个过程类似于概率化的求数学期望过程。控制器输出$\boldsymbol{y}=[v,\beta_d]$为：

$$v=\frac{\sum_{k=1}^{60} a_{k,1} q_k}{\sum_{k=1}^{60} q_k} \tag{4-6}$$

$$\beta_d=\frac{\sum_{k=1}^{60} a_{k,2} q_k}{\sum_{k=1}^{60} q_k} \tag{4-7}$$

$$q_k=\min\{p_{1,k},p_{2,k},p_{3,k},p_{4,k},p_{5,k}\} \tag{4-8}$$

式中，$a_{k,1}$ 和 $a_{k,2}$ 为第 k 条规则的输出；$p_{i,k}$ 为第 i 个输入变量用于第 k 条规则的隶属度。

③ 模糊神经网络导航控制器结构的参数优化　图 4-6 中模糊神经网络结构与模糊推理的过程一一对应，其参数仍保留了模糊变量的物理意义。$i=1,2,3,4,5$ 为输入向量的数目；u_i 为控制器的第 i 个输入，其中 $\{u_1,u_2,u_3,u_4 u_5\}=\{d_L,d_F,d_R,\theta_t,v_c\}$；$j=1,2,3,4,5$ 表示输入向量的

语言变量数目；P_{ij} 对应于第 i 个输入变量的第 j 个语言变量的隶属度，由式(4-3)～式(4-5) 计算，m_{ij} 和 σ_{ij} 分别为该函数的中心和宽度；$k=1,2,\cdots,60$ 为规则数量；$l=1,2$ 为输出的数量；y_l 为控制器的第 l 个输出向量，其中 $\{y_1,y_2\}=[v,\beta_d]$；$s=1,2,3,4,5$ 为控制器输出向量的模糊语言变量数目；q_k 为第 k 条规则的连接度，由式(4-8) 得到；变量 $w_{i,k}$ 对应于第 i 个输入对于第 k 条规则的隶属度函数的中心，即可根据规则库将 m_{ij} 分配给相应的 $w_{i,k}$，如 $w_{1,1}=m_{11}$，$w_{2,1}=m_{21}$，$w_{1,24}=m_{12}$，$w_{3,24}=m_{32}$，$w_{5,24}=m_{55}$，$w_{5,60}=m_{55}$ 等；变量 $a_{k,l}$ 为第 k 条规则对第 l 个输出变量的估算值；$n_{l,s}$ 为第 l 个输出 v 或 β_d 的第 s 个语言变量的隶属度。设隶属度函数的宽度为常量，有 $a_{1,1}=n_{12}$，$a_{24,1}=n_{13}$，$a_{50,2}=n_{24}$ 等。

为了提高模糊控制器的性能，在隐层节点数确定的情况下采用遗传算法优化模糊神经网络（FNN）中的参数，即已知模糊规则集，优化隶属函数。这里主要优化隶属函数的中心，而将其宽度设为固定值。需要调整的参数有 21 个，以向量 $\boldsymbol{Z}$ 表示：

$$\boldsymbol{Z}=\{m_{11},m_{12},m_{21},m_{22},m_{31},m_{32},m_{41},m_{42},m_{51},m_{52},m_{53},m_{54},m_{55},\\ n_{11},n_{12},n_{13},n_{21},n_{22},n_{23},n_{24},n_{25}\} \tag{4-9}$$

遗传算法优化 FNN 参数的步骤：

步骤 1：选择一个全体，即随机产生 m 个字符串，每个字符串表示整个网络的一组参数。采用实数编码，21 个参数依次串联形成一个个体，个体的长度即参数的个数，$L=21$。

步骤 2：计算每一组参数的适应度值 $f_i(i=1,2,\cdots,m)$。

选择适应度函数时，同时考虑两个方面的问题：

a. 样本实际输出和模型输出之间的误差越小越好；

b. 隶属函数的形状需要控制，不能过分重叠和过分稀疏。

FNN 的学习误差定义为：

$$J=\frac{1}{2}\sum_{i=1}^{n}\sum_{l=1}^{2}|\boldsymbol{y}_l-\hat{\boldsymbol{y}}_l|^2 \tag{4-10}$$

式中，$\boldsymbol{y}_l=\{y_1,y_2\}=\{v,\beta_d\}$，$l=1,2$，为 FNN 的输出向量；$\hat{\boldsymbol{y}}_l=\{\hat{y}_1,\hat{y}_2\}$，$l=1,2$，为期望的输出向量，由人工手动操作获取的数据；$n$ 为样本数。

为了避免出现隶属度函数之间重叠或稀疏，需要定义惩罚项来控制隶属度之间的关系：

$$C_q=\sum_{i=1}^{k-1}[\min(d_i-\sigma_i,0)+\min(d_i-\sigma_{i+1},0)+\min(\sigma_i+\sigma_{i+1}-d_i,0)] \tag{4-11}$$

式中，$q=1,2,\cdots,7$ 为 FNN 输入输出变量的数量；k 为某一变量的隶属度函数的中心数量；σ_i 为隶属度函数的宽度；$d_i=m_{q,i+1}-m_{q,i}$ 是相邻两个模糊数的隶属度函数的中心点之间的距离。如图 4-8(a) 所示，当相邻隶属函数中心点之间的距离小于第一个隶属函数的右宽度或小于第二个隶属度函数的左宽度时，出现隶属度函数的相互重叠，需要进行惩罚，并且重叠的越多，惩罚的力度越大；当相邻隶属函数中心点之间的距离大于第一个隶属函数的右宽度和第二个隶属度函数的左宽度之和时，隶属度函数之间过于稀疏，如图 4-8(b) 所示，这时也需要惩罚，稀疏的程度越大，惩罚的力度相应地也就越大。

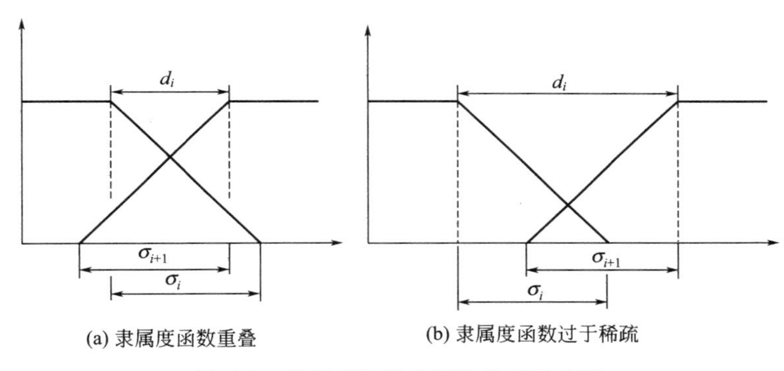

图 4-8　隶属度函数之间的关系示意图

相应地，输入输出的隶属度关系惩罚值为：

$$C=\sum_{q=1}^{7}C_q \tag{4-12}$$

最终的适应度函数可表示为：

$$f=\frac{1}{2}(\mathrm{e}^{-J}+\mathrm{e}^{C}) \tag{4-13}$$

步骤 3：根据下面的步骤产生新群体，直至新群体中串总数达到 m。

a. 分别用概率 $f_i/\sum f_i$、$f_j/\sum f_j$ 从群体中选出两个串 S_i、S_j；

b. 以概率 P_c 对 S_i，S_j 执行交换操作，生成新的串 S'_i、S'_j；

c. 以概率 P_m 对 S'_i，S'_j 执行变异操作；

d. 返回步骤 a，直到生成 $m-3$ 个新一代个体；

e. 产生的 $m-3$ 个新一代的个体与上一代中性能最好的 3 个个体一起构成新的群体。

步骤 4：返回步骤 2，当群体中的个体性能满足要求或者迭代到指定代数时结束。

(2) 奔向目标行为

奔向目标，即直接往目标位置前进。控制器的结构仍如图 4-6 所示，其输入输出见式(4-1)和式(4-2)，隶属度函数见式(4-3)～式(4-5)及图 4-7。与避障行为设计不同的是其控制规则，如表 4-2 所示。

表 4-2 奔向目标行为模糊控制规则库

规则编号	输入					输出	
	d_L	d_F	d_R	v_c	θ_t	v	β_d
1	Far	Far	Near	Fast	LB	Middle	NB
2	Far	Far	Near	Fast	LS	Middle	NS
3	Far	Far	Near	Slow	LB	Middle	NB
4	Far	Far	Near	Slow	LS	Middle	NS
5	Near	Far	Far	Fast	RS	Middle	PS
6	Near	Far	Far	Fast	RB	Middle	PB
7	Near	Far	Far	Slow	RS	Middle	PS
8	Near	Far	Far	Slow	RB	Middle	PB
9	Far	Far	Far	Fast	LB	Middle	NB
10	Far	Far	Far	Fast	LS	Fast	NS
11	Far	Far	Far	Fast	Z	Fast	NS
12	Far	Far	Far	Fast	RS	Fast	PS
13	Far	Far	Far	Fast	RB	Middle	PB
14	Far	Far	Far	Slow	LB	Middle	NB
15	Far	Far	Far	Slow	LS	Fast	NS
16	Far	Far	Far	Slow	Z	Fast	NS
17	Far	Far	Far	Slow	RS	Fast	PS
18	Far	Far	Far	Slow	RB	Middle	PB
19	Near	Far	Near	Fast	Z	Middle	Z
20	Near	Far	Near	Slow	Z	Middle	Z

(3) 沿墙走行为

沿墙走，即机器人与其一侧的障碍物保持一定距离前进。控制器的结构仍如图 4-6 所示，其输入输出见式(4-1) 和式(4-2)，隶属度函数见式(4-3)～式(4-5) 及图 4-7。与其他行为设计不同的是其控制规则，如表 4-3 所示。

表 4-3 沿墙走行为模糊控制规则库

规则编号	输入					输出	
	d_L	d_F	d_R	v_c	θ_t	v	β_d
1	Near	Far	Near	×	LB	Fast	Z
2	Near	Far	Near	×	LS	Fast	Z
3	Near	Far	Near	×	Z	Fast	Z

续表

规则编号	输入					输出	
	d_L	d_F	d_R	v_c	θ_t	v	β_d
4	Near	Far	Near	×	RS	Fast	Z
5	Near	Far	Near	×	RB	Fast	Z
6	Near	Far	Far	Fast	LB	Fast	Z
7	Near	Far	Far	Fast	LS	Fast	Z
8	Near	Far	Far	Fast	Z	Fast	Z
9	Near	Far	Far	Slow	LB	Middle	Z
10	Near	Far	Far	Slow	LS	Middle	Z
11	Near	Far	Far	Slow	Z	Middle	Z
12	Far	Far	Near	Fast	Z	Fast	Z
13	Far	Far	Near	Fast	RS	Fast	Z
14	Far	Far	Near	Fast	RB	Fast	Z
15	Far	Far	Near	Slow	Z	Middle	Z
16	Far	Far	Near	Slow	RS	Middle	Z
17	Far	Far	Near	Slow	RB	Middle	Z

注：×表示可以任取其定义的模糊语言。

(4) 掉头行为

掉头行为，即机器人停止前进，调整为向相反的方向返回。控制器的结构仍如图4-6所示，其输入输出见式(4-1)和式(4-2)，隶属度函数见式(4-3)～式(4-5)及图4-7。与其他行为设计不同的是其控制规则，如表4-4所示。

表4-4 掉头行为模糊控制规则库

规则编号	输入			输出	
	d_L	d_F	d_R	v	β_d
1	Far	×	Near	Slow	NB
2	Near	×	Far	Slow	PB
3	Near	×	Near	Slow	PB

注：×表示可以任取其定义的模糊语言。

4.2.3 多行为的混合协调策略

在行为协调机制上，本章提出一种基于神经网络环境辨识选择高层行为，在底层通过计算环境匹配度，确定各基本行为的权值的混合协调策略，综合了行为仲裁机制和行为融合机制的优点。

(1) 环境模型

尽管移动机器人所处环境未知，障碍物形状、所处位置变化万千，但还是可以抽象出一些典型的模型。在图 4-5 所示的移动机器人传感器配置中，通过声呐在不同环境下的检测距离抽象环境模型，其探测范围如图 4-9 所示。

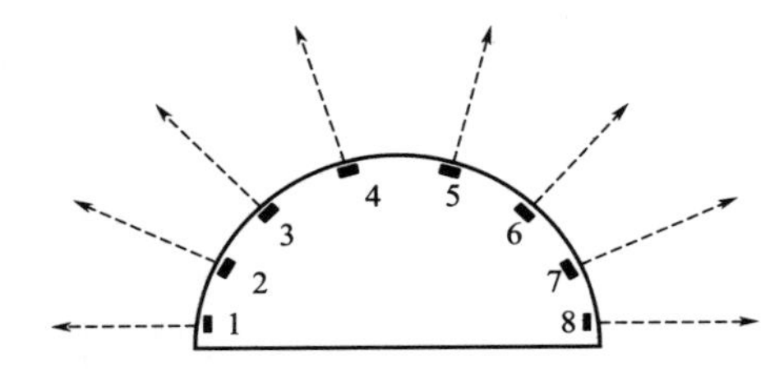

图 4-9 移动机器人配置的声呐探测范围示意图

将移动机器人放置在不同环境下，获取的距离信息与环境模型的关系可用图 4-10 表示，包括开阔空间、有障碍物、通道、左边物体轮廓、右边物体轮廓和 U 形区域六种。

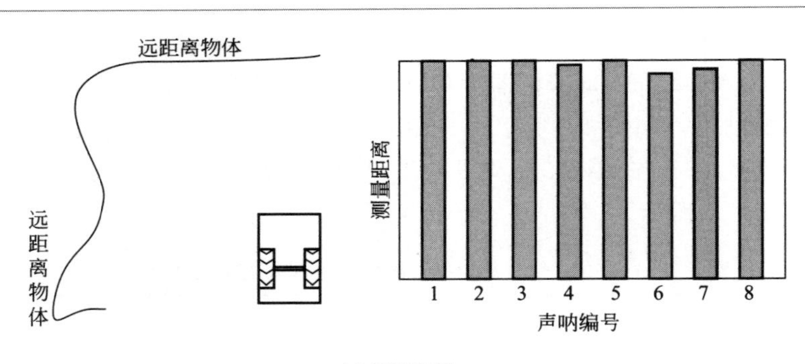

(a) 开阔空间

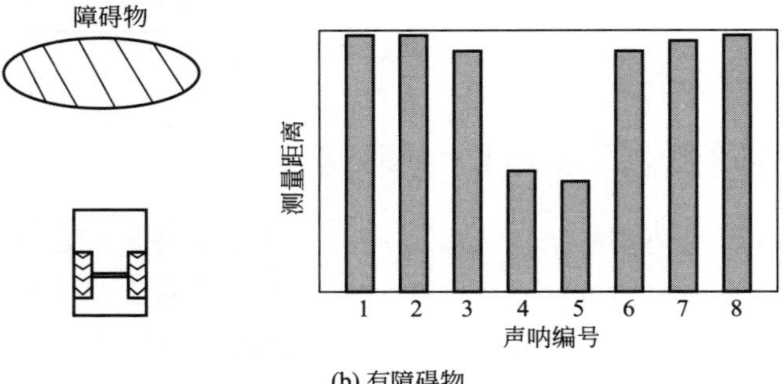

(b) 有障碍物

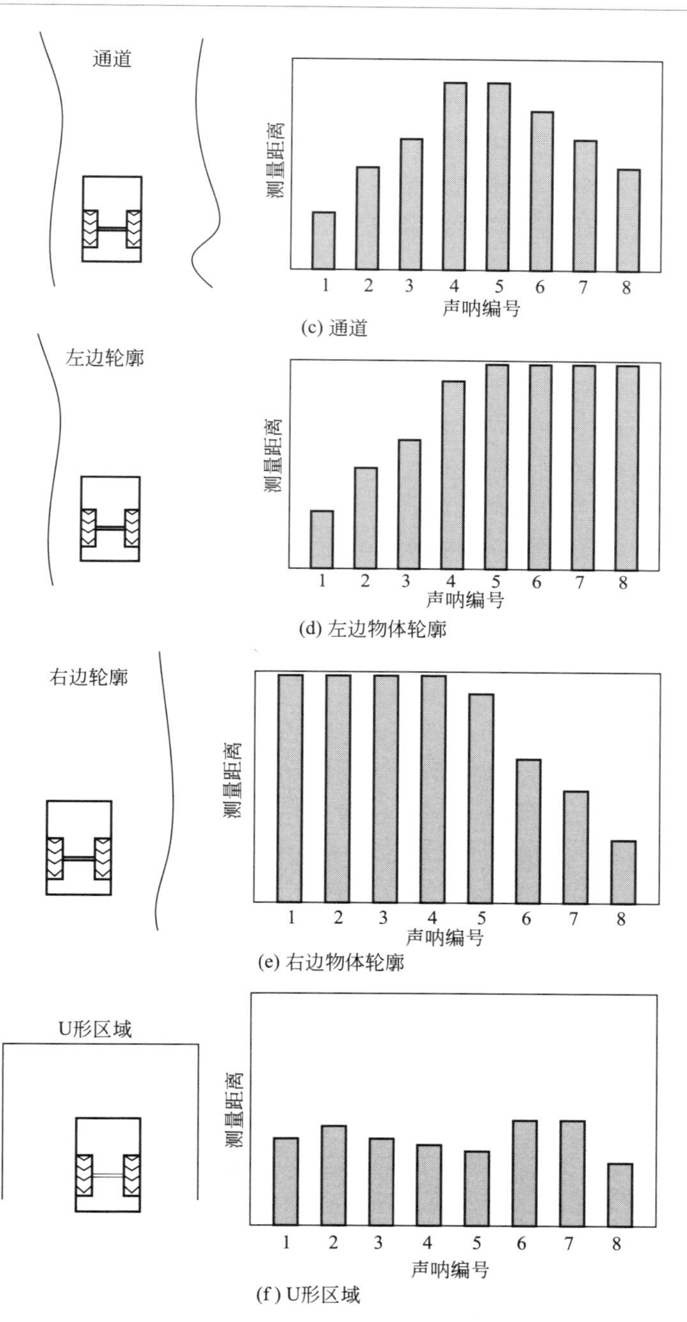

图 4-10 声呐探测与环境模型示意图

（2）神经网络环境辨识选择高层行为

因为神经网络有从输入-输出数据中找到对应关系的能力，此处通过训练神经网络对环境分类，来选择高层的四个行为。高级行为分为自由漫步、限制性行走、沿物体轮廓走、死区，将它们与根据声呐探测距离建立的环境典型模型对应：①自由漫步对应开阔空间；②限制性行走对应有障碍物环境；③沿物体轮廓走对应通道、左边物体轮廓和右边物体轮廓，统称为通道环境；④死区对应U形区域。将移动机器人随机置于上述抽象出的四大类环境中，不断变化移动机器人在环境中的位置，获取3200组8个声呐测量的距离信息，归一化后用于训练神经网络。

神经网络环境辨识器为三层结构，包括8个输入节点为声呐的测量距离信息，中间层为隐层，输出有四个节点，分类的结果分别对应开阔空间类、有障碍物环境、通道环境、U形区域四类。根据分类的结果，相应地从高层的四个行为中选出其对应的行为。例如，神经网络环境辨识器根据当前声呐信息的分类结果为有障碍物，因此，从高层行为中选择限制性行走行为。该行为又包括奔向目标、避障和沿墙走三个基本行为，这三个行为加权求和得到最终的控制量，其中的权值由环境匹配度确定。

（3）环境匹配度确定底层行为权值

某一子行为针对特定任务设计，而任务又与环境因素息息相关。底层基本行为的融合通过计算子行为与当前环境的匹配度确定权值。同样，将底层行为与根据声呐探测距离建立的环境典型模型对应：①奔向目标对应开阔空间；②避障对应有障碍物环境；③沿墙走对应通道、左边物体轮廓和右边物体轮廓，统称为通道环境；④掉头对应U形区域。

首先，将上述3200组归一化后的声呐测距数据，采用聚类的方法找到每一类环境的聚类中心。我们采用模糊c-means算法（FCM）完成这些的数据分割。FCM算法实际上是一种迭代最优化方法，采用数据点集合中各个数据点与每个聚类中心（共计c个）之间的加权距离组成目标函数，其形式如下：

$$\boldsymbol{J}_m : \boldsymbol{M}_{fc} \times \boldsymbol{R}^{cp} \rightarrow R^+$$

$$\boldsymbol{J}_m(\{\boldsymbol{U}_{ik}\},\{\boldsymbol{V}_i\};\{\boldsymbol{X}\}) = \sum_{k=1}^{n}\sum_{i=1}^{c}(\boldsymbol{U}_{ik})^m(d_{ik})^2 \mid \sum_{i=1}^{c}\boldsymbol{U}_{ik} = 1,\ k = 1,2,\cdots,n \tag{4-14}$$

式中，M_{fc} 为模糊分割空间；$U \in M_{fc}$ 为关于 X 的模糊 c 划分；c 个聚类中心构成的集合为 $\boldsymbol{V}=\{V_1,V_2,\cdots,V_c\}$，$P$ 个特征数据点的聚类中心为 $\boldsymbol{V}_i,\boldsymbol{V}_i \in \mathfrak{R}^P$；特征数据点集合的矩阵为 $\boldsymbol{X}$，其中 $\boldsymbol{X}=\{X_1,X_2,\cdots,X_n\},\boldsymbol{X}_i \in \mathfrak{R}^P$，$n$ 为全部数据点的总数；定义聚类中心与数据点之间的距离 d_{ik}：

$$(d_{ik})^2=\|x_k-v_i\|^2 \tag{4-15}$$

式中，i 表示每个聚类的序号；k 表示每一个数据点的序号，数据点空间$\mathfrak{R}$ 的维数为 P，加权指数 $m\in[1,\infty)$的作用是调节隶属度值的权重影响。聚类中心 v_i 为：

$$v_i=\frac{\sum_{k=1}^{n}(u_{ik})^m x_k}{\sum_{k=1}^{n}(u_{ik})^m}, i=1,2,\cdots,c;k=1,2,\cdots,n \tag{4-16}$$

模糊隶属度矩阵为：

$$u_{ik}=\frac{1}{\sum_{j=1}^{c}\left(\frac{d_{ik}}{d_{jk}}\right)^{\frac{2}{m-1}}}, i=1,2,\cdots,c;k=1,2,\cdots,n \tag{4-17}$$

式中，若 $d_{ik}=0$，则 $u_{ik}=1$，$u_{jk}=0$，并且有 $j\neq i$。

计算过程中，聚类中心矩阵 $\boldsymbol{V}$ 通过待聚类数据点集合中的随机值初始化，而模糊划分矩阵由式(4-17) 计算得到。一旦两次迭代中对应的模糊划分矩阵 $\boldsymbol{U}$ 之差小于阈值，即 $\|\boldsymbol{U}^{(b)}-\boldsymbol{U}^{(b+1)}\|<\varepsilon_1$，则迭代结束，可得到相应的聚类中心 $\boldsymbol{V}$。

在实际使用中，计算当前获取的一组声呐测距归一化数据 l_i 与四类环境聚类中心$\{\boldsymbol{V}_1,\boldsymbol{V}_2,\boldsymbol{V}_3,\boldsymbol{V}_4\}$的欧式距离：

$$d_j^i=\|\boldsymbol{l}_i-\boldsymbol{V}_j\| \tag{4-18}$$

式中，$j=1,2,3,4$，表示第 j 个聚类中心。

当前获取的一组声呐测距数据 $\boldsymbol{l}_i$ 与某一聚类中心的距离越小，表示当前环境与该聚类中心所代表的环境越贴近，该环境所对应的子行为控制器就应该起到越大的作用。反映当前声呐测距信息与某一环境贴近程序的度量称为环境匹配度，定义为：

$$w_j=\frac{(1-d_j^i)^2}{\sum_{j=1}^{n}(1-d_j^i)^2} \tag{4-19}$$

式中，n 表示当前的子行为数目。例如，根据神经网络环境辨识器的分类结果从高层行为中选择限制性行走行为，该行为包括奔向目标、避障和沿墙走三个基本行为，则此处 $n=3$。

最终控制器的实际输出控制量转角 β 和运动速度 v 为选中子行为的加权求和：

$$\beta=\sum_{j=1}^{N}w_j\beta_j, v=\sum_{j=1}^{N}w_jv_j \tag{4-20}$$

4.3 基于模糊逻辑的非结构化环境下自主导航

4.2 节设计的控制器采用声呐检测环境中影响机器人运动的状况，称为基于声呐的行为。受声呐传感器自身原理限制，由多个声呐组成的声呐环只能检测到特定高度某个面上的障碍物，而无法获取在非结构化环境下的其他一些关键信息，如坡度、地面硬度等同样影响移动机器人移动性能的地形属性。在得到用于度量地形通行难易程度的可通行性指数后，本节据此与 4.2 节基于声呐的行为输出[式(4-20)]相结合以适应在非结构化环境下的自主导航避障。

如图 4-11 所示，将移动机器人前方 180°范围内划分为左侧（L）、前方（F）和右侧（R）三个区间，利用第 3 章的方法可分别得到这三个区域的可通行性评价，用 3.5 节中定义的模糊语言｛Low，Normal，High｝表示，三个区域的可通行性评价记为 $\tau=\{\tau_L,\tau,\tau_R\}$。

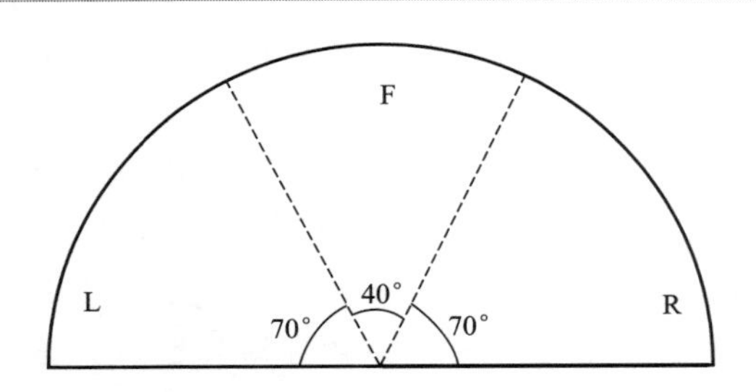

图 4-11 移动机器人正面划分为三个区域示意图

我们称上述三个区域的可通行性控制移动机器人的运动方向 β_t 和速度 v_t 为基于地形的行为。β_t 和 v_t 的模糊隶属度如图 4-12 所示。表 4-5 制定了基于地形的行为控制规则。

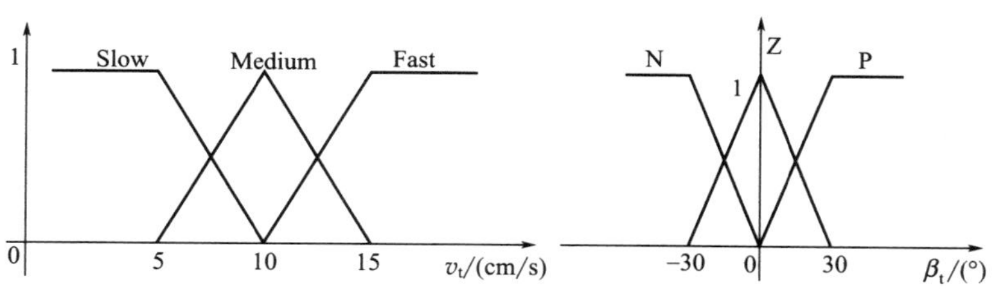

图 4-12 基于地形的行为输出隶属度

表 4-5 基于地形的行为控制规则

规则	输入			输出	
	τ_L	τ_F	τ_R	v_t	β_t
1	×	High	×	Fast	Z
2	High	Normal	×	Medium	N
3	Normal	Normal	High	Medium	P
4	Low	Normal	High	Medium	P
5	Normal	Normal	Normal	Medium	Z
6	Normal	Normal	Low	Medium	Z
7	Low	Normal	Normal	Medium	Z
8	Low	Normal	Low	Medium	Z
9	High	Low	×	Medium	N
10	Normal	Low	High	Slow	P
11	Low	Low	High	Slow	P
12	Normal	Low	Normal	Slow	N
13	Normal	Low	Low	Slow	N
14	Low	Low	Normal	Slow	P
15	Low	Low	Low	Slow	Z

注：×表示可以任取其定义的模糊语言。

基于地形的行为输出与基于声呐的行为输出融合后得到的输出作用于移动机器人的执行器上。

$$\beta_{\text{final}}=w_t\beta_t+w_s\beta \tag{4-21}$$

$$v_{\text{final}}=w_t v_t+w_s v \tag{4-22}$$

w_t 对应基于地形的行为在最终输出中的权值；w_s 对应基于声呐的行为在最终输出中的权值。w_t 和 w_s 的确定过程如下：

首先判断 4.2 节设计的基于声呐的行为控制器最终输出转角 β 在图 4-10 中的具体区域，然后根据该区域的可通行性指数确定 w_t 和 w_s，用模糊语言 {Low，Normal，High} 表示。制定的模糊规则如下：

If τ_β is Low, Then w_t is Low and w_s is High

If τ_β is Normal, Then w_t is Normal and w_s is Normal

If τ_β is High, Then w_t is High and w_s is Low

4.4 算法小结

将本章算法流程总结如图 4-13 所示。

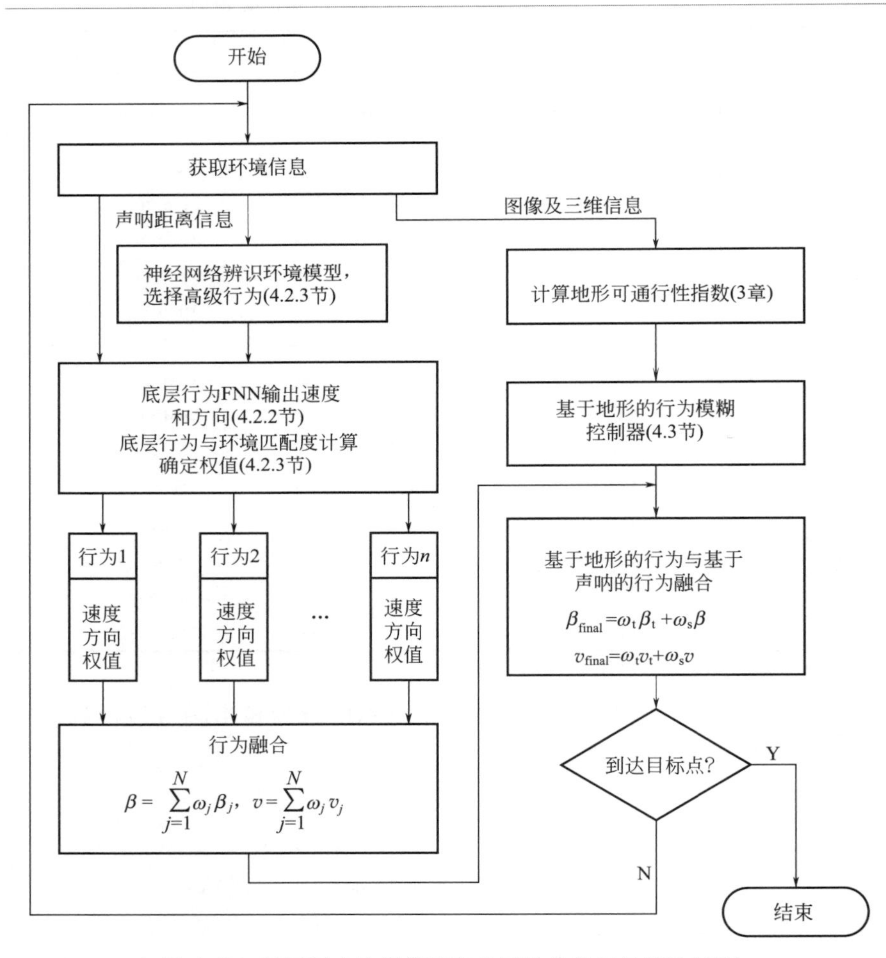

图 4-13 基于混合协调策略和分层结构的导航算法流程

其中底层行为 FNN 控制器的参数采用遗传算法优化，其主要步骤如下。

步骤1：选择一个全体，即随机产生 m 个字符串，每个字符串表示整个网络的一组参数。

步骤2：计算每一组参数的适应度值 $f_i(i=1,2,\cdots,m)$。

步骤3：根据下面的步骤产生新群体，直至新群体中串总数达到 m。

① 分别用概率 $f_i/\sum f_i$、$f_j/\sum f_j$ 从群体中选出两个串 S_i、S_j；

② 以概率 P_c 对 S_i、S_j 执行交换操作，生成新的串 S'_i、S'_j；

③ 以概率 P_m 对 S'_i、S'_j 执行变异操作；

④ 返回步骤①，直到生成 $m-3$ 个新一代个体；

⑤ 产生的 $m-3$ 个新一代的个体与上一代中性能最好的3个个体一起构成新的群体。

步骤4：返回步骤2，当群体中的个体性能满足要求或者迭代到指定代数时结束。

4.5 实验结果

本章提出的方法首先在仿真软件下进行仿真实验，然后应用到作者所在题组研制的智能服务机器人室内在结构化环境下的清洗作业导航测试中。在此基础上，应用于室外移动机器人在非结构化环境下的导航避障测试。两种类型的移动机器人实验平台如图4-14所示。

(a) 智能服务机器人

(b) 室外智能机器人

图4-14 智能机器人实验平台

训练用的环境声呐探测原型样本由人通过远程遥控机器人在障碍物不同分布的各种各样环境中运行时获得。图 4-15 表示本章提出的方法在四种典型环境中的导航结果，其中，图（a）和图（b）为包含避障和开阔空间的环境，图（c）～（e）分别对应通道、左边物体轮廓和右边物体轮廓的环境，图（f）为 U 形环境。

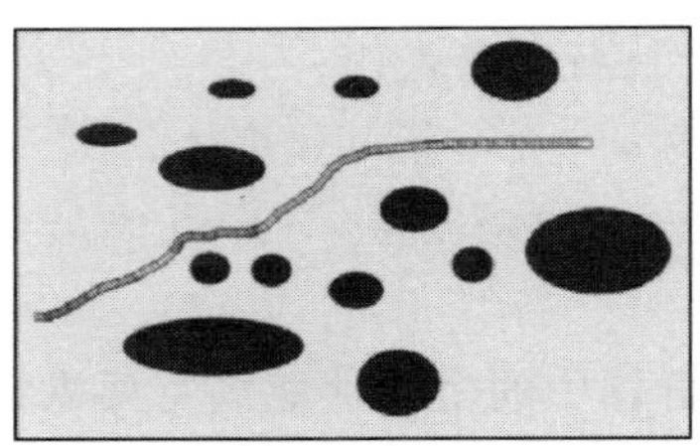

(a) 避障与开阔空间

(b) 避障与开阔空间

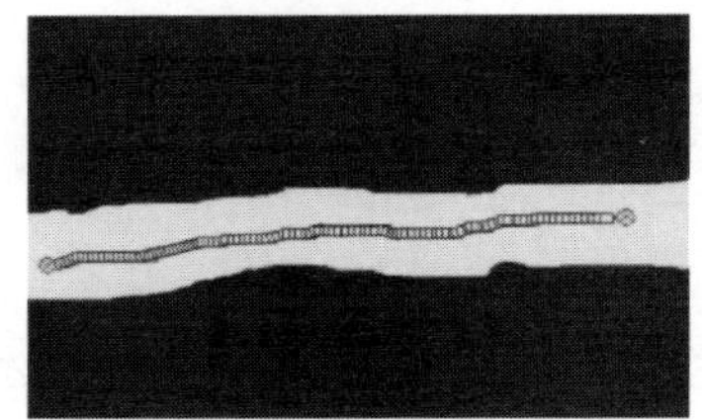

(c) 在通道中行走

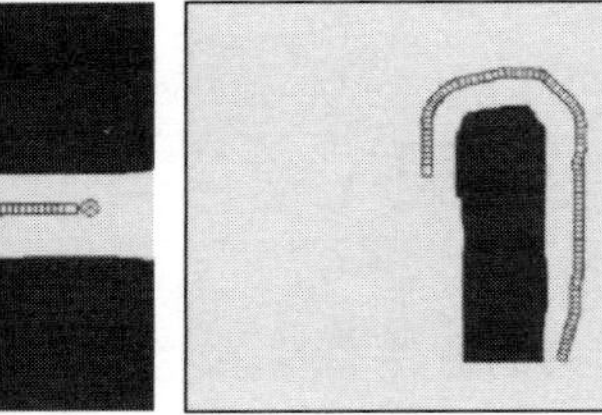

(d) 沿左物体轮廓走

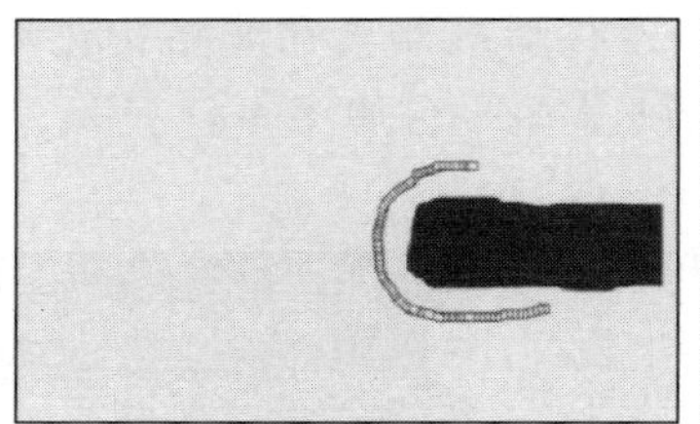

(e) 沿右物体轮廓走

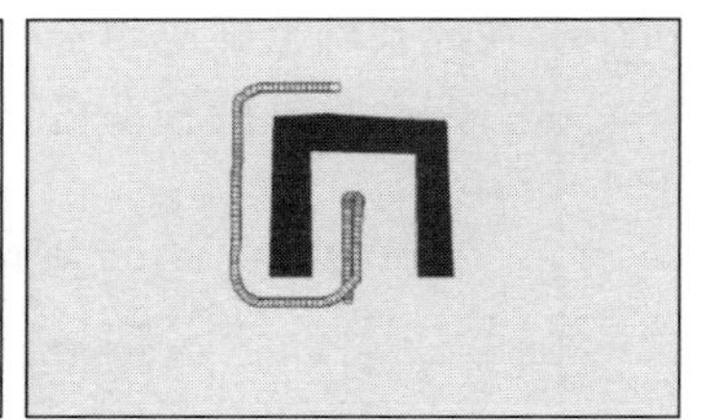

(f) U形区域

图 4-15 本章方法在典型环境中的导航结果

将本章方法与单模糊神经网络方法（称为方法一）分别用于移动机器人在同一环境中的导航，从机器人振荡 Osc、路径长度 $Pathlen$、移动机器人与障碍物间的距离 $Clearance$ 三个方面来衡量导航性能。Osc 表示移动机器人行驶过程中的角度变化，角度变化小则意味着行走轨迹光滑，机器人振荡小。$Pathlen$ 反映移动机器人从起点运动到目标点的轨迹长度。移动机器人在移动中需要与障碍物保持一定的距离以确保安全，距离太近则有发生碰撞的危险。它们的定义如下：

$$Osc(t)=\left|\alpha(t)-\alpha(t-1)\right|/90 \tag{4-23}$$

式中，$\alpha(t)$ 为 t 时刻的行驶方向。

$$Pathlen(t)=\sqrt{[\Delta x(t)^2+\Delta y(t)^2]^2} \tag{4-24}$$

式中，$\Delta x(t)$ 和 $\Delta y(t)$ 分别表示水平面上横坐标和纵坐标两个方向上当前时刻相对上一时刻的位移。

$$Clearance(t)=\begin{cases}1-\dfrac{\mathrm{Min}\{d_i\}}{\mathrm{Avg}(d_i)}, & \mathrm{Min}\{d_i\}\leqslant D\\ 0, & \text{其他}\end{cases} \tag{4-25}$$

式中，$\mathrm{Min}\{d_i\}$和 $\mathrm{Avg}\{d_i\}$分别为移动机器人所有测距传感器探测的距离信息的最小值和平均值。因为在如狭窄的通道等狭小空间的环境中，移动机器人与障碍物的距离无法保持在某一距离之外，所以采用除以 $\mathrm{Avg}\{d_i\}$的方式与开阔空间区别开。

总体性能为：

$$Performance=\sum_t Osc+Pathlen+Clearance \tag{4-26}$$

在图 4-16 的环境中，随机选择三组起点和目标位置，具体位置见图 4-16(a)、(c) 和 (e)。使用方法一和本章方法在相同起点和目标位置的情况下分别执行 10 次移动机器人导航仿真实验，以此 10 次实验所得的性能指标的均值作为导航性能，其结果见表 4-6。可见本章方法的总体性能较采用单控制器的方法一性能更好。

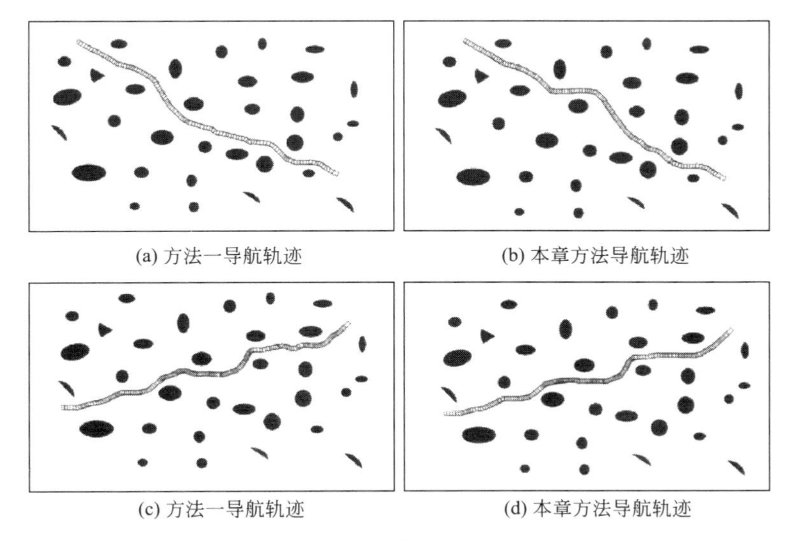

(a) 方法一导航轨迹　(b) 本章方法导航轨迹

(c) 方法一导航轨迹　(d) 本章方法导航轨迹

图 4-16

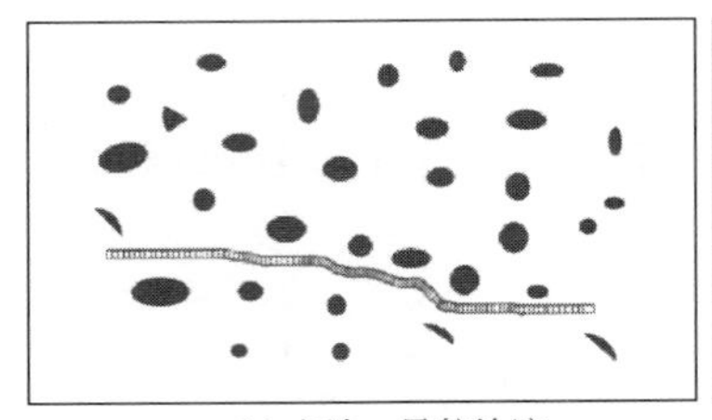

(e) 方法一导航轨迹

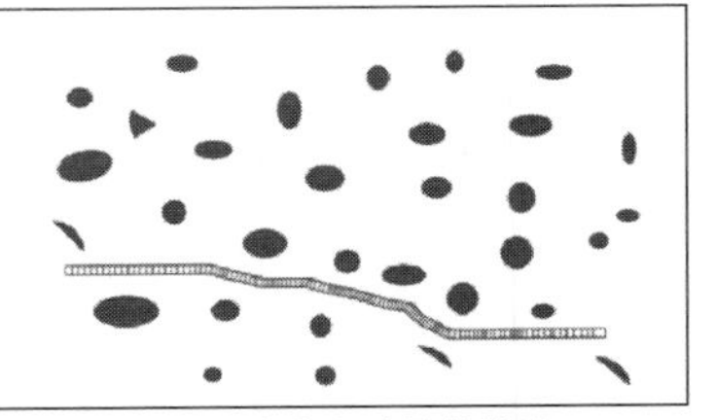

(f) 本章方法导航轨迹

图 4-16 方法一与本章方法在同一环境中的导航轨迹

表 4-6 本章方法与方法一性能比较

方法	环境及导航轨迹	*Osc*	*Pathlen*	*Clearance*	*Performance*
方法一	图 4-16(a)	2.0	14.50	63.41	79.91
本章方法	图 4-16(b)	4.6	15.83	58.82	78.65
方法一	图 4-16(c)	3.2	15.89	69.30	88.39
本章方法	图 4-16(d)	2.9	15.11	61.92	79.93
方法一	图 4-16(e)	3.6	12.60	57.51	73.71
本章方法	图 4-16(f)	2.3	12.32	42.61	57.23

考虑地形可通行性的情况下，将本章方法应用到室外，移动机器人在如图 4-17(a) 和 (c) 所示的非结构化环境下导航，图 (b) 和 (d) 为其模拟三维环境，以颜色区分其可通行性评价，如果不考虑可通行性评价，其导航轨迹为蓝线[①]所示，在此情况下，移动机器人实际通行性较低，甚至把根本不可通行的地方也当成可通行区域，如图 4-17(a) 中的斜坡，导致移动机器人出现危险。白线为移动机器人的导航轨迹，因为考虑了地形的可通行性难易程度，本章方法能很好地满足移动机器人在非结构化环境中的导航。

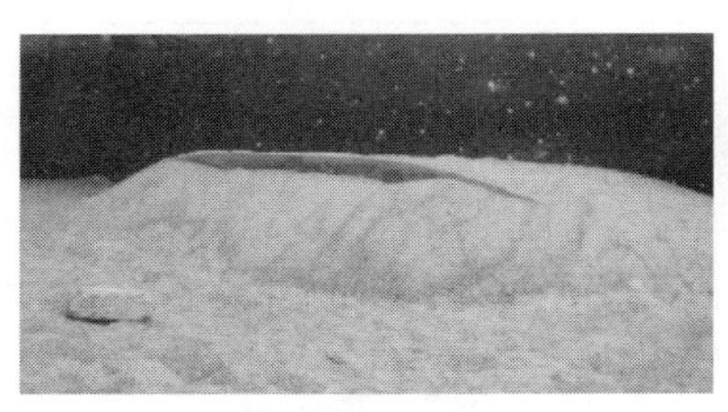

(a) 实验场景一

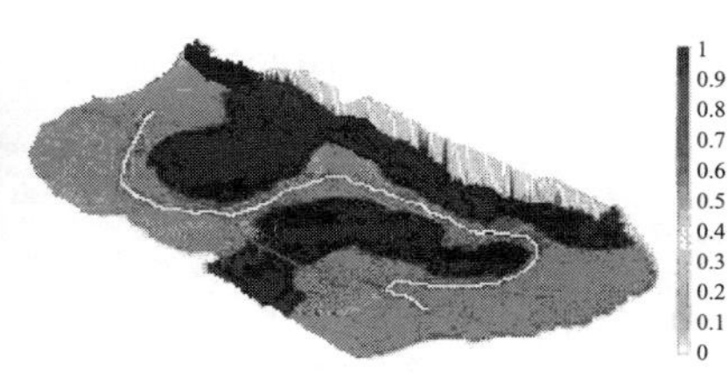

(b) 场景一中的导航轨迹

①图 4-17 提供电子版彩图，请至 www.cip.com.cn/资源下载/配书资源中查找书名或书号下载。

(c) 实验场景二

(d) 场景二中的导航轨迹

图 4-17　本章方法在非结构化环境中的导航轨迹

参考文献

[1] D. R. Parhi, M. K. Singh. Intelligent fuzzy interface technique for controller of mobile robot. Journal of Mechanical. Engineering—Part C, 2008, 222 (11): 2281-2292.

[2] S. K. Pradhan, D. K. Parhi, A. K. Panda. Fuzzy logic techniques for navigation of several mobile robots. Application Soft Computer, 2009, 9: 290-304.

[3] Caihong Li, Ping Chen, Yibin Li. Adaptive behavior design based on FNN for the mobile robot. IEEE International Conference on Automation and Logistics, 2009: 1952-1956.

[4] S. M. Kumar, R. P. Dayal, P. J. Kumar. ANFIS approach for navigation of mobile robots. IEEE International Conference on Advances in Recent Technologies in Communication and Computing, 2009: 727-731.

[5] N. Marichal, L. Acosta, L. Moreno, et al. Obstacle avoidance for a mobile robot: A neuro-fuzzy approach. Fuzzy Sets and Systems, 2001, 124: 172-179.

[6] A. Zhu, S. X. Yang. Neurofuzzy-based approach to mobile robot navigation in unknown environment. IEEE Transactions on Systems, Man and Cybernetics. Part C: Applications and Reviews, 2007, 37 (4): 610-621.

[7] P. Rusu, E. Petriu, T. E. Whalen, et al. Behavior-based neuro-fuzzy controller for mobile robot navigation. IEEE Transactions Instrum. Meas, 2003, 52 (4): 1335-1340.

[8] Chia Feng Juang, Chia Hung Hsu. Reinforcement ant optimized fuzzy controller for mobile robot wall-following control. IEEE Transactions on Industrial Electronics, 2009, 56 (10): 3931-3940.

[9] K. S. Senthilkumar, K. K. Bharadwaj. Hybrid genetic-fuzzy approach to autonomous mobile robot. IEEE International

Conference on Technologies for Practical Robot Applications, 2009: 29-34.

[10] Velappa Ganapathy, Soh Chin Yun, Halim Kusama Joe. IEEE/ASME International Conference on Advanced Intelligent Mechatronics, 2009, 863-868.

[11] H. Hagras, V. Callaghan, M. Colley. Learning and adaptation of an intelligent mobile robot navigator operating in unstructured environment based on a novel online Fuzzy-Genetic system. Fuzzy sets and systems, 2004, 141: 107-160.

[12] Hao Ju, Jianxun Zhang, Xiaoxu Pei, et al. Evolutionary fuzzy navigation for security robots. World Congress on Intelligent Control and Automation, 2008: 5739-5743.

[13] Yi Zhou, Meng Joo Er. An evolutionary approach toward dynamic self-generated fuzzy inference systems. IEEE Transactions on Systems, Man, and Cybernetics—Part B: Cybernetics, 2008, 38 (4): 963-969.

[14] E. Gat, R. Ivlev, J. Loch, et al. Behavior control for exploration of planetary surfaces. IEEE Trans. Robot Automat, 1994, 10 (4): 490-503.

[15] R.C. Arkin. Motor schema-based mobile robot navigation. Int. J. Robot. Res, 1989, 8 (4): 93-112.

[16] 段勇，徐心和.基于模糊神经网络的强化学习及其在机器人导航中的应用.控制与决策，2007，22 (5): 525-534.

[17] S. J. Han, S. Y. Oh. An optimized modular neural network controller based on environment classification and selective sensor usage for mobile robot reactive navigation. Neural Compute & Application, 2008, 17: 161-173.

[18] P. Vadakkepat, O. C. Miin, X. Peng, et al. Fuzzy behavior-based control of mobile robots. IEEE Transactions Fuzzy System, 2004, 12 (4): 559-565.

[19] E. Aguirre, Antonio Gonzalez. A fuzzy perceptual model for ultrasound sensors applied to intelligence navigation of mobile robots. Applied Intelligence, 2003, 19: 171-187.

[20] E. Tunstel. Coordination of distributed fuzzy behaviors in mobile robot control. In Proceedings IEEE International Systems, Man and Cybernetics, 1995: 4009-4014.

[21] K. Y. Im, S. Y. Oh, S. J. Han. Evolving a modular neural network-based behavioral fusion using extended VFF and environment classification for mobile robot navigation. IEEE Transactions on Evolutionary Computation, 2002, 6 (4): 413-419.

[22] E. Zalama, J. Gomez, M. Paul, et al. Adaptive behavior navigation of a mobile robot. IEEE Transactions on Systems. Man and Cybernetics—Part A: Systems and Humans, 2002, 32 (1): 160-168.

[23] Junfei Qiao, Zhangjun Hou, Xiaogang Ruan. Application of reinforcement learning based on neural network to dynamic obstacle avoidance. IEEE International Conference on Information and Automation, 2008: 784-788.

第5章

移动机器人运动控制方法

5.1 基于运动学的移动机器人同时镇定和跟踪控制

在过去的20年中，受实际应用和理论探索上的驱动，轮式移动机器人的运动控制作为非完整系统控制的标准问题，得到了人们的广泛关注和研究。移动机器人的非完整性使得以二自由度的输入控制移动机器人三自由度的平面运动成为可能，但同时也给相应控制律的设计带来了巨大挑战。Brockett定理表明，受非完整约束的系统不能被光滑甚至连续的状态反馈控制律实现渐近镇定。为绕开这一困难，人们提出了不同的控制策略，包括光滑时变反馈控制、不连续时不变反馈控制以及混合控制策略。第一个可实现移动机器人反馈镇定的时变控制律由Samson提出。这个方法进一步在文献中推广到一类非完链式系统，其中采用“热函数（heat function）”来给系统提供持续激励。受Samson工作的启发，Panteley E.等引入了所谓的“一致δ持续激励”来解释非完整系统时变镇定的机制，提供了一种对非完整系统镇定问题的新见解。

移动机器人运动控制的另一个问题是轨迹跟踪。一般来说，轨迹跟踪问题比点镇定问题相对容易一些，已经有一些不同的反馈控制策略被提出。一些文献研究了移动机器人或更一般的链式非完整系统的轨迹跟踪问题。为保证渐近跟踪，这些文献中所提出的控制策略通常需要参考轨迹满足一定的持续激励条件。持续激励条件的具体定义取决于所提出的控制器结构，在不同的文献中可能有不同的定义。粗略地说，满足持续激励条件意味着期望的参考轨迹是运动的，而不是一个固定的点。这个假设使得这些轨迹跟踪控制策略不能扩展到镇定控制问题。

非完整系统的点镇定问题和轨迹跟踪问题被作为两个不同的子问题进行研究，因此，当移动机器人的具体控制目标未预先已知时，常常需要在两种不同的控制律之间进行切换。然而，当移动机器人需要以完全自主的模式移动，且无参考轨迹的先验知识时，这种切换策略是行不通的。在实际中，我们更希望设计一个控制器来同时解决镇定问题和轨迹跟踪问题。有文献利用反演控制方法首次研究了独轮式移动机器人的同时镇定和跟踪问题。然而，这种方法需假定移动机器人的参考线性速度是非负的，具有较大局限性。由于滚动时域控制是基于数据驱动的，需要在线求解一个优化问题，可能需要耗费大量时间。

在这里，我们主要考虑光滑的反馈控制策略，这样使得所设计出的控制律可以很容易地推广到动力学控制层面。通过充分利用已有的关于移动机器人镇定和跟踪的结果，本章提出了一种相对简单的时变反馈控制律来实现同时镇定和跟踪。值得注意的是，我们并没有打算提出一种能够对任意容许参考轨迹渐近跟踪的解决方案，因为在一些文献中已经证明这是不可能的。在本章所提出的控制律中，我们引入一个时变信号使得这一个控制律能够自适应地、平滑地在镇定律和跟踪控制律之间转换。我们基于 Lyapunov 方法设计了控制律，保证了镇定或跟踪误差的渐近收敛。最后，我们在一个移动机器人平台上对所提出的控制律进行仿真和实验验证，证明了所提出控制策略的有效性。

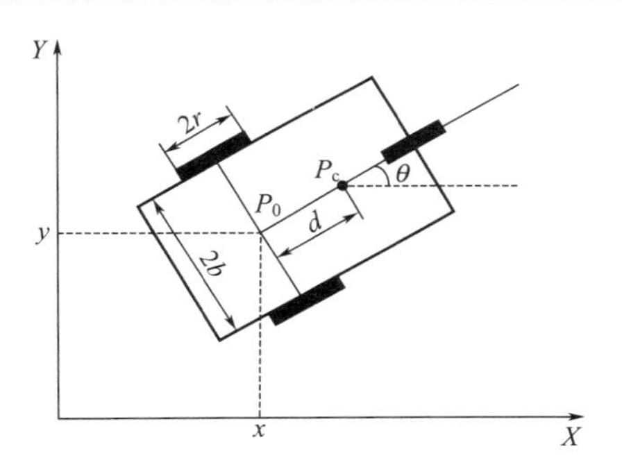

图 5-1　两轮差分驱动式移动机器人

5.1.1 问题描述

考虑如图 5-1 所示的两轮差分驱动式的移动机器人，其在位形空间的状态由一个广义坐标描述：

$$\boldsymbol{q}=[x,y,\theta]^{\mathrm{T}} \tag{5-1}$$

式中，(x,y)代表移动机器人的位置；θ 是移动机器人的方向角。我们假定轮子与地面间只发生纯滚动无滑动（包括侧向和纵向滑动）运动。纯滚动无滑动条件使得移动机器人不能侧向移动，其运动受如下非完整约束：

$$\dot{x}\sin\theta-\dot{y}\cos\theta=0 \tag{5-2}$$

在这个约束条件下，我们可以得到移动机器人的运动学模型为

$$\dot{x}=v\cos\theta$$

$$\dot{y}=v\sin\theta$$

$$\dot{\theta}=\omega \tag{5-3}$$

式中，v 和 ω 分别代表移动机器人的线速度和角速度。假定移动机器人的参考轨迹是容许的，且可由如下参考系统生成：

$$\dot{x}_{\mathrm{d}}=v_{\mathrm{d}}\cos\theta_{\mathrm{d}}$$
$$\dot{y}_{\mathrm{d}}=v_{\mathrm{d}}\sin\theta_{\mathrm{d}}$$
$$\dot{\theta}_{\mathrm{d}}=\omega_{\mathrm{d}} \tag{5-4}$$

式中，$\boldsymbol{q}_{\mathrm{d}}=[x_{\mathrm{d}},y_{\mathrm{d}},\theta_{\mathrm{d}}]^{\mathrm{T}}$ 是参考状态；$(v_{\mathrm{d}},\omega_{\mathrm{d}})$是参考的线速度和角速度，并且满足如下假设条件。

假设 5.1　参考信号 v_{d}，ω_{d}，$\dot{v}_{\mathrm{d}}$ 和 $\dot{\omega}_{\mathrm{d}}$ 是有界的，并且满足以下任一条件：

C1：存在 T，$\mu_1>0$ 使得对 $\forall\, t\geqslant 0$，

$$\int_t^{t+T}(|v_{\mathrm{d}}(s)|+|\omega_{\mathrm{d}}(s)|)\mathrm{d}s\geqslant\mu_1 \tag{5-5}$$

C2：存在 $\mu_2>0$，使得

$$\int_0^{\infty}(|v_{\mathrm{d}}(s)|+|\omega_{\mathrm{d}}(s)|)\mathrm{d}s\leqslant\mu_2 \tag{5-6}$$

这里我们的控制目标就是设计一个光滑的反馈控制律（v，ω），使得移动机器人能够同时镇定和跟踪所给定的参考轨迹，并且最终满足

$$\lim_{t\to\infty}[\boldsymbol{q}(t)-\boldsymbol{q}_{\mathrm{d}}(t)]=0 \tag{5-7}$$

附注 5.1　我们称一个可积函数 $f(t)$ 是持续激励的，如果存在 δ，$\varepsilon>0$，使得对任意 $t\geqslant 0$，有 $\int_t^{t+\delta}|f(s)|\mathrm{d}s\geqslant\varepsilon$，我们称可积函数 $f(t)$ 属于 L_1-空间。如果 $\int_0^{\infty}|f(s)|\mathrm{d}s<\infty$，我们称可积函数 $f(t)$ 属于L_1-空间。因此，C1 表明 v_{d} 或 ω_{d} 是持续激励的；C2 表明 v_{d} 和 ω_{d} 都属于 L_1-空间。点镇定问题包含在 C2 条件下，跟踪一条直线或圆曲线包含在 C1 条件下。值得注意的是 C1 条件比其他已存在的跟踪控制律所需的持续激励条件更具一般性。

5.1.2 主要结果

(1) 控制器设计

按移动机器人跟踪控制研究中的通常做法，我们定义如下跟踪误差算式：$\boldsymbol{q}_{\mathrm{e}}=\boldsymbol{T}(\boldsymbol{q})(\boldsymbol{q}-\boldsymbol{q}_{\mathrm{d}})$。

$$\begin{bmatrix} x_e \\ y_e \\ \theta_e \end{bmatrix} = \begin{bmatrix} \cos\theta & \sin\theta & 0 \\ -\sin\theta & \cos\theta & 0 \\ 0 & 0 & 1 \end{bmatrix} \begin{bmatrix} x - x_d \\ y - y_d \\ \theta - \theta_d \end{bmatrix} \tag{5-8}$$

这样我们可以得到如下跟踪误差动力学算式：

$$\dot{x}_e = +\omega y_e + v - v_d \cos\theta_e$$
$$\dot{y}_e = -\omega x_e + v_d \sin\theta_e$$
$$\dot{\theta}_e = \omega - \omega_d \tag{5-9}$$

为方便控制律设计，我们定义一个时变信号 $\alpha = \alpha(t, x_e, y_e)$ 如下：

$$\alpha = \rho(t) h(t, x_e, y_e) \tag{5-10}$$

其中

$$\dot{\rho} = -[\,|v_d(t)| + |\omega_d(t)|\,]\rho, \rho(0) = 1 \tag{5-11}$$

并假定 $h(t, x_e, y_e)$ 满足以下条件：

假设5.2　$h(t, x_e, y_e)$ 二阶可导，其关于时间变量 t 的一阶和二阶偏导数一致有界，且满足以下三个性质：

① $h(t,0,0)=0$，且 $h(t, x_e, y_e)$ 满足

$$\frac{\partial h}{\partial x_e} y_e - \frac{\partial h}{\partial y_e} x_e = 0 \tag{5-12}$$

② $h(t, x_e, y_e)$ 关于 t 和 x_e，y_e 一致有界，也即存在一个常数 $h_0 > 0$，使得

$$|h(t, x_e, y_e)| \leqslant h_0, \forall t \geqslant 0, \forall (x_e, y_e) \in R^2 \tag{5-13}$$

③ $\dfrac{\partial h}{\partial t}(t, 0, y_e)$ 关于变量 y_e 一致 δ-持续激励（$u\delta$-PE），即：对于任意 $\delta > 0$，存在常数 $T > 0$ 和 $\mu > 0$ 使得对于所有的 $t \geqslant 0$，

$$\min_{s \in [t, t+T]} |y_e(s)| > \delta \Rightarrow \int_t^{t+T} \left| \frac{\partial h}{\partial t}[s, 0, y_e(s)] \right| \mathrm{d}s > \mu \tag{5-14}$$

说明：如果时变函数 $h = h(t, r)$，其中 $r = \sqrt{x_e^2 + y_e^2}$，那么可以验证 $h(t, r)$ 满足方程式(5-12)。假设5.2中对函数 $h(t, x_e, y_e)$ 的约束不是很严苛的，可以很容易得到满足。例如以下四个函数均满足假设5.2中所要求的性质：

$$h(t, r) = h_0 \tanh(ar^b) \sin(ct)$$

$$h(t, r) = \frac{2h_0}{\pi} \arctan(ar^b) \sin(ct)$$

$$h(t, r) = \frac{2h_0 ar^b}{1 + (ar^b)^2} \sin(ct)$$

$$h(t,r)=\frac{h_0 ar^b}{\sqrt{1+(ar^b)^2}}\sin(ct)$$

其中 $a\neq 0$，$b>0$，$c\neq 0$。

记 $\bar{\theta}_e=\theta_e-\alpha$，那么我们可以将误差模型方程组（5-9）改写为

$$\dot{x}_e=+\omega y_e+v-v_d\cos\theta_e$$
$$\dot{y}_e=-\omega x_e+v_d(\sin\theta_e-\sin\alpha)+v_d\sin\alpha$$
$$\dot{\bar{\theta}}_e=\omega-\omega_d-\dot{\alpha} \tag{5-15}$$

为设计控制律，我们考虑以下 Lyapunov 函数

$$V_1=\frac{1}{2}k_0(x_e^2+y_e^2)+\frac{1}{2}\bar{\theta}_e^2 \tag{5-16}$$

其中 $k_0>0$ 是一个正常数。对 V_1 关于时间求导得

$$\begin{aligned}\dot{V}_1&=k_0(+\omega y_e+v-v_d\cos\theta_e)x_e+(\omega-\omega_d-\dot{\alpha})\bar{\theta}_e+\\&\quad k_0[-\omega x_e+v_d(\sin\theta_e-\sin\alpha)+v_d\sin\alpha]y_e\\&=k_0(v-v_d\cos\theta_e)x_e+k_0v_d\sin\alpha y_e+\\&\quad\left(\omega-\omega_d+k_0v_dy_e\frac{\sin\theta_e-\sin\alpha}{\theta_e-\alpha}-\dot{\alpha}\right)\bar{\theta}_e\end{aligned} \tag{5-17}$$

因为函数 h 满足方程式(5-12)，我们有

$$\begin{aligned}\dot{\alpha}&=\frac{\partial\alpha}{\partial t}+\frac{\partial\alpha}{\partial x_e}\dot{x}_e+\frac{\partial\alpha}{\partial y_e}\dot{y}_e\\&=\frac{\partial\alpha}{\partial t}+\rho\left(\frac{\partial h}{\partial x_e}\dot{x}_e+\frac{\partial h}{\partial y_e}\dot{y}_e\right)\\&=\frac{\partial\alpha}{\partial t}+\rho\left[\frac{\partial h}{\partial x_e}(v-v_d\cos\theta_e)+\frac{\partial h}{\partial y_e}v_d\sin\theta_e\right]+\\&\quad\rho\left(\frac{\partial h}{\partial x_e}y_e-\frac{\partial h}{\partial y_e}x_e\right)\omega\\&=\frac{\partial\alpha}{\partial t}+\rho\left[\frac{\partial h}{\partial x_e}(v-v_d\cos\theta_e)+\frac{\partial h}{\partial y_e}v_d\sin\theta_e\right]\end{aligned} \tag{5-18}$$

其中$\frac{\partial\alpha}{\partial t}$定义为

$$\frac{\partial\alpha}{\partial t}=-[|v_d(t)|+|\omega_d(t)|]\alpha+\rho\frac{\partial h}{\partial t} \tag{5-19}$$

由方程式(5-18) 可知，$\dot{\alpha}$ 与 ω 无关，这样我们考虑如下控制律：

$$v=-k_1x_e+v_d\cos\theta_e$$
$$\omega=-k_2\bar{\theta}_e+\omega_d-k_0v_dy_ef_1+\dot{\alpha} \tag{5-20}$$

其中 $k_1>0$ 和 $k_2>0$ 是控制增益，$\dot{\alpha}$ 由方程式(5-18) 定义，且 f_1 定义为

$$f_1=\frac{\sin\theta_e-\sin\alpha}{\theta_e-\alpha}$$
$$=\frac{\sin\bar{\theta}_e\cos\alpha+(\cos\bar{\theta}_e-1)\sin\alpha}{\bar{\theta}_e} \tag{5-21}$$

因为 $\sin\bar{\theta}_e/\bar{\theta}_e=\int_0^1\cos(s\bar{\theta}_e)\mathrm{d}s,(1-\cos\bar{\theta}_e)/\bar{\theta}_e=\int_0^1\sin(s\bar{\theta}_e)\mathrm{d}s$，可知 f_1 是关于 $\bar{\theta}_e$ 的光滑有界函数。

说明：注意到由于函数 α 是时变的，导致控制输入(v,ω)也是时变的。设计的时变信号 $\rho(t)[0\leqslant\rho(t)\leqslant1]$在控制律中起着重要作用。由于时变信号 $\rho(t)$ 的存在，控制律(v,ω)可以看做是已有的时变镇定律和跟踪控制律的组合。事实上，如果设定 $\rho(t)=0$，那么控制律(v,ω)将变为一个跟踪控制律。另外，如果设定 $\rho(t)=1$，那么控制律(v,ω)将转化为一个提出的时变镇定律。

根据以上分析，误差动力学方程组 (5-15) 可转化为

$$\dot{x}_e=-k_1x_e+\omega y_e$$
$$\dot{y}_e=-\omega x_e+v_d(\sin\theta_e-\sin\alpha)+v_d\sin\alpha$$
$$\dot{\bar{\theta}}_e=-k_2\bar{\theta}_e-k_0v_dy_ef_1 \tag{5-22}$$

接下来我们将分析闭系统方程组 (5-22) 的稳定性。

(2) 稳定性分析

在给出闭环系统式(5-22) 的稳定性分析之前，我们首先给出一些技术性的引理。

引理 5.1 (扩展 Barbalat 引理)　设函数 $f(t)$：$\mathbb{R}^+\rightarrow\mathbb{R}$ 一阶连续可导，且当 $t\rightarrow\infty$时有极限。

如果其导数 $\mathrm{d}f/\mathrm{d}t$ 可以表示为两项之和，其中一个一致连续，另一个当 $t\rightarrow\infty$时趋于零，那么当 $t\rightarrow\infty$时，$\mathrm{d}f/\mathrm{d}t$ 趋于零。

引理 5.2 (Gronwall-Bellman 不等式)　设函数 $\mu:[a,b]\rightarrow\mathbb{R}$ 连续且非负，$c(t)$ 单调不减。如果连续函数 $y:[a,b]\rightarrow\mathbb{R}$ 在区间 $a\leqslant t\leqslant b$ 内满足 $y(t)\leqslant c(t)+\int_a^t\mu(s)y(s)\mathrm{d}s$，那么在同样区间内，$y(t)\leqslant c(t)\exp\left[\int_a^t\mu(s)\mathrm{d}s\right]$ 成立。

引理 5.3　令 V：$\mathbb{R}^+\rightarrow\mathbb{R}^+$ 为连续可微函数，W：$\mathbb{R}^+\rightarrow\mathbb{R}^+$ 一致连

续，并满足对任意 $t \geqslant 0$，

$$\dot{V}(t) \leqslant -W(t) + p_1(t)V(t) + p_2(t)\sqrt{V(t)} \tag{5-23}$$

其中 $p_1(t)$ 和 $p_2(t)$ 都非负，且属于 L_1-空间。那么，$V(t)$ 是有界的，且存在一个常数 c，使得当 $t \to \infty$ 时，$W(t) \to 0$ 和 $V(t) \to c$。

证明：首先我们证明 $V(t)$ 是有界的。根据方程（5-23），我们有

$$\dot{V}(t) \leqslant p_1(t)V(t) + p_2(t)\sqrt{V(t)} \tag{5-24}$$

式(5-24) 意味着如下不等式成立：

$$\frac{\mathrm{d}\sqrt{V(t)}}{\mathrm{d}t} \leqslant \frac{p_1(t)}{2}\sqrt{V(t)} + \frac{p_2(t)}{2} \tag{5-25}$$

对式(5-25) 从 0 到 t 积分得：

$$\sqrt{V(t)} \leqslant \int_0^t \frac{p_1(s)}{2}\sqrt{V(s)}\,\mathrm{d}s + \left[\sqrt{V(0)} + \int_0^t \frac{p_2(s)}{2}\mathrm{d}s\right] \tag{5-26}$$

对函数$\sqrt{V(t)}$应用 Gronwall-Bellman 不等式得：

$$\sqrt{V(t)} \leqslant \left[\sqrt{V(0)} + \int_0^t \frac{p_2(s)}{2}\mathrm{d}s\right] \exp\left[\int_0^t \frac{p_1(s)}{2}\mathrm{d}s\right] \tag{5-27}$$

由于 $p_1(t)$ 和 $p_2(t)$ 都属于 L_1-空间，可得 $V(t)$ 是有界的。因此，存在一个正常数 δ，使得对任一 $r_0 > 0$，

$$\sqrt{V(t)} \leqslant \delta, \forall \sqrt{V(0)} < r \tag{5-28}$$

那么根据式(5-23)，对于 $\forall \sqrt{V(0)} \leqslant r_0$，我们有

$$\dot{V}(t) \leqslant -W(t) + \delta^2 p_1(t) + \delta p_2(t) \tag{5-29}$$

这意味着

$$\frac{\mathrm{d}}{\mathrm{d}t}\left[V(t) - \delta^2\int_0^t p_1(s)\mathrm{d}s - \delta\int_0^t p_2(s)\mathrm{d}s\right] \leqslant 0 \tag{5-30}$$

可以得到 $V(t) - \delta^2\int_0^t p_1(s)\mathrm{d}s - \delta\int_0^t p_2(s)\mathrm{d}s$ 是不增的。因为 $V(t)$ 有界且大于零，这样可推出 $V(t)$ 收敛于一个有限的正常数。

另外，根据方程（5-23）可得：

$$V(t) + \int_0^t W(s)\mathrm{d}s \leqslant V(0) + \delta^2\int_0^t p_1(s)\mathrm{d}s + \delta\int_0^t p_2(s)\mathrm{d}s < \infty \tag{5-31}$$

以上不等式意味着 $W(t)$ 属于 L_1 空间。因此，根据 Barbalat 引理，$W(t)$ 渐近收敛于零。引理得证。

下面我们将利用引理 5.3 来研究闭环系统方程组（5-22）的稳定性，主要结论包含在以下定理中。

定理 5.1　在假设 5.1 和假设 5.2 的条件下，闭环系统方程

组（5-22）是渐近稳定的。因此，控制律方程组（5-20）使得控制目标式(5-7)成立。

证明：求解微分方程（5-11）得

$$\rho(t)=\exp\left(-\int_0^t [|v_d(s)|+|\omega_d(s)|]\,ds\right) \tag{5-32}$$

可知 $0\leqslant\rho(t)\leqslant1$。如果C1成立，那么根据线性时变系统的稳定性结果，可得 $\rho(t)$ 指数收敛于零，且 $\rho(t)\in L_1$。如果C1成立，那么 $0<\exp(-\mu_2)<\rho(t)\leqslant1$。

首先我们通过引理5.3来研究 $x_e(t)$ 和 $\bar{\theta}_e(t)$ 的收敛性。考虑由方程（5-16）表示的Lyapunov函数，将方程组（5-20）代入式(5-17)，V_1 对时间的导数为

$$\dot{V}_1=-k_0k_1x_e^2-k_2\bar{\theta}_e^2+k_0v_d(\sin\alpha)y_e \tag{5-33}$$

根据方程（5-16），$|y_e|\leqslant\sqrt{2V_1/k_0}$，我们有

$$\dot{V}_1\leqslant-k_0k_1x_e^2-k_2\bar{\theta}_e^2+|v_d\sin\alpha|\sqrt{2k_0V_1} \tag{5-34}$$

由于 $|v_d\sin\alpha|\leqslant|v_d\alpha|\leqslant h_0|v_d\rho|$，$v_d$，$\rho$ 有界，那么在假设5.1条件下，$\rho(t)\in L_1$，容易验证对于C1和C2，$v_d\rho\in L_1$，则 $v_d\sin\alpha\in L_1$，即：

$$\int_0^t |v_d(s)\sin[\alpha(s)]|\,ds<\infty \tag{5-35}$$

方程（5-34）可写成方程（5-23）的形式，其中 $W=k_0k_1x_e^2+k_2\bar{\theta}_e^2$，$p_1=0$，和 $p_2=\sqrt{2k_0}\,|v_d\sin\alpha|$。根据方程（5-34）和方程（5-35）以及引理5.3，当 $t\to\infty$ 时，x_e 和 $\bar{\theta}_e$ 收敛于零，且 y_e 收敛于一个常数。

接下来，我们将利用扩展Barbalat引理来证明 y_e 收敛于零。因为 $\lim\limits_{t\to\infty}\bar{\theta}_e(t)=0$，将扩展Barbalat引理应用到方程组（5-22）的最后一式得：

$$\lim_{t\to\infty}(v_dy_ef_1)(t)=0 \tag{5-36}$$

其中 $f_1(t)$ 满足

$$\lim_{t\to\infty}f_1(t)=\lim_{\theta_e\to\alpha}\frac{\sin\theta_e-\sin\alpha}{\theta_e-\alpha}=\lim_{t\to\infty}(\cos\alpha)(t) \tag{5-37}$$

类似地，由于 $\lim\limits_{t\to\infty}x_e(t)=0$，将扩展Barbalat引理应用到方程组（5-22）的第一式得：

$$\lim_{t\to\infty}\omega(t)y_e(t)=0 \tag{5-38}$$

因为 $\lim\limits_{t\to\infty}(v-v_d\cos\theta_e)(t)=0$，且 $\lim\limits_{t\to\infty}(v_d\sin\theta_e)(t)=\lim\limits_{t\to\infty}(v_d\sin\alpha)(t)=0$，那么由式(5-18)可得

$$\lim_{t \to \infty}\left(\dot{\alpha} - \frac{\partial \alpha}{\partial t}\right)(t) = 0 \tag{5-39}$$

将 ω 的表达式(5-20) 代入式(5-38)，并应用式(5-36) 和式(5-39)，以及 $\bar{\theta}_e$ 收敛于零，我们有

$$\lim_{t \to \infty}\left(\omega_d + \frac{\partial \alpha}{\partial t}\right) y_e(t) = 0 \tag{5-40}$$

接下来，我们将根据式(5-40) 分别证明在 C1 和 C2 两种情况下 y_e 都收敛于零。

如果 C1 成立，那么 ρ 和 α 趋于零，且由方程 (5-19) 可知 $\lim\limits_{t \to \infty} \frac{\partial \alpha}{\partial t}(t) = 0$。因此式(5-40) 意味着

$$\lim_{t \to \infty} \omega_d(t) y_e(t) = 0 \tag{5-41}$$

因为 α 趋于零，根据方程 (5-37)，我们有 $\lim\limits_{t \to \infty} f_1(t) = \lim\limits_{t \to \infty}(\cos\alpha)(t) = 1$，那么由方程 (5-36) 得

$$\lim_{t \to \infty} v_d(t) y_e(t) = 0 \tag{5-42}$$

结合方程 (5-41) 和方程 (5-42)，我们有

$$\lim_{t \to \infty}[|v_d(t)| + |\omega_d(t)|] y_e(t) = 0 \tag{5-43}$$

根据式(5-43)，由反证法容易证明 $\lim\limits_{t \to \infty} y_e(t) = 0$。

如果 C2 条件成立，v_d，ω_d 趋于零，$0 < \exp(-\mu_2) < \rho \leqslant 1$。由式(5-40) 可知

$$\lim_{t \to \infty} \frac{\partial h}{\partial t}[t, 0, y_e(t)] y_e(t) = 0 \tag{5-44}$$

类似地，由反证法我们可以得到 y_e 收敛于零。假定 $y_e(t)$ 不收敛于零，那么 $\lim\limits_{t \to \infty} \frac{\partial h}{\partial t}[t, 0, y_e(t)] = 0$，这显然与假设 5.2 中的性质不相容。

因为 $h(t, x_e, y_e)$ 满足 $h(t, 0, 0) = 0$，我们有 $\alpha(t, 0, 0) = 0$。根据 α 的一致连续性和 $\alpha(t, 0, 0) = 0$ 可得，$x_e(t), y_e(t)$，$\bar{\theta}_e(t)$ 收敛于零意味着 $x_e(t), y_e(t), \theta_e(t)$ 收敛于零。定理 5.1 得证。

(3) 仿真与实验结果

在这一节我们将对前面提出的控制算法进行仿真和实验验证。首先我们利用 MATLAB 仿真软件来验证本章算法的有效性。我们对以下四种不同的参考轨迹，包括点、直线和圆进行了计算机仿真。

① 定点镇定：$v_d = 0$，$\omega_d = 0$；

② 收敛于一点：$v_d = 3e^{-0.2t}$，$\omega_d = e^{-0.6t}$；

③ 直线跟踪：$v_{\mathrm{d}}=2$，$\omega_{\mathrm{d}}=0$；

④ 圆跟踪：$v_{\mathrm{d}}=2$，$\omega_{\mathrm{d}}=1$。

其中参考轨迹 $\boldsymbol{q}_{\mathrm{d}}(t)=[x_{\mathrm{d}}(t),y_{\mathrm{d}}(t),\theta_{\mathrm{d}}(t)]^{\mathrm{T}}$ 由参考速度 $v_{\mathrm{d}}(t),\omega_{\mathrm{d}}(t)$ 根据初始条件 $\boldsymbol{q}_{\mathrm{d}}(0)=[0,0,0]^{\mathrm{T}}$ 生成。仿真中我们设定移动机器人的初始位置和初始速度为 $\boldsymbol{q}(0)=[2,-2,-1]^{\mathrm{T}}$，$[v(0),\omega(0)]^{\mathrm{T}}=[0,0]^{\mathrm{T}}$。控制参数选为 $k_0=1$，$k_1=6$，$k_2=5$。我们对控制器中以下两个不同的非线性时变函数 h 进行了仿真：

控制器 1：$h=8\tanh(x_{\mathrm{e}}^2+y_{\mathrm{e}}^2)\sin(t)$；

控制器 2：$h=6\arctan(x_{\mathrm{e}}^2+y_{\mathrm{e}}^2)\sin(t)$。

四种参考轨迹情形的仿真运行时间均设为 15s，所得仿真结果分别如图 5-2～图 5-5 所示，其中图 5-2～图5-5 的（b）中所显示的控制性能均方误差定义为$\sqrt{x_{\mathrm{e}}^2+y_{\mathrm{e}}^2+\theta_{\mathrm{e}}^2}$。由图中可看出两个控制器的控制误差均收敛于零且有相似的控制性能。采用本章所设计的控制器，能够使移动机器人跟踪不同的参考轨迹，仿真结果表明所提出方法的有效性。

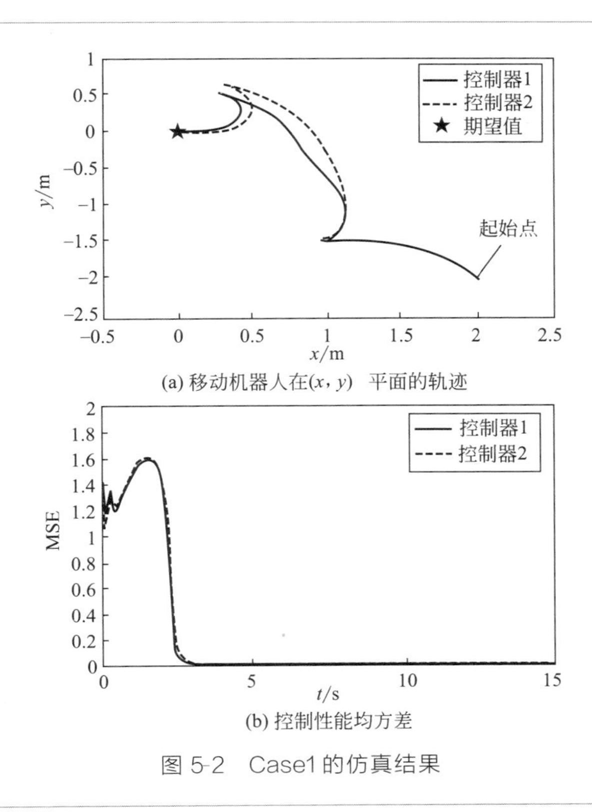

图 5-2　Case1 的仿真结果

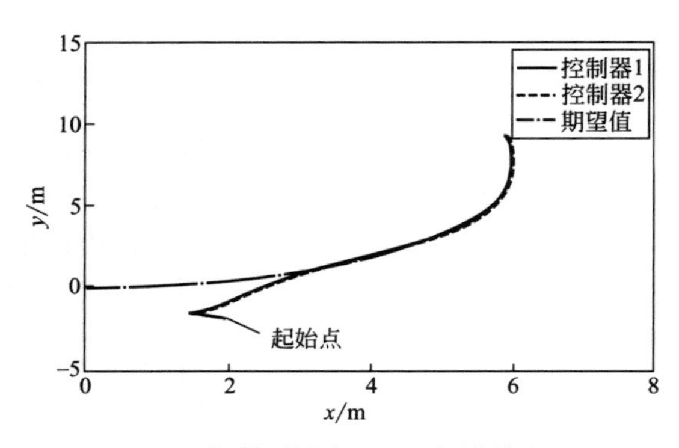

(a) 移动机器人在(x, y) 平面的轨迹

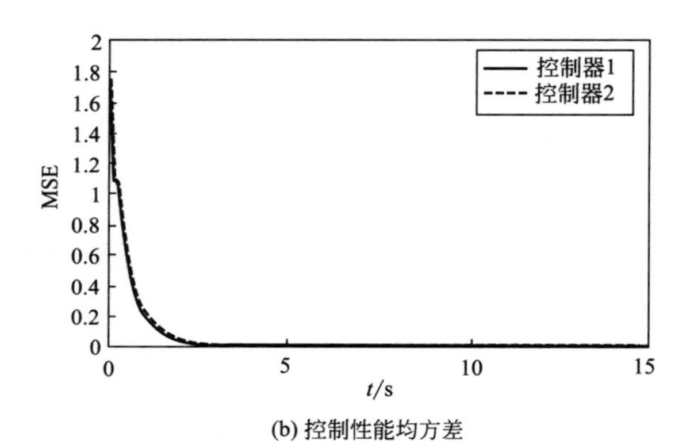

(b) 控制性能均方差

图 5-3 Case2 的仿真结果

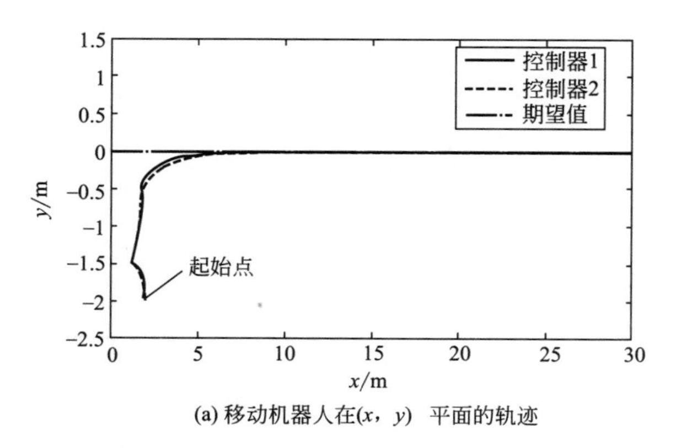

(a) 移动机器人在(x, y) 平面的轨迹

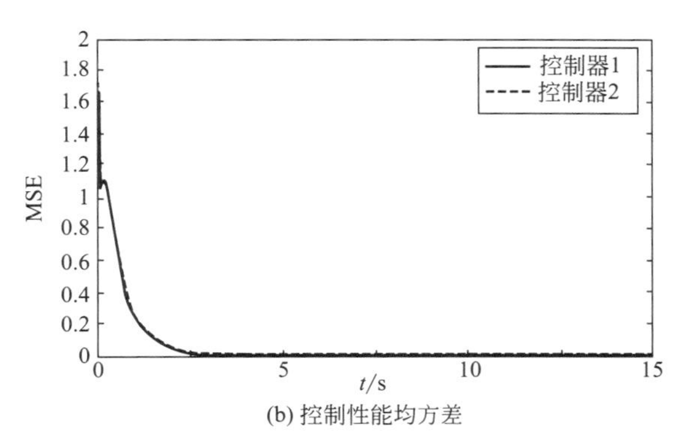

(b) 控制性能均方差

图 5-4 Case3 的仿真结果

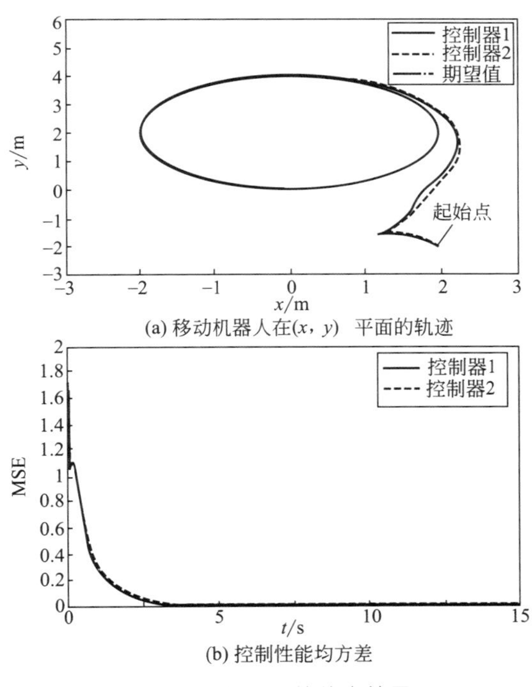

(a) 移动机器人在(x, y) 平面的轨迹

(b) 控制性能均方差

图 5-5 Case4 的仿真结果

同时我们在湖南大学机器人实验室基于 Pioneer 2DX 开发的服务机器人平台上对本书提出的控制方法进行测试。移动机器人的控制系统硬件配置如图 5-6 所示。移动机器人的运动通过运动控制卡调整左右驱动轮的速度来实现。机载工控机只需将速度指令传递给运动控制卡，即可实现速度伺服控制。工控机与运动控制卡的通信通过 RS-232 总线实现。

整个控制系统含两层控制结构，其中上层控制算法由C++编程语言实现，底层控制层负责执行上层发出的速度指令。移动机器人的自身位姿估计由里程计获得，它通过移动机器人的左右轮速度 v_l 和 v_r 计算机器人的当前位置：

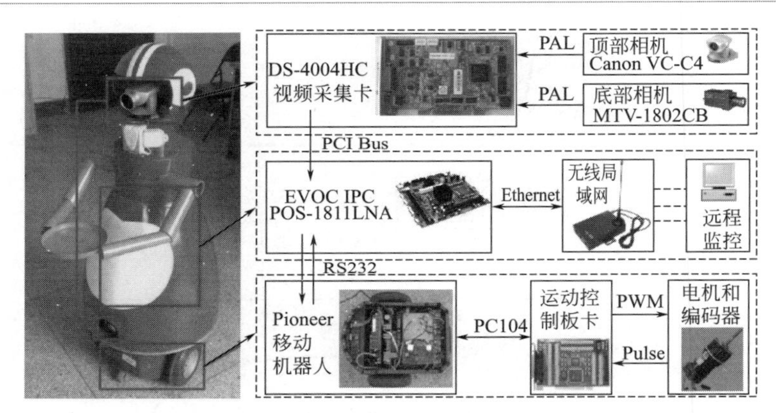

图 5-6 自主移动机器人系统硬件配置

$$v=\frac{v_l+v_r}{2},\omega=\frac{v_l-v_r}{L}$$
$$x_k=x_{k-1}+v\cos(\theta_{k-1})\Delta T$$
$$y_k=y_{k-1}+v\sin(\theta_{k-1})\Delta T$$
$$\theta_k=\theta_{k-1}+\omega\Delta T \tag{5-45}$$

式中，$\boldsymbol{q}_k=[x_k,y_k,\theta_k]^{\mathrm{T}}$ 为时刻 $t_k=k\Delta T$ 时移动机器人的位姿；$\Delta T=100\mathrm{ms}$ 为采样周期；$L=0.33\mathrm{m}$ 为两轮之间的距离。整个移动机器人的控制系统框图如图5-7所示。移动机器人U形轨迹跟踪实验结果如图5-8所示，在实验过程中运动序列图如图5-9所示。

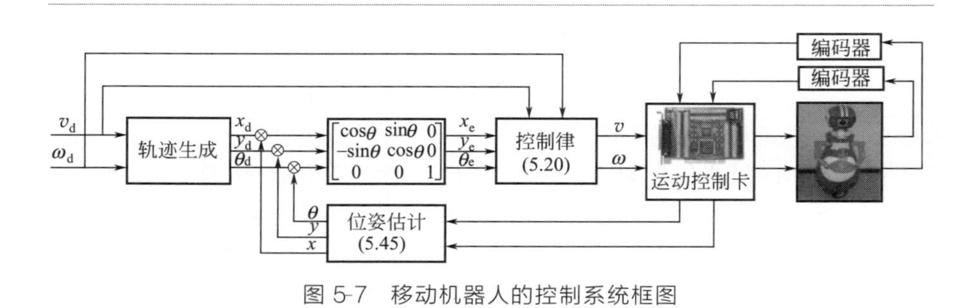

图 5-7 移动机器人的控制系统框图

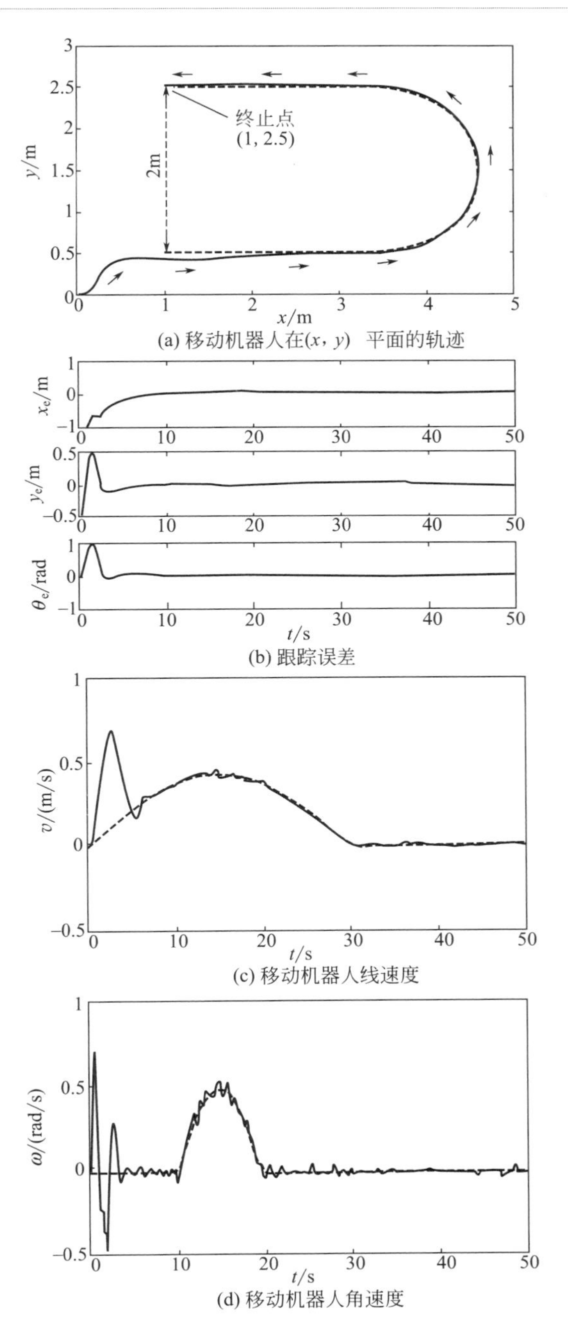

图 5-8 移动机器人 U 形轨迹跟踪实验结果

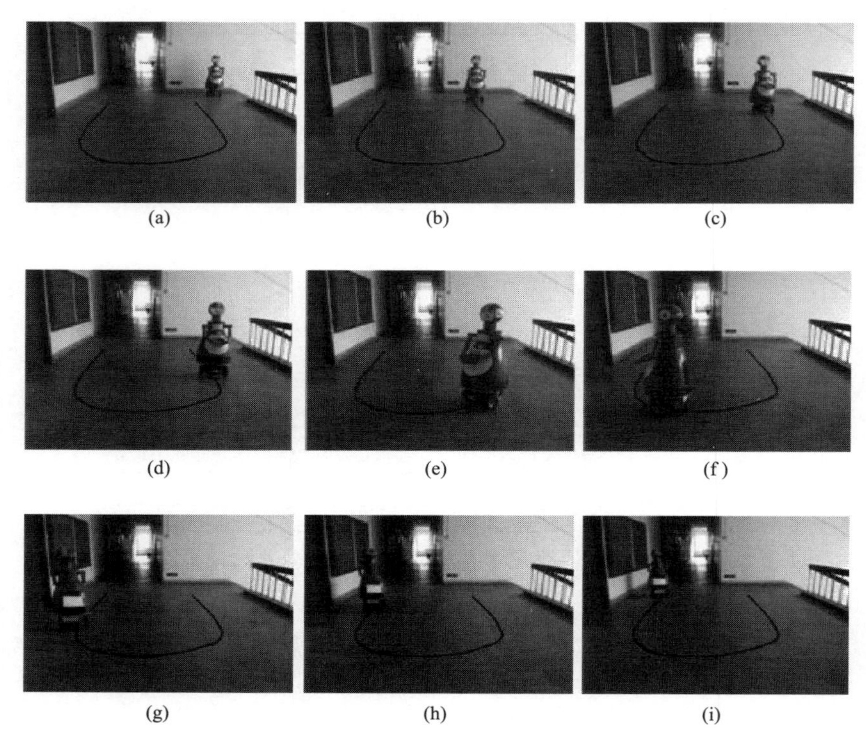

图 5-9 移动机器人在实验过程中运动序列图

实验中，移动机器人的参考轨迹初始状态为 $\boldsymbol{q}_{\mathrm{d}}(0)=[1,0.5,0]^{\mathrm{T}}$，参考速度设定为如下分段函数：

$$
\begin{aligned}
&0 \leqslant t<10: v_{\mathrm{d}}=0.43 \sin (\pi t / 30), \omega_{\mathrm{d}}=0 \\
&10 \leqslant t<20: v_{\mathrm{d}}=0.43 \sin (\pi t / 30), \omega_{\mathrm{d}}=\left(-\pi^{2} / 20\right) \sin (\pi t / 10) \\
&20 \leqslant t<30: v_{\mathrm{d}}=0.43 \sin (\pi t / 30), \omega_{\mathrm{d}}=0 \\
&30 \leqslant t: v_{\mathrm{d}}=0, \omega_{\mathrm{d}}=0
\end{aligned}
\tag{5-46}
$$

由表达式(5-46) 可知，当 $0 \leqslant t<30$ 时，参考速度属于 C1 情形；$t \geqslant 30$ 时，属于 C2 情形。参考速度生成一个起点为(1,0.5)，终点为(1,2.5)的 U 形轨迹。在实验中，控制参数选为 $k_0=10$，$k_1=1$，$k_2=3$，非线性时变函数为 $h=1.2\tanh(x_{\mathrm{e}}^2+y_{\mathrm{e}}^2)\sin(t)$。实验结果如图 5-10 所示，其中图 5-10(a) 中的虚线和实线分别代表参考信号和实验得出的实际信号。图 5-10(a) 和图 5-10(b) 表明，跟踪误差收敛于零，且具有良好的

跟踪性能。另外，图 5-10(a) 和图 5-10(b) 所示的移动机器人的线性速度和角速度在机器人的最大允许范围内：$v_{\max}=1.6\text{m/s}$，$\omega_{\max}=300°/\text{s}$。图 5-11 显示了移动机器人在实验中的运动序列图，其中参考轨迹用黑线标出。由实验结果可知，书中提出的控制方法可以实现对给定 U 形轨迹的良好跟踪。

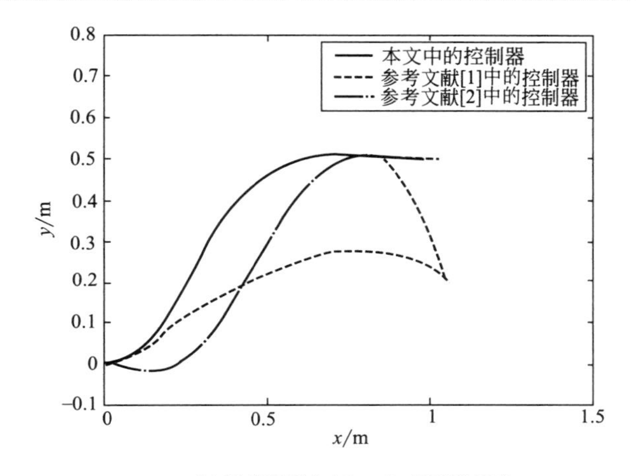

(a) 移动机器人在(x, y) 平面的轨迹

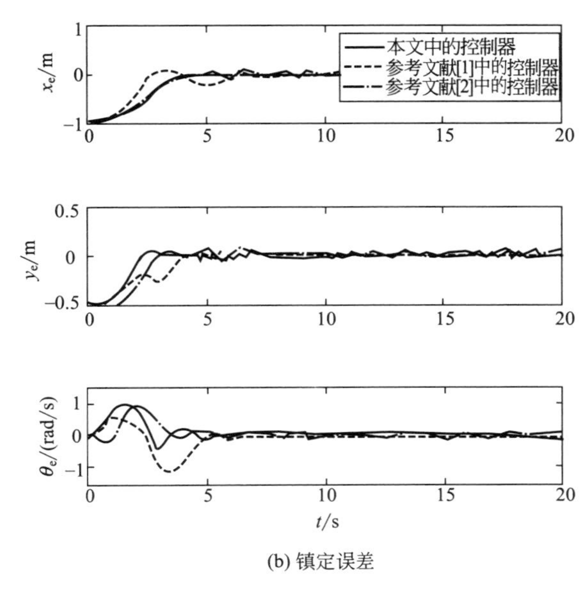

(b) 镇定误差

图 5-10 TaskA 的实验对比结果

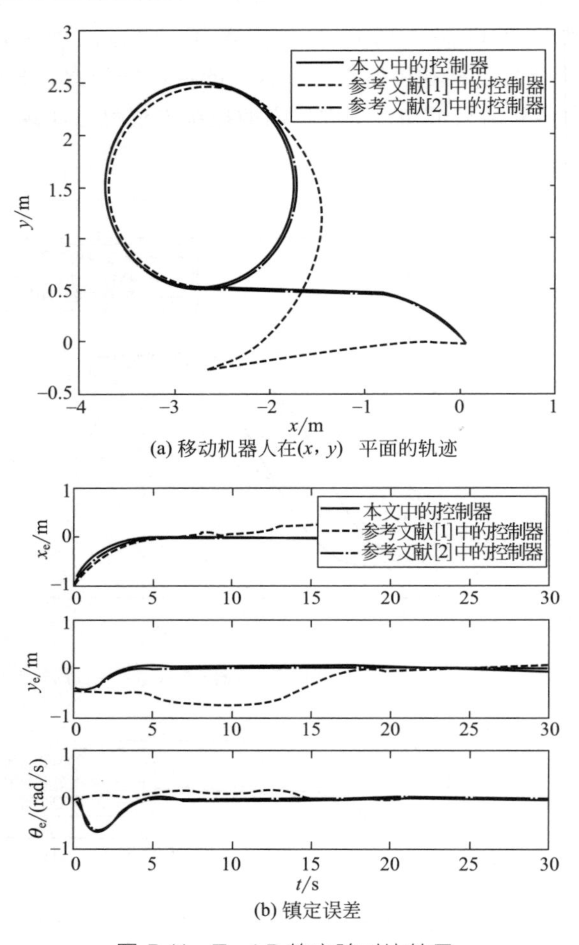

图 5-11　TaskB 的实验对比结果

最后，我们将本章提出的方法与已有的一些方法进行对比。在对比实验中，我们考虑如下两种不同的任务：

任务 A：$v_d=0,\omega_d=0$

任务 B：

$0\leqslant t<5: v_d=-0.5,\omega_d=0$

$5\leqslant t<10: v_d=0.1(t-10),\omega_d=0$

$10\leqslant t<15: v_d=0.1(t-10),\omega_d=0.1(t-10)$

$15\leqslant t: v_d=0.5,\omega_d=0.5$

这两个任务的初始条件均取为 $\boldsymbol{q}_d(0)=[1,0.5,0]^T$。我们将本章所提出的控制算法与文献［1］［2］中的方法进行对比，两种任务下的对比实验结果如图 5-10 和图 5-11 所示。由图中可看出两种任务中，本章提出的方法取得了满意的控制效果，而文献中的方法仅在任务 A 下取得满意的控制效果。在任务 B 中，文献的方法在开始的一段时间内不能很好地跟踪参考轨迹，尽管跟踪误差最终会收敛于零。这主要是因为文献的方法必须要求参考线速度是非负的。参考线速度在最初 10s 是负的，因此采用文献中的方法，跟踪误差不会收敛于零，但随着线性速度不断变为大于零，跟踪误差会最终收敛于零。

5.2 基于动力学的移动机器人同时镇定和跟踪控制

在上一小节中我们利用运动学模型，研究了移动机器人的同时镇定和跟踪问题。控制器的设计中没有考虑移动机器人的动力学特性，需假定移动机器人能够对给定速度实现完美跟踪。要想获得更好的跟踪性能，必须在移动机器人的动力学层面设计控制器。如果移动机器人的动力学模型可以精确地获得，那么我们可采用反演设计技术从运动学控制律得到动力学控制律。但在实际中，由于测量的不精确，移动机器人模型中的参数包括系统的质量、转动惯量等不能准确获得。为实现对模型中未知参数的在线估计，很多相关文献都采用了自适应控制方法。自适应控制方法能够有效处理系统中的参数不确定性，保证控制系统的稳定性。

在这一节，我们将上一节中提出的运动学控制策略推广到移动机器人的动力学模型层面，在运动学控制律的基础上利用反演方法设计了转矩控制律；并针对动力学模型中的未知参数，设计了参数自适应律，保证了控制误差的收敛。我们利用 Lyapunov 工具分析了系统的渐近稳定性，并通过仿真和实验验证了所提出控制方法的有效性。

5.2.1 反演控制方法介绍

反演控制方法（Backstepping 控制法）是一种基于 Lyapunov 理论的递推设计方法，可被应用于具有严格反馈形式、纯反馈形式或分块严格反馈形式的系统。反演控制方法的基本设计思想是将非线性系统进行子系统分解，为每个子系统设计部分 Lyapunov 函数和中间辅助虚拟控制量，一直“后退”到整个系统，直到完成整个控制律的设计。

下面我们通过一个简单的例子来说明反演设计方法的基本思想。考虑以下二阶系统

$$\begin{aligned}\dot{x}_1&=x_2+f_1(x_1)\\ \dot{x}_2&=u+f_2(x_1,x_2)\end{aligned} \tag{5-47}$$

式中，x_1 和 x_2 为系统的状态变量；u 为控制输入。系统的控制目标为设计控制律使得 x_1 跟踪给定信号 x_d。整个控制律设计过程可分为两步。

步骤 1：定义误差 $z_1=x_1-x_d$，其导数为

$$\dot{z}_1=x_2+f_1(x_1)-\dot{x}_d \tag{5-48}$$

首先我们将 x_2 看作控制输入，定义其虚拟控制量为 α_1，则它们之间的误差为 $z_2=x_2-\alpha_1$。在新的变量下，我们有

$$\dot{z}_1=z_2+\alpha_1+f_1(x_1)-\dot{x}_d \tag{5-49}$$

在这一步中，我们的目标是设计虚拟量 α_1 使得 $z_1\to 0$。考虑 Lyapunov 函数

$$V_1=\frac{1}{2}z_1^2 \tag{5-50}$$

则其对时间的导数为

$$\dot{V}_1=z_1[\alpha_1+f_1(x_1)-\dot{x}_d]+z_1z_2 \tag{5-51}$$

选择虚拟控制量 α_1 为

$$\alpha_1=-c_1z_1-f_1(x_1)+\dot{x}_d \tag{5-52}$$

其中 $c_1>0$，则 V_1 的导数变为

$$\dot{V}_1=-c_1z_1^2+z_1z_2 \tag{5-53}$$

步骤 2：由于 $z_2=x_2-\alpha_1$，其导数为

$$\dot{z}_2=u+f_2(x_1,x_2)-\dot{\alpha}_1 \tag{5-54}$$

对以上子系统考虑 Lyapunov 函数

$$V_2=V_1+\frac{1}{2}z_2^2 \tag{5-55}$$

则其对时间的导数为

$$\dot{V}_2=-c_1z_1^2+z_1z_2+z_2[u+f_2(x_1,x_2)-\dot{\alpha}_1] \tag{5-56}$$

设计如下控制律：

$$u=-c_2z_2-z_1-f_2(x_1,x_2)+\dot{\alpha}_1 \tag{5-57}$$

其中 $c_2>0$。这样我们有

$$\dot{V}_2=-c_1z_1^2-c_2z_2^2 \tag{5-58}$$

这样根据 Lyapunov 稳定性理论可知，闭环系统（z_1，z_2）是渐近稳定的，从而可以推出系统在控制律式(5-52) 和式(5-57) 下，输出 x_1 最终将渐近跟踪给定信号 x_d。根据类似的推导，以上设计过程可以推广到一般的具有严格反馈形式的 n 阶系统。对于系统中存在的未知参数，我们也可以设计相应的自适应反应控制策略。图 5-12 为移动机器人模型。

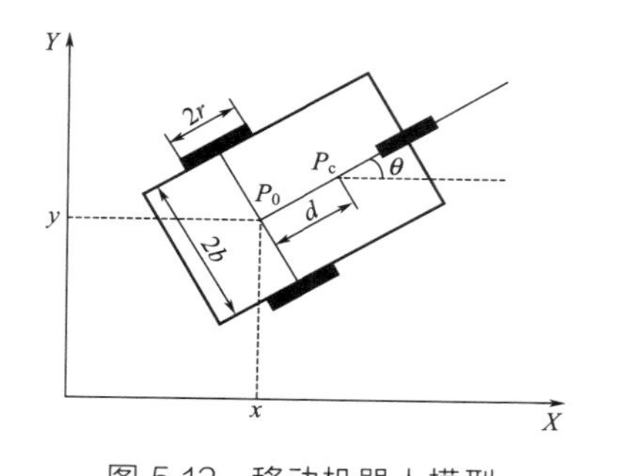

图 5-12 移动机器人模型

5.2.2 问题描述

考虑如图 5-12 所示的独轮式移动机器人，它有两个共轴的驱动轮和一个卡斯托轮来保持机器人的稳定。机器人的重心位置为 P_c，移动机器人局部坐标的原点为 P_0。移动机器人的状态由以下广义坐标描述：

$$\boldsymbol{q}=[x,y,\theta]^{\mathrm{T}} \tag{5-59}$$

式中，(x，y) 为点 P_0 的坐标；θ 为移动机器人转向角。我们假定轮子与地面间只发生纯滚动无滑动（包括侧向和纵向滑动）运动。纯滚动无滑动条件使得移动机器人不能侧向移动，其运动受如下非完整约束：

$$\dot{x}\sin\theta-\dot{y}\cos\theta=0 \tag{5-60}$$

以上约束可表示为

$$\boldsymbol{J}(\boldsymbol{q})\dot{\boldsymbol{q}}=0 \tag{5-61}$$

其中

$$\boldsymbol{J}(\boldsymbol{q})=[\sin\theta,-\cos\theta,0] \tag{5-62}$$

根据 Euler-Lagrangian 原理，非完整移动机器人的动力学模型可表示为如下形式：

$$\boldsymbol{M}(\boldsymbol{q})\ddot{\boldsymbol{q}}+\boldsymbol{C}(\boldsymbol{q},\dot{\boldsymbol{q}})\dot{\boldsymbol{q}}+\boldsymbol{G}(\boldsymbol{q})=\boldsymbol{J}^{\mathrm{T}}(\boldsymbol{q})\lambda+\boldsymbol{B}(\boldsymbol{q})\boldsymbol{\tau} \tag{5-63}$$

式中，$\boldsymbol{M}(\boldsymbol{q})\in R^{3\times3}$ 为对称正定的惯性矩阵；$\boldsymbol{C}(\boldsymbol{q},\dot{\boldsymbol{q}})\in R^{3\times3}$ 为向心和科里奥利（coriolis）矩阵；$\boldsymbol{G}(\boldsymbol{q})\in R^3$ 为重力向量；$\lambda\in R$ 为代表约束力的拉格朗日乘子；$\boldsymbol{\tau}\in R^2$ 为控制输入转矩；$\boldsymbol{B}(\boldsymbol{q})\in R^{3\times2}$ 为输入矩阵。当移动机器人在平面运动时，$\boldsymbol{G}(\boldsymbol{q})=0$，且矩阵 $\boldsymbol{M}(\boldsymbol{q})$、$\boldsymbol{C}(\boldsymbol{q},\dot{\boldsymbol{q}})$ 和 $\boldsymbol{B}(\boldsymbol{q})$ 分别定义如下：

$$\boldsymbol{M}(\boldsymbol{q})=\begin{bmatrix} m+\frac{2I_w}{r^2}\cos^2\theta & \frac{2I_w}{r^2}\sin\theta\cos\theta & -m_c d\sin\theta \\ \frac{2I_w}{r^2}\sin\theta\cos\theta & m+\frac{2I_w}{r^2}\sin^2\theta & m_c d\cos\theta \\ -m_c d\sin\theta & m_c d\cos\theta & I+\frac{2b^2I_w}{r^2} \end{bmatrix}$$

$$\boldsymbol{C}(\boldsymbol{q},\dot{\boldsymbol{q}})=\begin{bmatrix} -\frac{2I_w}{r^2}\dot{\theta}\sin\theta\cos\theta & \frac{2I_w}{r^2}\dot{\theta}\cos^2\theta & -m_c d\dot{\theta}\cos\theta \\ -\frac{2I_w}{r^2}\dot{\theta}\sin^2\theta & \frac{2I_w}{r^2}\dot{\theta}\sin\theta\cos\theta & -m_c d\dot{\theta}\sin\theta \\ 0 & 0 & 0 \end{bmatrix}$$

$$\boldsymbol{B}(\boldsymbol{q})=\frac{1}{r}\begin{bmatrix} \cos\theta & \cos\theta \\ \sin\theta & \sin\theta \\ b & -b \end{bmatrix}$$

式中，$m=m_c+2m_w$，$I=I_c+2I_m+m_cd^2+2m_wb^2$；参数 $2b$ 为移动机器人轮间距；r 为驱动轮半径；d 为 P_0 到 P_c 的距离；m_c 为移动机器人本体质量；m_w 为轮子质量；I_c 为移动机器人本体的转动惯量；I_w 为轮子关于轮轴的转动惯量；I_m 为轮子关于轮径的转动惯量。

定义 $\boldsymbol{S}(\boldsymbol{q})\in R^{3\times 2}$ 为如下满秩矩阵

$$\boldsymbol{S}(\boldsymbol{q})=\begin{bmatrix} \cos\theta & 0 \\ \sin\theta & 0 \\ 0 & 1 \end{bmatrix} \tag{5-64}$$

容易验证 $\boldsymbol{S}^{\mathrm{T}}(\boldsymbol{q})\boldsymbol{J}^{\mathrm{T}}(\boldsymbol{q})=0$，那么可知总存在一个速度矢量 $\boldsymbol{u}=[v,\omega]^{\mathrm{T}}$，其中 v 代表线性速度，ω 代表角速度，使得式(5-61）和式(5-63）转化为如下形式：

$$\dot{\boldsymbol{q}}=\boldsymbol{S}(\boldsymbol{q})\boldsymbol{u} \tag{5-65}$$

$$\boldsymbol{M}_1(\boldsymbol{q})\dot{\boldsymbol{u}}+\boldsymbol{C}_1(\boldsymbol{q},\dot{\boldsymbol{q}})\boldsymbol{u}+\boldsymbol{G}_1(\boldsymbol{q})=\boldsymbol{B}_1(\boldsymbol{q})\boldsymbol{\tau} \tag{5-66}$$

其中 $\boldsymbol{M}_1(\boldsymbol{q})=\boldsymbol{S}^{\mathrm{T}}\boldsymbol{M}(\boldsymbol{q})\boldsymbol{S}$，$\boldsymbol{C}_1(\boldsymbol{q},\dot{\boldsymbol{q}})=\boldsymbol{S}^{\mathrm{T}}[\boldsymbol{M}(\boldsymbol{q})\dot{\boldsymbol{S}}+\boldsymbol{C}(\boldsymbol{q},\dot{\boldsymbol{q}})\boldsymbol{S}]$，$\boldsymbol{G}_1(\boldsymbol{q})=\boldsymbol{S}^{\mathrm{T}}\boldsymbol{G}(\boldsymbol{q})$，$\boldsymbol{B}_1(\boldsymbol{q})=\boldsymbol{S}^{\mathrm{T}}\boldsymbol{B}(\boldsymbol{q})$ 约化系统由一个新的动力学模型式(5-66）和一个所谓的运动学模型式(5-65）构成。动力学模型式(5-66）具有如下性质。

性质 5.1　矩阵 $\dot{\boldsymbol{M}}_1-2\boldsymbol{C}_1$ 是反对称的，即

$$\boldsymbol{x}^{\mathrm{T}}(\dot{\boldsymbol{M}}_1-2\boldsymbol{C}_1)\boldsymbol{x}=0,\forall\boldsymbol{x}\in R^2 \tag{5-67}$$

性质 5.2 机器人动力学模型式(5-66) 可以表示为如下线性化参数模型：

$$\boldsymbol{M}_1(\boldsymbol{q})\dot{\boldsymbol{\xi}}+\boldsymbol{C}_1(\boldsymbol{q},\dot{\boldsymbol{q}})\boldsymbol{\xi}+\boldsymbol{G}_1(\boldsymbol{q})=\boldsymbol{\Phi}_1(\boldsymbol{q},\dot{\boldsymbol{q}},\boldsymbol{\xi},\dot{\boldsymbol{\xi}})\boldsymbol{\beta} \tag{5-68}$$

其中 $\boldsymbol{\xi}\in R^2$，$\boldsymbol{\Phi}_1(\boldsymbol{q},\dot{\boldsymbol{q}},\boldsymbol{\xi},\dot{\boldsymbol{\xi}})\in R^{2\times l}$ 是已知的回归矩阵；$\boldsymbol{\beta}\in R^l$ 为参数向量（如质量和转动惯量等）。

我们假定移动机器人的参考轨迹可由如下参考系统生成：

$$\begin{aligned}\dot{x}_{\mathrm{d}}&=v_{\mathrm{d}}\cos\theta_{\mathrm{d}}\\ \dot{y}_{\mathrm{d}}&=v_{\mathrm{d}}\sin\theta_{\mathrm{d}}\\ \dot{\theta}_{\mathrm{d}}&=\omega_{\mathrm{d}}\end{aligned} \tag{5-69}$$

其中 $\boldsymbol{q}_{\mathrm{d}}=[x_{\mathrm{d}},y_{\mathrm{d}},\theta_{\mathrm{d}}]^{\mathrm{T}}$ 是参考状态，$(v_{\mathrm{d}},\omega_{\mathrm{d}})$是参考的线速度和角速度，并且满足如下假设条件。

假设 5.3 参考信号 $v_{\mathrm{d}},\omega_{\mathrm{d}},\dot{v}_{\mathrm{d}}$ 和 $\dot{\omega}_{\mathrm{d}}$ 是有界的，并且满足以下任一条件：

C1：存在 T，$\mu_1>0$ 使得对 $\forall t\geqslant 0$，

$$\int_t^{t+T}[|v_{\mathrm{d}}(s)|+|\omega_{\mathrm{d}}(s)|]\mathrm{d}s\geqslant\mu_1 \tag{5-70}$$

C2：存在 $\mu_2>0$ 使得

$$\int_0^{\infty}[|v_{\mathrm{d}}(s)|+|\omega_{\mathrm{d}}(s)|]\mathrm{d}s\geqslant\mu_2 \tag{5-71}$$

本章中我们的控制目标就是设计一个反馈控制律 τ，使得移动机器人能够同时镇定和跟踪所给定的参考轨迹，并且满足

$$\lim_{t\to\infty}[\boldsymbol{q}(t)-\boldsymbol{q}_{\mathrm{d}}(t)]=0 \tag{5-72}$$

5.2.3 主要结果

在这一节中，我们设计了自适应转矩控制律，并利用 Lyapunov 方法给出了系统的稳定性分析。所设计的控制器框图如图 5-13 所示。

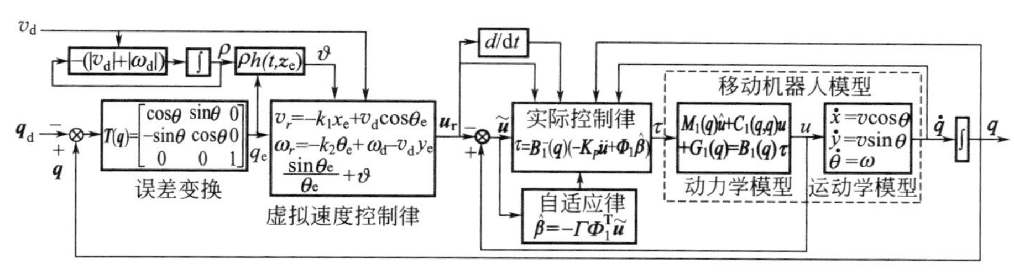

图 5-13 控制系统结构框图

(1) 控制器设计

按移动机器人跟踪控制研究中的通常做法，我们定义如下跟踪误差 $\boldsymbol{q}_e=\boldsymbol{T}(\boldsymbol{q})(\boldsymbol{q}-\boldsymbol{q}_d)$：

$$\begin{bmatrix} x_e \\ y_e \\ \theta_e \end{bmatrix}=\begin{bmatrix} \cos\theta & \sin\theta & 0 \\ -\sin\theta & \cos\theta & 0 \\ 0 & 0 & 1 \end{bmatrix}\begin{bmatrix} x-x_d \\ y-y_d \\ \theta-\theta_d \end{bmatrix} \tag{5-73}$$

容易验证，移动机器人的跟踪误差动力学满足：

$$\begin{aligned} \dot{x}_e &= \omega y_e+v-v_d\cos\theta_e \\ \dot{y}_e &= -\omega x_e+v_d\sin\theta_e \\ \dot{\theta}_e &= \omega-\omega_d \end{aligned} \tag{5-74}$$

由于方程（5-73）和方程（5-74）具有下三角结构的形式，我们采用反演设计方法来导出控制律。

步骤 1：定义虚拟速度跟踪误差为：

$$\tilde{\boldsymbol{u}}=\boldsymbol{u}-\boldsymbol{u}_c=[\tilde{v},\tilde{\omega}]^T=[v-v_c,\omega-\omega_c]^T \tag{5-75}$$

式中，v_c 和 ω_c 分别为虚拟线速度和角速度。为设计 v_c 和 ω_c，我们考虑如下 Lyapunov 函数

$$V_1=\frac{1}{2}(x_e^2+y_e^2+\theta_e^2) \tag{5-76}$$

函数 V_1 对时间的导数为

$$\begin{aligned} \dot{V}_1 &= x_e(\omega y_e+v-v_d\cos\theta_e)+y_e(-\omega x_e+v_d\sin\theta_e)+\theta_e(\omega-\omega_d) \\ &= x_e(v-v_d\cos\theta_e)+\theta_e\left(\omega-\omega_d+v_d y_e\frac{\sin\theta_e}{\theta_e}\right) \end{aligned} \tag{5-77}$$

我们选择虚拟控制 $\boldsymbol{u}_c=[v_c,\omega_c]^T$ 如下：

$$\begin{aligned} v_c &= v_d\cos\theta_e-k_1x_e \\ \omega_c &= \omega_d-v_d y_e\frac{\sin\theta_e}{\theta_e}-k_2\theta_e+\vartheta \end{aligned} \tag{5-78}$$

其中 $k_1>0$ 和 $k_2>0$ 为控制参数。注意到 $\sin\theta_e/\theta_e=\int_0^1\cos(s\theta_e)\mathrm{d}s$ 是关于 θ_e 的光滑有界函数。那么我们有

$$\dot{V}_1=-k_1x_e^2-k_2\theta_e^2+x_e\tilde{v}+\theta_e\tilde{\omega}+\vartheta\theta_e \tag{5-79}$$

进一步地，我们定义时变信号 $\vartheta(t)$ 满足：

$$\vartheta=\rho(t)h(t,z_e) \tag{5-80}$$

其中

$$\dot{\rho}=-[|v_d(t)|+|\omega_d(t)|]\rho,\rho(0)=1 \tag{5-81}$$

且 $\boldsymbol{z}_e=[x_e,y_e]^T$，$h(t,\boldsymbol{z}_e)$满足以下假设条件：

假设 5.4　$h(t,\boldsymbol{z}_e)$为 C^{p+1} 类函数，其关于时间变量 t 的一阶和二阶偏导数一致有界，且满足

① $h(t,\boldsymbol{z}_e)$关于变量 t 和 $\boldsymbol{z}_e$ 一致有界，也即存在一个常数 $h_0>0$，使得

$$|h(t,\boldsymbol{z}_e)|\leqslant h_0, \forall t>0, \boldsymbol{z}_e\in\mathbb{R}^2 \tag{5-82}$$

② $h(t,0)=0$，且存在发散时间序列 $\{t_i\}_{i\in N}$（N 为自然数集）和一个正的连续函数 $\alpha(\cdot)$，使得 $\forall i$

$$\|\boldsymbol{z}_e\|\geqslant l>0\Rightarrow\sum_{j=1}^{j=p}\left[\frac{\partial^j h}{\partial t^j}(t_i,\boldsymbol{z}_e)\right]^2\geqslant\alpha(l)>0 \tag{5-83}$$

步骤 2：由于 $\tilde{\boldsymbol{u}}=\boldsymbol{u}-\boldsymbol{u}_c$，子系统式(5-73) 可改写为：

$$\boldsymbol{M}_1(\boldsymbol{q})\dot{\tilde{\boldsymbol{u}}}+\boldsymbol{C}_1(\boldsymbol{q},\dot{\boldsymbol{q}})\tilde{\boldsymbol{u}}=\boldsymbol{B}_1(\boldsymbol{q})\boldsymbol{\tau}-[\boldsymbol{M}_1(\boldsymbol{q})\dot{\boldsymbol{u}}_c+\boldsymbol{C}_1(\boldsymbol{q},\dot{\boldsymbol{q}})\boldsymbol{u}_c+\boldsymbol{G}_1(\boldsymbol{q})] \tag{5-84}$$

根据性质 5.2，我们有

$$\boldsymbol{M}_1(\boldsymbol{q})\dot{\boldsymbol{u}}_c+\boldsymbol{C}_1(\boldsymbol{q},\dot{\boldsymbol{q}})\boldsymbol{u}_c+\boldsymbol{G}_1(\boldsymbol{q})=\boldsymbol{\Phi}_1(\boldsymbol{q},\dot{\boldsymbol{q}},\boldsymbol{u}_c,\dot{\boldsymbol{u}}_c)\boldsymbol{\beta} \tag{5-85}$$

将方程（5-85）代入到方程（5-84）可得

$$\boldsymbol{M}_1(\boldsymbol{q})\dot{\tilde{\boldsymbol{u}}}+\boldsymbol{C}_1(\boldsymbol{q},\dot{\boldsymbol{q}})\tilde{\boldsymbol{u}}=\boldsymbol{B}_1(\boldsymbol{q})\boldsymbol{\tau}-\boldsymbol{\Phi}_1(\boldsymbol{q},\dot{\boldsymbol{q}},\boldsymbol{u}_c,\dot{\boldsymbol{u}}_c)\boldsymbol{\beta} \tag{5-86}$$

记 $\tilde{\boldsymbol{\beta}}=\boldsymbol{\beta}-\hat{\boldsymbol{\beta}}$，其中 $\hat{\boldsymbol{\beta}}$ 为 $\boldsymbol{\beta}$ 的估计量。考虑如下 Lyapunov 函数

$$\boldsymbol{V}_2=\frac{1}{2}\tilde{\boldsymbol{u}}^T\boldsymbol{M}_1\tilde{\boldsymbol{u}}+\frac{1}{2}\tilde{\boldsymbol{\beta}}^T\boldsymbol{\Gamma}^{-1}\tilde{\boldsymbol{\beta}} \tag{5-87}$$

则函数 $\boldsymbol{V}_2$ 关于时间的导数为

$$\begin{aligned}\dot{\boldsymbol{V}}_2&=\tilde{\boldsymbol{u}}^T\boldsymbol{M}_1\dot{\tilde{\boldsymbol{u}}}+\frac{1}{2}\tilde{\boldsymbol{u}}^T\dot{\boldsymbol{M}}_1\tilde{\boldsymbol{u}}+\tilde{\boldsymbol{\beta}}^T\boldsymbol{\Gamma}^{-1}\dot{\tilde{\boldsymbol{\beta}}}\\&=\tilde{\boldsymbol{u}}^T[\boldsymbol{B}_1(\boldsymbol{q})\boldsymbol{\tau}-\boldsymbol{\Phi}_1\boldsymbol{\beta}]+\tilde{\boldsymbol{\beta}}^T\boldsymbol{\Gamma}^{-1}\dot{\tilde{\boldsymbol{\beta}}}\end{aligned} \tag{5-88}$$

我们选择实际的动力学控制律 τ 为

$$\begin{aligned}\boldsymbol{\tau}&=\boldsymbol{B}_1^{-1}(\boldsymbol{q})[-\boldsymbol{K}_p\tilde{\boldsymbol{u}}+\boldsymbol{\Phi}_1(\boldsymbol{q},\dot{\boldsymbol{q}},\boldsymbol{u}_c,\dot{\boldsymbol{u}}_c)\hat{\boldsymbol{\beta}}]\\\dot{\hat{\boldsymbol{\beta}}}&=-\boldsymbol{\Gamma}\boldsymbol{\Phi}_1^T\tilde{\boldsymbol{u}}\end{aligned} \tag{5-89}$$

其中 $\boldsymbol{K}_p$ 和 $\boldsymbol{\Gamma}$ 为正定矩阵，那么我们有

$$\begin{aligned}\dot{\boldsymbol{V}}_2&=-\tilde{\boldsymbol{u}}^T\boldsymbol{K}_p\tilde{\boldsymbol{u}}+\tilde{\boldsymbol{\beta}}^T(\boldsymbol{\Gamma}^{-1}\dot{\tilde{\boldsymbol{\beta}}}-\boldsymbol{\Phi}_1^T\tilde{\boldsymbol{u}})\\&=-\tilde{\boldsymbol{u}}^T\boldsymbol{K}_p\tilde{\boldsymbol{u}}\end{aligned} \tag{5-90}$$

根据以上分析，原系统式(5-73) 和式(5-74) 转化为如下闭环系统：

$$\dot{x}_e=-k_1x_e+(\omega_c+\tilde{\omega})y_e+\tilde{v}$$

$$\dot{y}_e = -(\omega_c + \tilde{\omega})x_e + v_d \sin\theta_e$$

$$\dot{\theta}_e = -k_2\theta_e - v_d y_e \frac{\sin\theta_e}{\theta_e} + \vartheta + \tilde{\omega} \tag{5-91}$$

$$\boldsymbol{M}_1(\boldsymbol{q})\dot{\tilde{\boldsymbol{u}}} = -\boldsymbol{C}_1(\boldsymbol{q},\dot{\boldsymbol{q}})\tilde{\boldsymbol{u}} - \boldsymbol{K}_p\tilde{\boldsymbol{u}} - \boldsymbol{\Phi}_1(\boldsymbol{q},\dot{\boldsymbol{q}},\boldsymbol{u}_c,\dot{\boldsymbol{u}}_c)\tilde{\boldsymbol{\beta}}$$

$$\dot{\tilde{\boldsymbol{\beta}}} = \boldsymbol{\Gamma}\boldsymbol{\Phi}_1^{\mathrm{T}}\tilde{\boldsymbol{u}} \tag{5-92}$$

接下来，我们将利用 Lyapunov 直接法分析闭环系统式(5-91) 和式(5-92) 的稳定性。

(2) 稳定性分析

在下面的稳定性分析中将会用到上一节中的引理 5.1 和引理 5.3。具体地，我们有如下定理。

定理 5.2 在假设 5.1 条件下，闭环系统式(5-91) 和式(5-92) 是渐近稳定的。因此，自适应控制律式(5-89) 可解决移动机器人的同时镇定和跟踪问题，并使得式(5-82) 成立。

证明：求解微分方程 (5-81) 得：

$$\rho(t) = \exp\left\{-\int_0^t [\,|v_d(s)| + |\omega_d(s)|\,]\mathrm{d}s\right\} \tag{5-93}$$

根据式(5-93) 可知 $0 \leqslant \rho(t) \leqslant 1$。如果 C1 成立，那么根据线性时变系统的稳定性结果，可得 $\rho(t)$ 指数收敛于零，且 $\rho(t) \in L_1$。如果 C2 成立，那么可以推导出 $0 < \exp(-\mu_2) < \rho(t) \leqslant 1$。

我们首先考虑 C1 情形。定义 Lyapunov 函数

$$V_3 = V_1 + V_2 \tag{5-94}$$

函数 V_3 对时间的导数为

$$\dot{V}_3 = -k_1 x_e^2 - k_2\theta_e^2 - \tilde{u}^{\mathrm{T}} K_p \tilde{u} + x_e\tilde{v} + \theta_e\tilde{\omega} + \vartheta\theta_e \tag{5-95}$$

因为根据 Young 不等式，对任意 $\varepsilon > 0$ 有

$$\tilde{v}x_e \leqslant \varepsilon x_e^2 + \frac{1}{4\varepsilon}\tilde{v}^2$$

$$\tilde{\omega}\theta_e \leqslant \varepsilon\theta_e^2 + \frac{1}{4\varepsilon}\tilde{\omega}^2$$

以及 $|\vartheta|$ 和 $|\theta_e|$ 满足

$$|\vartheta| \leqslant h_0\rho(t),\ |\theta_e| \leqslant \sqrt{2V_3}$$

我们有

$$\dot{V}_3 \leqslant -k_1 x_e^2 - k_2\theta_e^2 - \tilde{u}^{\mathrm{T}} K_p \tilde{u} + \varepsilon(x_e^2 + \theta_e^2) + \frac{1}{4\varepsilon}(\tilde{v}^2 + \tilde{\omega}^2) + h_0\rho(t)\sqrt{2V_3}$$

$$\leqslant -(k_1-\varepsilon)x_e^2-(k_2-\varepsilon)\theta_e^2+h_0\rho(t)\sqrt{2V_3}-\left[\lambda_{\min}(K_p)-\frac{1}{4\varepsilon}\right]\|\tilde{u}\|^2 \tag{5-96}$$

其中 k_1，k_2 和 K_p 满足 $k_1>\varepsilon$，$k_2>\varepsilon$ 和 $\lambda_{\min}(K_p)>\frac{1}{4\varepsilon}$。$\lambda_{\min}(K_p)$ 为矩阵 K_p 的最小特征值。因为 C1 成立，$\rho(t)\in L_1$。利用引理 5.3 可知，$\|q_e\|$ 和 $\|\tilde{u}\|$ 一致有界，且当 $t\to\infty$ 时，x_e，θ_e，$\|\tilde{u}\|$ 收敛于零，y_e 趋于一个常数。因为 $\lim\limits_{t\to\infty}\theta_e(t)=0$，应用扩展 Barbalat 引理于方程组（5-91）的最后一式得：

$$\lim_{t\to\infty}v_d(t)y_e(t)=0 \tag{5-97}$$

类似地，因为 $\lim\limits_{t\to\infty}x_e(t)=0$，应用扩展 Barbalat 引理于方程组（5-91）的第一式得：

$$\lim_{t\to\infty}[\omega_d(t)-v_d(t)y_e(t)]y_e(t)=0 \tag{5-98}$$

将方程（5-97）代入到方程（5-98）得：

$$\lim_{t\to\infty}\omega_d(t)y_e(t)=0 \tag{5-99}$$

结合方程（5-97）和方程（5-99），我们有

$$\lim_{t\to\infty}[v_d^2(t)+\omega_d^2(t)]y_e(t)=0 \tag{5-100}$$

根据方程（5-100），由反证法容易证明 $\lim\limits_{t\to\infty}y_e(t)=0$。因此，$\|q_e\|$ 一致有界且收敛于零。

接下来我们考虑 C2 情形。首先我们将证明 x_e 和 y_e 收敛于零。对于方程组（5-91）的前两式，我们考虑如下 Lyapunov 函数：

$$V_4=\frac{1}{2}(x_e^2+y_e^2)+V_2 \tag{5-101}$$

函数 V_4 对时间的导数为

$$\dot{V}_4=-k_1x_e^2-\tilde{u}^{\mathrm{T}}K_p\tilde{u}+x_e\tilde{v}+v_dy_e\sin\theta_e \tag{5-102}$$

由于 $x_e\tilde{v}\leqslant\varepsilon x_e^2+\frac{1}{4\varepsilon}\tilde{v}^2$，$|y_e|\leqslant\sqrt{2V_4}$，$|\sin\theta_e|\leqslant 1$，我们有

$$\dot{V}_4\leqslant -k_1x_e^2-\tilde{u}^{\mathrm{T}}K_p\tilde{u}+\varepsilon x_e^2+\frac{1}{4\varepsilon}\tilde{v}^2+|v_d|\sqrt{2V_4}$$

$$\leqslant -(k_1-\varepsilon)x_e^2-\left[\lambda_{\min}(K_p)-\frac{1}{4\varepsilon}\right]\|\tilde{u}\|^2+|v_d|\sqrt{2V_4} \tag{5-103}$$

因为 $v_d(t)\in L_1$，由引理 5.3，我们有 x_e、y_e 和 $\|\tilde{u}\|$ 一致有界，且 x_e、$\|\tilde{u}\|$ 收敛于零，y_e 收敛于一个常数。因为 $\lim\limits_{t\to\infty}x_e(t)=0$，应用扩展

Barbalat 引理于方程组（5-91）的第一式得：

$$\lim_{t\to\infty}\omega_c(t)y_e(t)=0 \tag{5-104}$$

下面我们将用反证法证明 ω_c 收敛于零。假定 $\omega_c(t)$ 不收敛于零，那么由上式可知 $y_e(t)$ 应收敛于零。因为 ϑ 一致连续，且 $\vartheta(t,0)=0$，可得 $\vartheta(t,z_e)$ 也收敛于零。考虑到 $v_d\in L_1, 0\leqslant|\sin\theta_e/\theta_e|\leqslant 1$ 以及方程组（5-91）的最后一式

$$\dot{\theta}_e=-k_2\theta_e-v_d y_e\frac{\sin\theta_e}{\theta_e}+\vartheta+\widetilde{\omega} \tag{5-105}$$

可以看作一个含加性扰动的稳定的线性系统，其中扰动随时间衰减于零。因此，θ_e 收敛于零。另外观察 ω_c 的表达式：

$$\omega_c=\omega_d-v_d y_e\frac{\sin\theta_e}{\theta_e}-k_2\theta_e+\vartheta \tag{5-106}$$

其中 θ_e 和 ϑ 收敛于零，v_d 和 ω_d 属于 L_1 空间，这意味着 ω_c 应收敛于零，这显然与前面的假设不合。因此，ω_c 必须收敛于零。

对 ω_c 关于时间求导，并考虑到 v_d，ω_d，$\dot{v}_d$，$\dot{\omega}_d$ 和 $\|\dot{q}_e\|$ 均收敛于零，我们有

$$\begin{aligned}\dot{\omega}_c(t)&=\frac{\partial\vartheta}{\partial t}(t,z_e)+o(t)\\&=\rho(t)\frac{\partial h}{\partial t}(t,z_e)+\frac{\partial\rho}{\partial t}h(t,z_e)+o(t)\\&=\rho(t)\frac{\partial h}{\partial t}(t,z_e)+o'(t)\end{aligned} \tag{5-107}$$

其中 $\lim\limits_{t\to\infty}o(t)=0$，且

$$o'(t)=-[|v_d(t)|+|\omega_d(t)|]\vartheta(t,z_e)+o(t) \tag{5-108}$$

因为 $v_d(t)$ 和 $\omega_d(t)$ 属于 L_1 空间，$\vartheta(t,z_e)$ 一致有界，我们可推出 $o'(t)$ 收敛于零。因为 $(\partial h/\partial t)(t,z_e)$ 一致连续且 $0<\exp(-\mu_2)<\rho(t)\leqslant 1$，应用扩展 Barbalat 引理可得 $(\partial h/\partial t)(t,z_e)$ 收敛于零。

通过重复以上推导过程足够多次，可得到 $(\partial^j h/\partial t^j)(t,z_e)$ 收敛于零（$1\leqslant j\leqslant p$）。因此，

$$\lim_{t\to\infty}\sum_{j=1}^{j=p}\left[\frac{\partial^j h}{\partial t^j}(t,z_e)\right]^2=0 \tag{5-109}$$

假定 $\|z_e(t)\|$ 始终大于一个正常数 l，则上式显然与假设 5.4 中的性质矛盾。因此，$\|z_e(t)\|$ 渐近收敛于零。根据 ϑ 的一致连续性，以及 $\vartheta(t,0)=0$，我们有 $\vartheta(t,z_e)$ 收敛于零。根据 ω_c 的表达式可得 $\theta_e(t)$ 收敛于零。因此，$q_e(t)$ 一致有界且渐近收敛于零。定理得证。

(3) 仿真和实验结果

首先，我们将对本章提出的方法进行数值仿真验证。根据上一节的描述，可得移动机器人的动力学模型参数为

$$\boldsymbol{M}_1(\boldsymbol{q})=\begin{bmatrix} m+\dfrac{2}{r^2}I_w & 0 \\ 0 & I+\dfrac{2b^2}{r^2}I_w \end{bmatrix}$$

$$\boldsymbol{C}_1(\boldsymbol{q},\dot{\boldsymbol{q}})=\begin{bmatrix} 0 & -m_c d\dot{\theta} \\ m_c d\dot{\theta} & 0 \end{bmatrix}$$

$$\boldsymbol{B}_1(\boldsymbol{q})=\frac{1}{r}\begin{bmatrix} 1 & 1 \\ b & -b \end{bmatrix}$$

另外通过计算，可以得到回归矩阵和未知的参数向量为：

$$\boldsymbol{\Phi}_1=\begin{bmatrix} \dot{v}_c & 0 & -\dot{\theta}\omega_c \\ 0 & \dot{\omega}_c & \dot{\theta}v_c \end{bmatrix} \tag{5-110}$$

$$\boldsymbol{\beta}=[m+2I_w/r^2, I+2b^2I_w/r^2, m_c d]^T \tag{5-111}$$

在仿真中，移动机器人的参考轨迹 $\boldsymbol{q}_d(t)=[x_d(t),y_d(t),\theta_d(t)]^T$ 由参考速度 $v_d(t)$ 和 $\omega_d(t)$ 在初始条件 $\boldsymbol{q}_d(0)=[0,0,0]^T$ 下生成。我们对以下四种情况进行了仿真：

① 点镇定：$v_d=0$，$\omega_d=0$

② 趋于一点：$v_d=5e^{-0.2t}$，$\omega_d=e^{-t}$

③ 直线跟踪：$v_d=2$，$\omega_d=0$

④ 圆跟踪：$v_d=2$，$\omega_d=1$

移动机器人的物理参数如表 5-1 所示。移动机器人的初始位置和速度设为 $\boldsymbol{q}(0)=[2,-2,0]^T,[v(0),\omega(0)]^T=[0,0]^T$。未知参数向量 $\boldsymbol{\beta}$ 的初始估计值大小设为真实值的 75%。控制器参数取为 $k_1=3,k_2=5,\boldsymbol{K}_p=\mathrm{diag}[50,50],\boldsymbol{\Gamma}=\mathrm{diag}[5,5,5]$。

表 5-1 移动机器人的物理参数

轮间距 b	0.75
驱动轮半径 r	0.15
P_0 到 P_c 的距离 d	0.3

续表

移动机器人本体质量 m_c	30
轮子质量 m_w	1
移动机器人本体的转动惯量 I_c	15.625
轮子关于轮轴的转动惯量 I_w	0.005
轮子关于轮径的转动惯量 I_m	0.0025

非线性时变函数 $h(t,\boldsymbol{z}_e)$取为 $h(t,\boldsymbol{z}_e)=10\tanh(x_e^2+y_e^2)\sin(2t)$。

在以上条件下四种参考轨迹的仿真结果分别如图 5-14～图 5-17 所示。图中的仿真结果表明跟踪误差均收敛于零，移动机器人能够很好地跟踪所给定参考轨迹，证明了本章所设计的控制律是有效的。

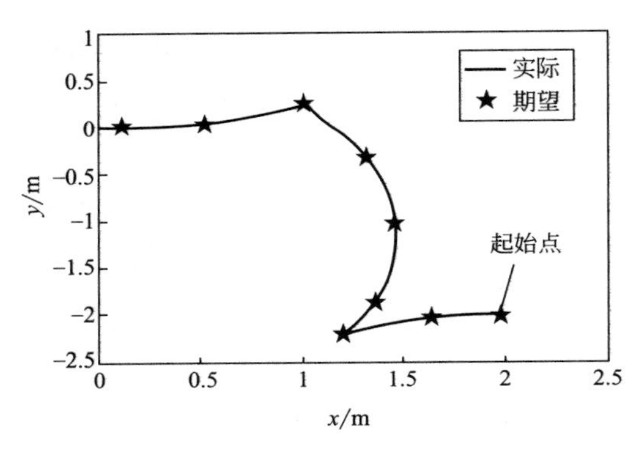

(a) 移动机器人在(x, y) 平面的轨迹

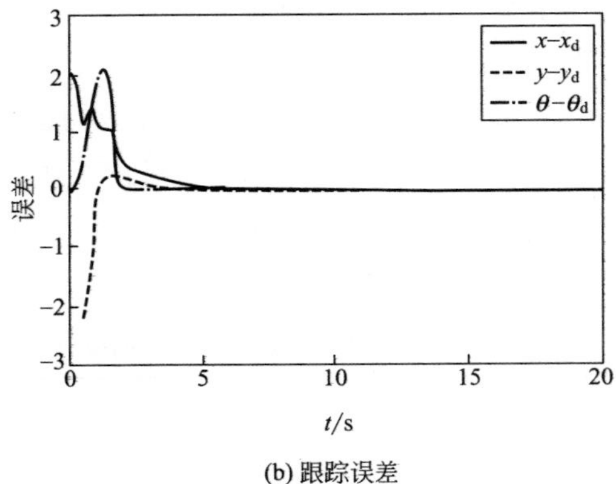

(b) 跟踪误差

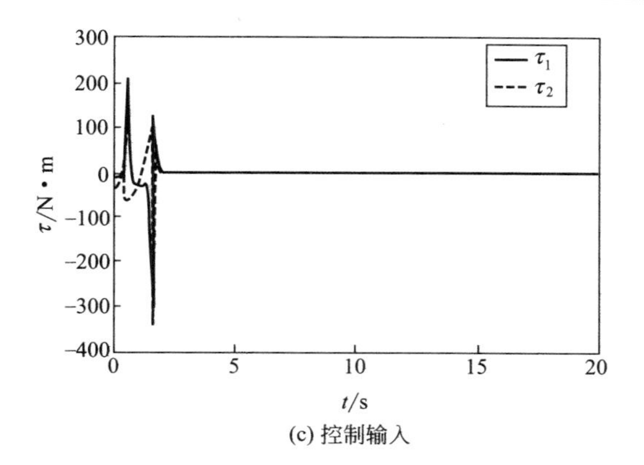

(c) 控制输入

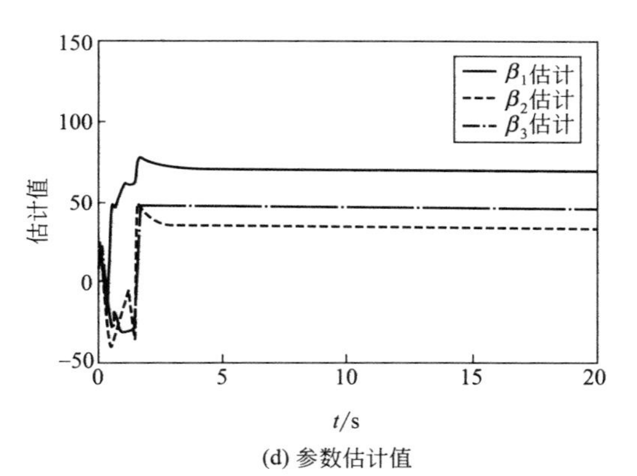

(d) 参数估计值

图 5-14 对参考轨迹 1 的仿真结果

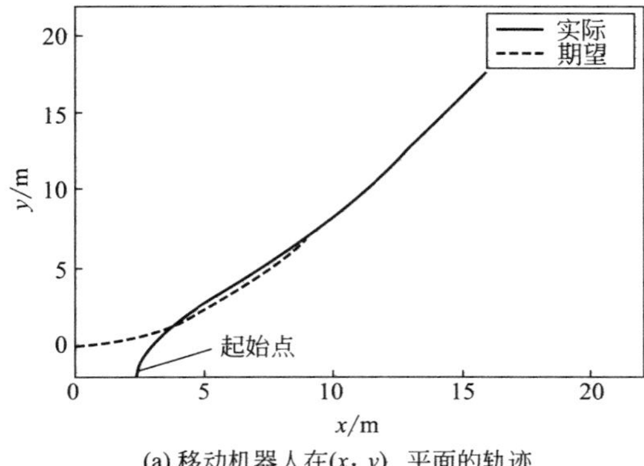

(a) 移动机器人在(x, y) 平面的轨迹

图 5-15

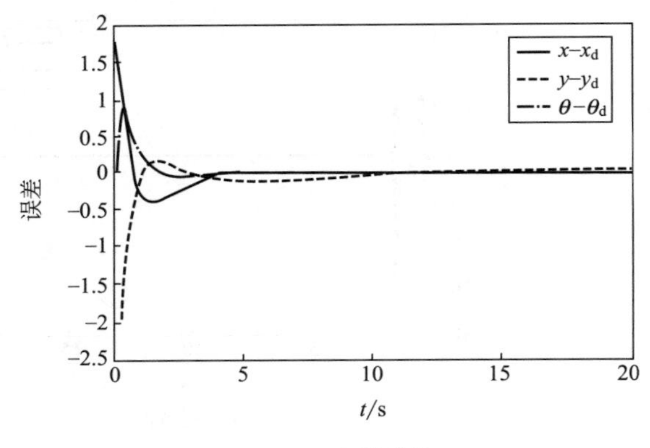

(b) 跟踪误差

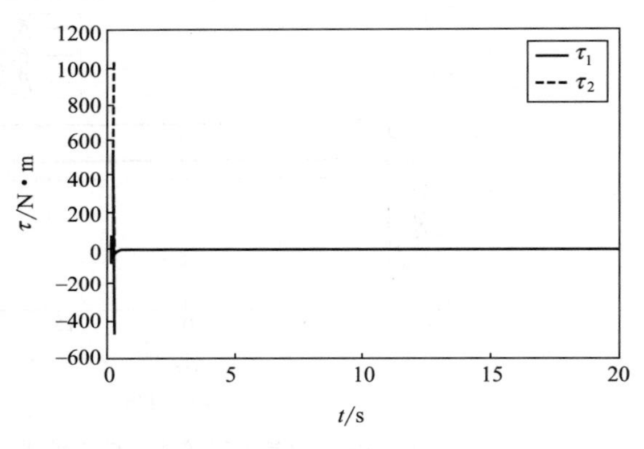

(c) 控制输入

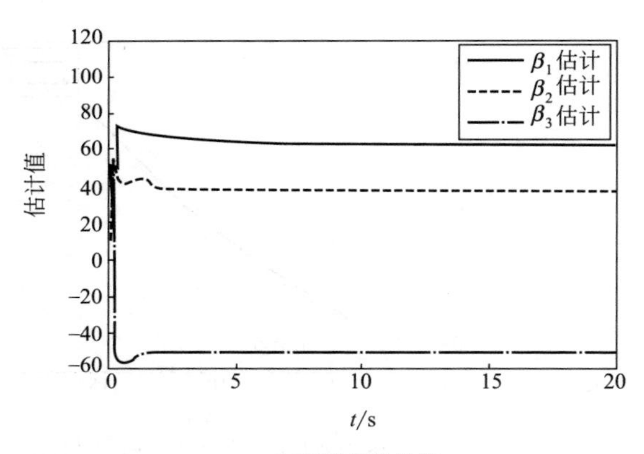

(d) 参数估计值

图 5-15　对参考轨迹 2 的仿真结果

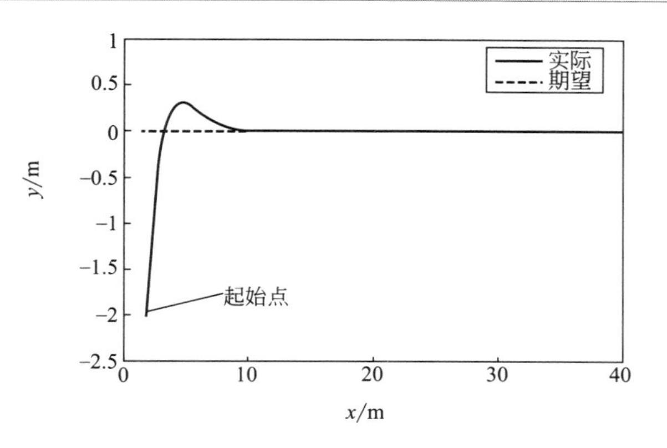

(a) 移动机器人在(x, y) 平面的轨迹

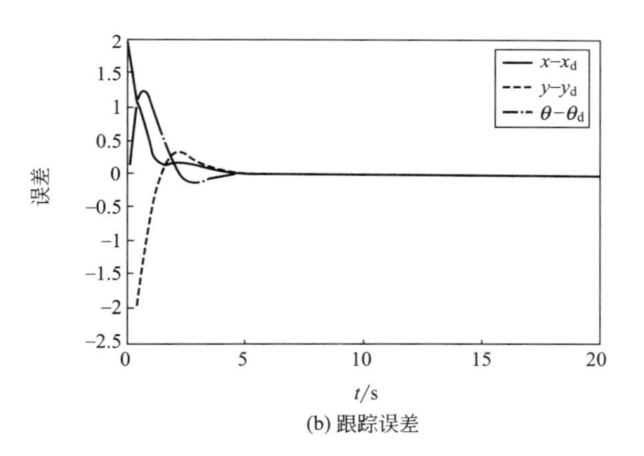

(b) 跟踪误差

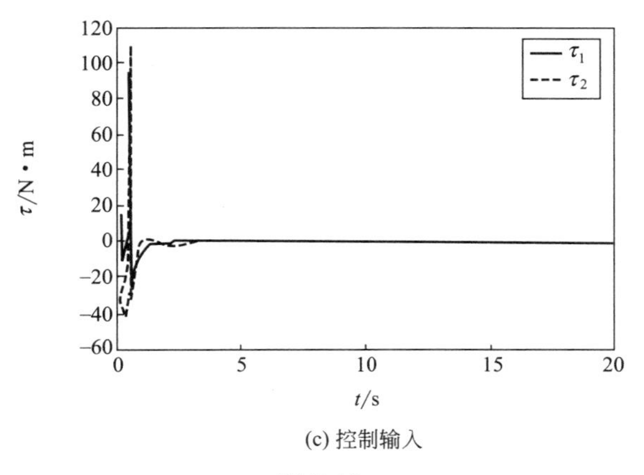

(c) 控制输入

图 5-16

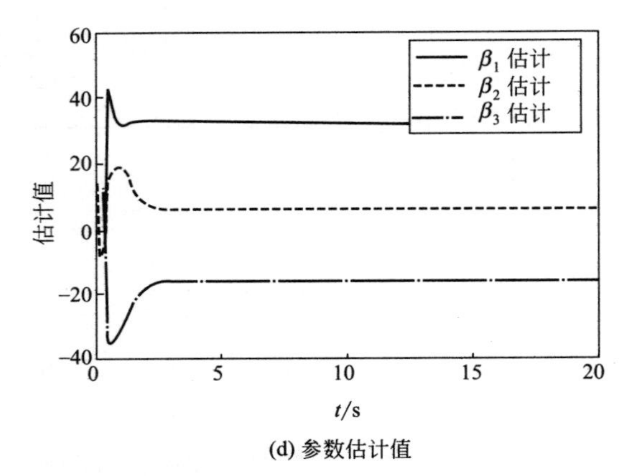

(d) 参数估计值

图 5-16 对参考轨迹 3 的仿真结果

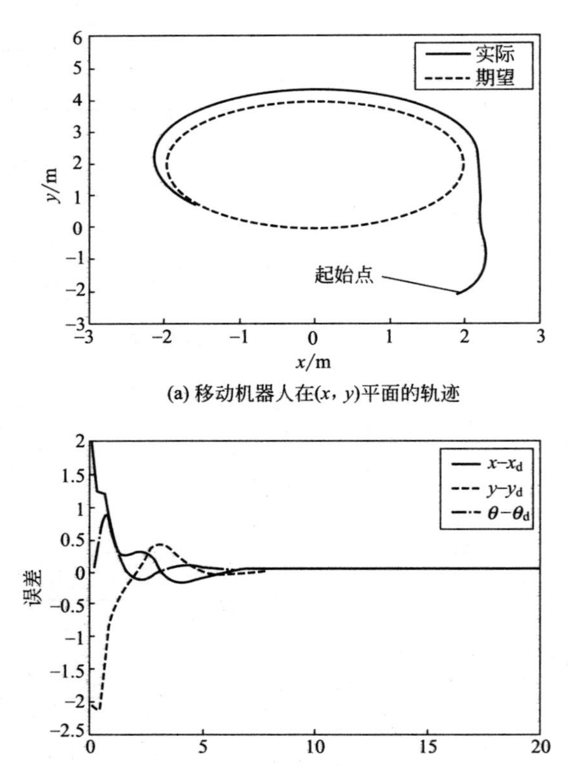

(a) 移动机器人在(x，y)平面的轨迹

(b) 跟踪误差

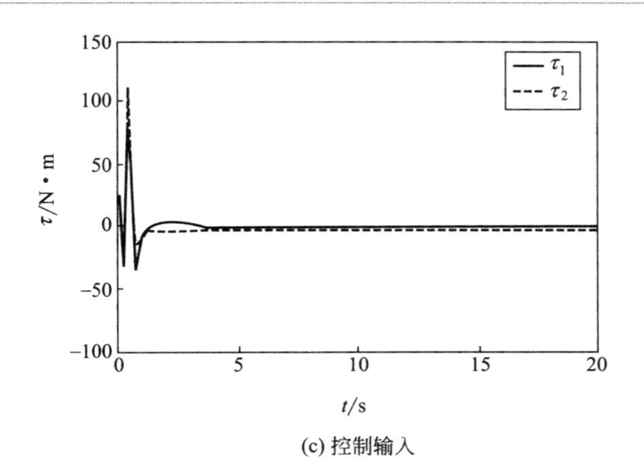

(c) 控制输入

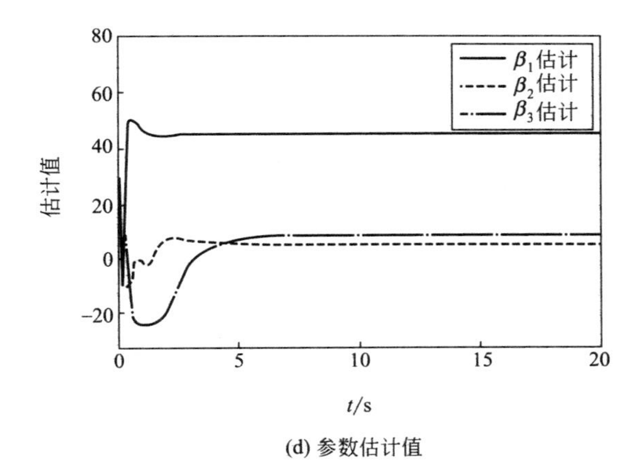

(d) 参数估计值

图 5-17 对参考轨迹 4 的仿真结果

为进一步验证算法在实际机器人系统中的有效性，我们在如图 5-18 所示的移动机器人实验平台上对本章提出的控制策略进行了实验验证。实验系统由一个 Pioneer 移动机器人和一台机载笔记本电脑组成。在实验中，我们考虑如下两种不同的任务：

镇定任务：$v_{\mathrm{d}}=0$，$\omega_{\mathrm{d}}=0$

跟踪任务：$v_{\mathrm{d}}=0.3$，$\omega_{\mathrm{d}}=0.2$

参考轨迹的初始状态均为 $\boldsymbol{q}_{\mathrm{d}}(0)=[1,0.5,0]^{\mathrm{T}}$，而实际机器人的初始状态设为 $\boldsymbol{q}(0)=[0,0,0]^{\mathrm{T}}$。在镇定任务中，移动机器人的控制目标为从起始点[0,0]运动到并最终静止于最终点[1,0.5]。对于跟踪任务来说，移动机器人的控制目标为跟踪一条圆形轨迹。实验中的系统参数选取跟仿真过程一样。我们对比考虑了参考文献中的方法，镇定任务和跟踪任务所得到的实验对比结果分别如图5-19和图5-20所示。实验结果表明，虽然两种方法都最终能够实现期望的控制目标，但采用本章的控制策略可以获得更平滑的轨迹以及相对更快的收敛速度。

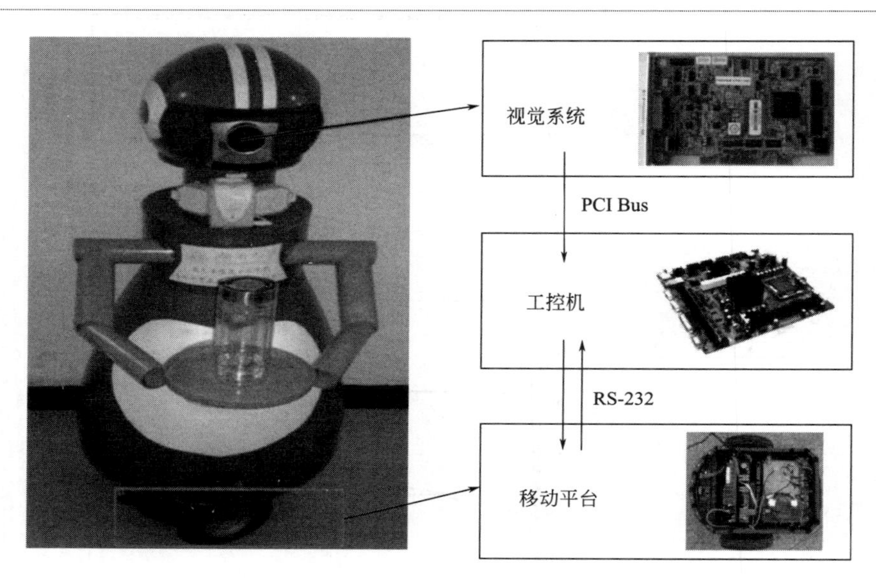

图5-18 自主移动机器人控制系统结构

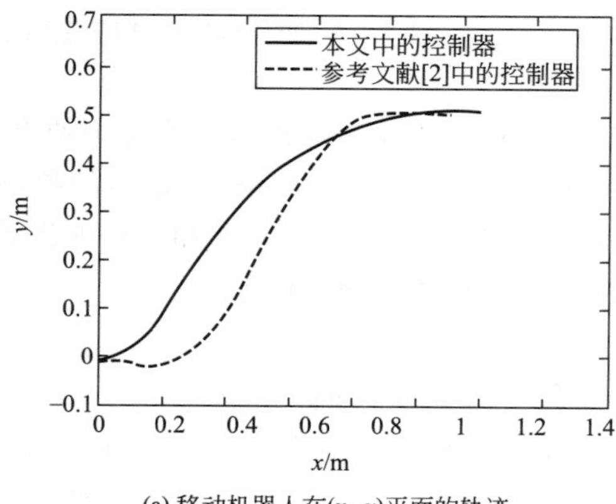

(a) 移动机器人在(x, y)平面的轨迹

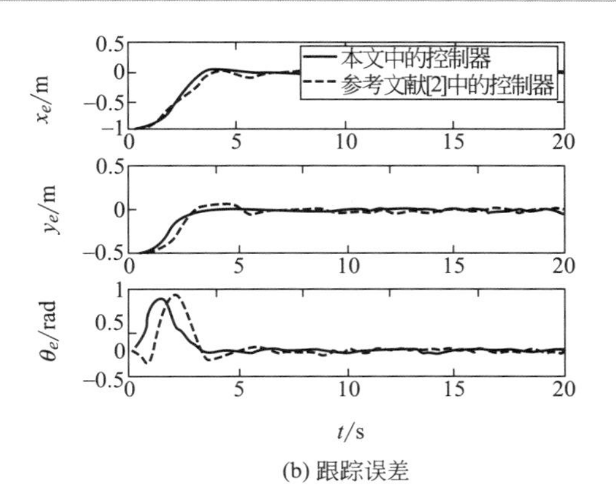

(b) 跟踪误差

图 5-19 镇定任务的对比实验结果

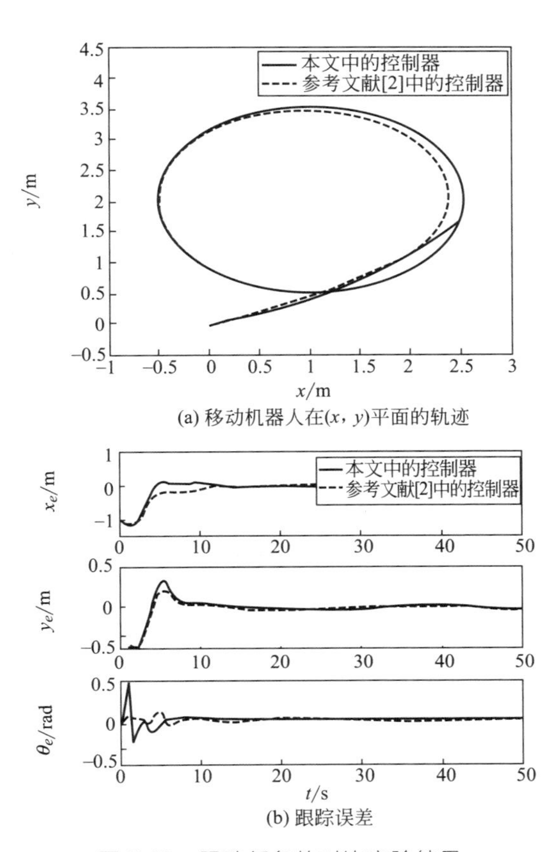

(a) 移动机器人在(x，y)平面的轨迹

(b) 跟踪误差

图 5-20 跟踪任务的对比实验结果

5.3 基于动态非完整链式标准型的移动机器人神经网络自适应控制

轮式差分驱动移动机器人是典型的非完整系统，大部分非完整系统可通过坐标变换转化为链式标准型，人们对非完整链式标准型的控制问题已经进行了大量的研究。然而，这些研究均只考虑了非完整系统的运动学模型。要想在实际力学系统中获得更好的控制性能，必须基于系统动力学设计控制器。如果非完整系统的动力学模型可以精确地获得，那么我们可采用反演设计技术从运动学控制律得到动力学控制律。但是在实际中，由于测量和建模的不精确，再加上负载变化和外界干扰，很难获得精确完备的系统模型。因此，基于精确模型的反馈控制律在实际应用中存在很大的局限性，研究不确定非完整系统的控制更具有实际意义。

实际系统中的不确定性可以分为两类，即参数不确定性和非参数不确定性。前者主要包括系统的质量、转动惯量等参数未知的情形，后者主要指系统外部扰动和摩擦、执行死区等一些未建模动态等。人们提出了一些方法，包括自适应控制和鲁棒控制来处理这些不确定性。然而，这些方法都具有一定的局限性。在自适应控制方法中，系统不确定项必须满足参数线性化条件，而且需要通过烦琐计算来获得系统的回归矩阵。而鲁棒控制方法或多或少需要一定的系统模型知识，且常常需要假定系统不确定项的界是已知的。神经网络具有强大的学习能力、非线性逼近能力和容错能力，在系统建模、辨识与控制中得到了广泛的应用，同时也为解决非完整系统的控制问题提供了新的手段。

在这节中，我们将研究不确定的链式非完整系统的控制问题，并将提出的控制策略应用于移动机器人。首先，我们假定系统动力学模型是已知的，利用反演设计方法得到基于模型的理想控制器。然后，针对理想控制器中的不确定项，利用 RBF 神经网络来在线学习。同时我们设计了滑模项来补偿存在的逼近残差和时变外部扰动。神经网络的权值更新算法由 Lyapunov 理论导出，保证了控制系统的稳定性。最后，我们在移动机器人模型上对两种不同的情况进行了仿真对比，仿真和实验结果表明基于神经网络的控制器能够有效地处理系统不确定性，提高系统对环境变化的适应能力。

5.3.1 问题描述

一般地，含非完整约束的力学系统可表示为：

$$\boldsymbol{J}(\boldsymbol{q})\dot{\boldsymbol{q}}=0 \tag{5-112}$$

$$\boldsymbol{M}(\boldsymbol{q})\ddot{\boldsymbol{q}}+\boldsymbol{C}(\boldsymbol{q},\dot{\boldsymbol{q}})\dot{\boldsymbol{q}}+\boldsymbol{G}(\boldsymbol{q})+\boldsymbol{d}(t)=\boldsymbol{J}^{\mathrm{T}}(\boldsymbol{q})\boldsymbol{\lambda}+\boldsymbol{B}(\boldsymbol{q})\boldsymbol{\tau} \tag{5-113}$$

式中，$\boldsymbol{q}\in R^{n}$ 为系统广义坐标；$\boldsymbol{M}(\boldsymbol{q})\in R^{n\times n}$ 为对称正定的惯性矩阵；$\boldsymbol{C}(\boldsymbol{q},\dot{\boldsymbol{q}})\in R^{n\times n}$ 为向心和科里奥利（coriolis）矩阵；$\boldsymbol{G}(\boldsymbol{q})\in R^{n}$ 为重力向量；$\boldsymbol{d}(t)\in R^{n}$ 代表包括未建模动态和未知扰动；$\boldsymbol{J}(\boldsymbol{q})\in R^{m\times n}$ 为约束矩阵；$\boldsymbol{\lambda}\in R^{m}$ 为代表约束力的拉格朗日乘子；$\boldsymbol{\tau}\in R^{r}$ 为控制输入转矩；$\boldsymbol{B}(\boldsymbol{q})\in R^{n\times r}$ 为已知的满秩的输入矩阵。

因为 $\boldsymbol{J}(\boldsymbol{q})\in R^{m\times n}$，则总可以找到一个满秩矩阵 $\boldsymbol{S}(\boldsymbol{q})\in R^{n\times(n-m)}$ 构成 $\boldsymbol{J}(\boldsymbol{q})$ 的化零空间，即：

$$\boldsymbol{S}^{\mathrm{T}}(\boldsymbol{q})\boldsymbol{J}^{\mathrm{T}}(\boldsymbol{q})=0 \tag{5-114}$$

约束条件式(5-112) 意味着总存在一个由独立的广义速度构成的向量 $\boldsymbol{v}\in R^{n-m}$，使得

$$\dot{\boldsymbol{q}}=\boldsymbol{S}(\boldsymbol{q})\boldsymbol{v} \tag{5-115}$$

对式(5-115) 求导得 $\ddot{\boldsymbol{q}}=\dot{\boldsymbol{S}}(\boldsymbol{q})\boldsymbol{v}+\boldsymbol{S}(\boldsymbol{q})\dot{\boldsymbol{v}}$，将其代入到式(5-113)，并对方程两边同时乘以 $\boldsymbol{S}^{\mathrm{T}}(\boldsymbol{q})$ 得：

$$\boldsymbol{M}_1(\boldsymbol{q})\dot{\boldsymbol{v}}+\boldsymbol{C}_1(\boldsymbol{q},\dot{\boldsymbol{q}})\boldsymbol{v}+\boldsymbol{G}_1(\boldsymbol{q})+\boldsymbol{d}_1(t)=\boldsymbol{B}_1(\boldsymbol{q})\boldsymbol{\tau} \tag{5-116}$$

其中

$$\boldsymbol{M}_1(\boldsymbol{q})=\boldsymbol{S}^{\mathrm{T}}\boldsymbol{M}(\boldsymbol{q})\boldsymbol{S},\boldsymbol{G}_1(\boldsymbol{q})=\boldsymbol{S}^{\mathrm{T}}\boldsymbol{G}(\boldsymbol{q})$$

$$\boldsymbol{B}_1(\boldsymbol{q})=\boldsymbol{S}^{\mathrm{T}}\boldsymbol{B}(\boldsymbol{q}),\boldsymbol{d}_1(t)=\boldsymbol{S}^{\mathrm{T}}\boldsymbol{d}(t)$$

$$\boldsymbol{C}_1(\boldsymbol{q},\dot{\boldsymbol{q}})=\boldsymbol{S}^{\mathrm{T}}[\boldsymbol{M}(\boldsymbol{q})\dot{\boldsymbol{S}}+\boldsymbol{C}(\boldsymbol{q},\dot{\boldsymbol{q}})\boldsymbol{S}]$$

为便于控制器设计，我们将采用非完整系统的标准型。假定存在可逆的坐标变换 $\boldsymbol{x}=\boldsymbol{T}_1(\boldsymbol{q})$ 和状态反馈 $\boldsymbol{v}=\boldsymbol{T}_2(\boldsymbol{q})\boldsymbol{u}$，使得运动学模型式(5-115) 可以转化为如下链式标准型：

$$\begin{aligned}&\dot{x}_1=u_1\\&\dot{x}_i=u_1x_{i+1}\quad(2\leqslant i\leqslant n-1)\\&\dot{x}_n=u_2\end{aligned} \tag{5-117}$$

同样地根据以上变换，动力学模型式(5-116) 转化为

$$\boldsymbol{M}_2(\boldsymbol{x})\dot{\boldsymbol{u}}+\boldsymbol{C}_2(\boldsymbol{x},\dot{\boldsymbol{x}})\boldsymbol{u}+\boldsymbol{G}_2(\boldsymbol{x})+\boldsymbol{d}_2(t)=\boldsymbol{B}_2(\boldsymbol{x})\boldsymbol{\tau} \tag{5-118}$$

其中

$$\boldsymbol{M}_2(\boldsymbol{x})=\boldsymbol{T}_2^{\mathrm{T}}(\boldsymbol{q})\boldsymbol{M}_1(\boldsymbol{q})\boldsymbol{T}_2(\boldsymbol{q})\big|_{\boldsymbol{q}=\boldsymbol{T}_1^{-1}(\boldsymbol{x})}$$

$$\boldsymbol{C}_2(x,\dot{x})=\boldsymbol{T}_2^{\mathrm{T}}(\boldsymbol{q})[\boldsymbol{M}_1(\boldsymbol{q})\dot{\boldsymbol{T}}_2(\boldsymbol{q})+\boldsymbol{C}_1(\boldsymbol{q},\dot{\boldsymbol{q}})\boldsymbol{T}_2(\boldsymbol{q})]|_{\boldsymbol{q}=\boldsymbol{T}_1^{-1}(x)}$$

$$\boldsymbol{G}_2(x)=\boldsymbol{T}_2^{\mathrm{T}}(\boldsymbol{q})\boldsymbol{G}_1(\boldsymbol{q})|_{\boldsymbol{q}=\boldsymbol{T}_1^{-1}(x)}$$

$$\boldsymbol{B}_2(x)=\boldsymbol{T}_2^{\mathrm{T}}(\boldsymbol{q})\boldsymbol{B}_1(\boldsymbol{q})|_{\boldsymbol{q}=\boldsymbol{T}_1^{-1}(x)}$$

$$\boldsymbol{d}_2(t)=\boldsymbol{T}_2^{\mathrm{T}}(\boldsymbol{q})\boldsymbol{d}_1(t)|_{\boldsymbol{q}=\boldsymbol{T}_1^{-1}(x)}$$

一般情况下，动力学模型式(5-118) 具有如下性质：

① 矩阵 $\boldsymbol{M}_2$ (x) 是对称正定的。

② 矩阵 $\dot{\boldsymbol{M}}_2-2\boldsymbol{C}_2$ 是反对称的。

③ $\boldsymbol{M}_2(x)$、$\boldsymbol{C}_2(x,\dot{x})$、$\boldsymbol{G}_2(x)$ 和 $\boldsymbol{d}_2(t)$ 均有界。

在控制目标中我们假定参考轨迹 $q_{\mathrm{d}}(t)$ 由参考速度生成 $v_{\mathrm{d}}(t)$，且满足

$$\dot{q}_{\mathrm{d}}=S(q_{\mathrm{d}})v_{\mathrm{d}} \tag{5-119}$$

那么同样应用坐标变换 $x_{\mathrm{d}}=T_1(q_{\mathrm{d}})$和状态反馈 $v_{\mathrm{d}}=T_2(q_{\mathrm{d}})u_{\mathrm{d}}$，我们有

$$\dot{x}_{1\mathrm{d}}=u_{1\mathrm{d}}$$

$$\dot{x}_{i\mathrm{d}}=u_{1\mathrm{d}}x_{(i+1)\mathrm{d}}\quad(2\leqslant i\leqslant n-1)$$

$$\dot{x}_{n\mathrm{d}}=u_{2\mathrm{d}} \tag{5-120}$$

根据以上变换，本章考虑的控制问题可表述为对系统方程组 (5-117) 和式(5-118) 设计控制律 τ，使得系统能够跟踪给定的参考轨迹，且满足

$$\lim_{t\to\infty}[x(t)-x_{\mathrm{d}}(t)]=0 \tag{5-121}$$

5.3.2 基于模型的控制

在这一节中，我们在假定系统动力学模型已知且无外部干扰的情况下，利用反演控制方法设计基于模型的转矩控制律。控制系统的结构框图如图 5-21 所示。

控制器的设计过程可分为两步：首先，对运动学子系统方程组 (5-117) 设计出虚拟速度指令。然后，利用反演设计方法设计转矩控制律。为方便控制律设计，我们定义如下辅助误差变量：

$$y_1=x_{1\mathrm{e}}$$

$$y_i=x_{i\mathrm{e}}-\sum_{j=i+1}^{n}\frac{x_{1\mathrm{e}}^{j-i}}{(j-i)!}x_{j\mathrm{d}}\quad(2\leqslant i\leqslant n-1)$$

$$y_n=x_{n\mathrm{e}} \tag{5-122}$$

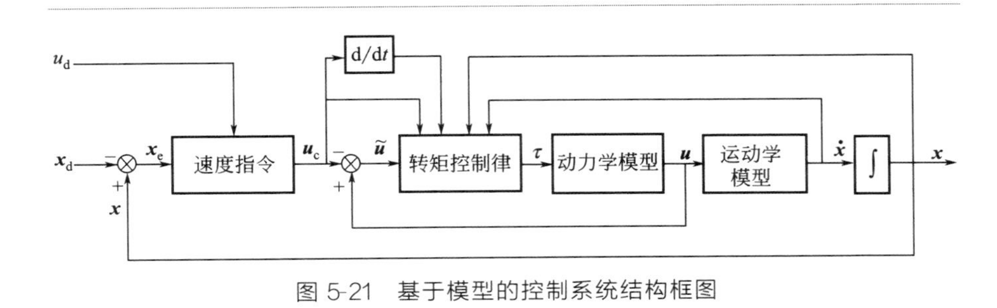

图 5-21 基于模型的控制系统结构框图

其中 $\boldsymbol{x}_e=[x_{1e},x_{2e},\cdots,x_{ne}]^T$ 定义为 $\boldsymbol{x}_e=\boldsymbol{x}-\boldsymbol{x}_d$。那么可以得到误差动力学如下：

$$\dot{y}_1=u_1-u_{1d}$$
$$\dot{\boldsymbol{z}}=u_1\boldsymbol{Az}+\boldsymbol{B}(u_2-u_{2d})-u_{2d}\Delta\boldsymbol{B}(y_1)y_1 \tag{5-123}$$

其中 $\boldsymbol{z}=[z_1,z_2,\cdots,z_{n-1}]^T=[y_2,y_3,\cdots,y_n]^T$，$\Delta\boldsymbol{B}(y_1)=[y_1^{n-3}/(n-2)!,y_1^{n-4}/(n-3)!,\cdots,1,0]^T$，且（$\boldsymbol{A}$，$\boldsymbol{B}$）为能控标准型，即：

$$\boldsymbol{A}=\begin{bmatrix}0&1&0&\cdots&0\\0&0&1&\cdots&0\\\vdots&\vdots&\vdots&\ddots&\vdots\\0&0&\cdots&\cdots&1\\0&0&\cdots&\cdots&0\end{bmatrix},\boldsymbol{B}=\begin{bmatrix}0\\0\\\vdots\\0\\1\end{bmatrix}$$

接下来，我们首先引入一个辅助的速度指令，使得跟踪误差 $\boldsymbol{y}=[y_1,\boldsymbol{z}^T]^T$ 尽可能小。然后，通过反演方法设计转矩控制律，实现对速度指令的跟踪。令$\{\lambda_1,\lambda_2,\cdots,\lambda_{n-1}\}$为一组预先给定的负特征值，那么存在矩阵 $\boldsymbol{K}_0\in R^{1\times(n-1)}$，使得可控矩阵 $\boldsymbol{A}+\boldsymbol{BK}_0$ 的特征值为 $\lambda_1,\lambda_2,\cdots,\lambda_{n-1}$。同时存在唯一对称正定矩阵 P，满足如下 Riccati 方程：

$$\boldsymbol{P}(\boldsymbol{A}+\boldsymbol{BK}_0)+(\boldsymbol{A}+\boldsymbol{BK}_0)^T\boldsymbol{P}+2\boldsymbol{PBB}^T\boldsymbol{P}=0 \tag{5-124}$$

利用对称正定矩阵 $\boldsymbol{P}$，我们定义辅助速度指令 $\boldsymbol{u}_c=[u_{1c},u_{2c}]^T$ 如下：

$$u_{1c}=-k_1y_1+u_{2d}\Delta\boldsymbol{B}^T(y_1)\boldsymbol{Pz}+u_{1d}$$
$$u_{2c}=-k_2\boldsymbol{B}^T\boldsymbol{Pz}+u_{1c}(\boldsymbol{K}_0+\boldsymbol{B}^T\boldsymbol{P})\boldsymbol{z}+u_{2d} \tag{5-125}$$

其中 $k_1>0$ 和 $k_2>0$ 为控制增益。如果只考虑运动学速度跟踪的话，可以证明在速度输入为式(5-125) 的情况下，跟踪误差系统式(5-123) 是渐近稳定的。

接下来我们设计控制律 τ，使得动力学子系统的输出 $\boldsymbol{u}$ 能够跟踪辅助信号 $\boldsymbol{u}_c$。当 $\boldsymbol{u}$ 趋近于 $\boldsymbol{u}_c$ 时，$\boldsymbol{y}$ 也将趋近于零。为得到转矩输入，我们定义速度跟踪误差：

$$\tilde{\boldsymbol{u}}=\boldsymbol{u}-\boldsymbol{u}_{\mathrm{c}} \tag{5-126}$$

对 $\tilde{\boldsymbol{u}}$ 求导，同时乘以 $M_2(x)$ 并利用方程（5-118），可得如下方程：

$$\boldsymbol{M}_2(\boldsymbol{x})\dot{\tilde{\boldsymbol{u}}}+\boldsymbol{C}_2(\boldsymbol{x},\dot{\boldsymbol{x}})\tilde{\boldsymbol{u}}=\boldsymbol{B}_2(\boldsymbol{x})\boldsymbol{\tau}-\boldsymbol{f}-\boldsymbol{d}_2 \tag{5-127}$$

其中非线性函数 f 定义为

$$\boldsymbol{f}=\boldsymbol{M}_2(\boldsymbol{x})\dot{\boldsymbol{u}}_{\mathrm{c}}+\boldsymbol{C}_2(\boldsymbol{x},\dot{\boldsymbol{x}})\boldsymbol{u}_{\mathrm{c}}+\boldsymbol{G}_2(\boldsymbol{x}) \tag{5-128}$$

假定非完整系统的动力学模型完全已知，且 $d(t)=0$，那么我们可以选择如下控制律：

$$\boldsymbol{\tau}=\boldsymbol{B}_2^{+}(\boldsymbol{x})(-\boldsymbol{K}_{\mathrm{p}}\tilde{\boldsymbol{u}}-\boldsymbol{\Lambda}+\boldsymbol{f}) \tag{5-129}$$

其中

$$\boldsymbol{\Lambda}=\begin{bmatrix} y_1+\boldsymbol{z}^{\mathrm{T}}\boldsymbol{PAz} \\ \boldsymbol{B}^{\mathrm{T}}\boldsymbol{Pz} \end{bmatrix} \tag{5-130}$$

且 $\boldsymbol{B}_2^{+}=\boldsymbol{B}_2^{\mathrm{T}}(\boldsymbol{B}_2\boldsymbol{B}_2^{\mathrm{T}})^{-1}$ 为 $\boldsymbol{B}_2(x)$ 的右伪逆，$\boldsymbol{K}_{\mathrm{p}}$ 为对称正定矩阵，则有如下定理。

定理 5.3 假定非完整系统式(5-117) 和式(5-118) 的动态模型已知，$d(t)=0$，且 $\lim\limits_{t\to\infty}|u_{1\mathrm{d}}(t)|>0$。如果控制律由式(5-129) 定义，其中虚拟速度指令由式(5-125) 给出，那么闭环控制系统是渐近稳定的，且使得跟踪性能式(5-121) 成立。

证明：将方程（5-125）代入到式(5-123)，方程（5-129）代入到式(5-127)，并考虑到 $d_2(t)=0$，可得闭环系统如下：

$$\dot{y}_1=-k_1y_1+u_{2\mathrm{d}}\Delta\boldsymbol{B}^{\mathrm{T}}(y_1)\boldsymbol{Pz}+\tilde{u}_1 \tag{5-131}$$

$$\dot{\boldsymbol{z}}=-k_2\boldsymbol{BB}^{\mathrm{T}}\boldsymbol{Pz}+u_{1\mathrm{c}}\boldsymbol{A}_0\boldsymbol{z}-u_{2\mathrm{d}}\Delta\boldsymbol{B}(y_1)y_1+\tilde{u}_1\boldsymbol{Az}+\boldsymbol{B}\tilde{u}_2 \tag{5-132}$$

$$\boldsymbol{M}_2(\boldsymbol{x})\dot{\tilde{\boldsymbol{u}}}=-\boldsymbol{C}_2(\boldsymbol{x},\dot{\boldsymbol{x}})\tilde{\boldsymbol{u}}-\boldsymbol{K}_{\mathrm{p}}\tilde{\boldsymbol{u}}-\boldsymbol{\Lambda} \tag{5-133}$$

其中 $\boldsymbol{A}_0=\boldsymbol{A}+\boldsymbol{B}(\boldsymbol{K}_0+\boldsymbol{B}^{\mathrm{T}}\boldsymbol{P})$。由式(5-124) 可知矩阵 $\boldsymbol{PA}_0$ 是反对称的，即：

$$\boldsymbol{PA}_0+\boldsymbol{A}_0^{\mathrm{T}}\boldsymbol{P}=0 \tag{5-134}$$

考虑如下 Lyapunov 函数：

$$V=V_1+V_2 \tag{5-135}$$

$$V_1=\frac{1}{2}(y_1^2+\boldsymbol{z}^{\mathrm{T}}\boldsymbol{Pz}) \tag{5-136}$$

$$V_2=\frac{1}{2}\tilde{\boldsymbol{u}}^{\mathrm{T}}\boldsymbol{M}_2\tilde{\boldsymbol{u}} \tag{5-137}$$

函数 V_1 关于时间的导数为：

$$\begin{aligned}\dot{V}_1 &= y_1\dot{y}_1 + \boldsymbol{z}^{\mathrm{T}}\boldsymbol{P}\dot{\boldsymbol{z}} \\ &= y_1[-k_1y_1 + u_{2d}\Delta\boldsymbol{B}^{\mathrm{T}}(y_1)\boldsymbol{Pz} + \tilde{u}_1] + \boldsymbol{z}^{\mathrm{T}}\boldsymbol{P}[-k_2\boldsymbol{BB}^{\mathrm{T}}\boldsymbol{Pz} + \\ &\quad u_{1c}\boldsymbol{A}_0\boldsymbol{z} - u_{2d}\Delta\boldsymbol{B}(y_1)y_1 + \tilde{u}_1\boldsymbol{Az} + \boldsymbol{B}\tilde{u}_2] \\ &= -k_1y_1^2 - k_2\boldsymbol{z}^{\mathrm{T}}\boldsymbol{PBB}^{\mathrm{T}}\boldsymbol{Pz} + u_{1c}\boldsymbol{z}^{\mathrm{T}}\boldsymbol{PA}_0\boldsymbol{z} + (y_1 + \boldsymbol{z}^{\mathrm{T}}\boldsymbol{PAz})\tilde{\boldsymbol{u}}_1 + \boldsymbol{z}^{\mathrm{T}}\boldsymbol{PB}\tilde{\boldsymbol{u}}_2 \\ &= -k_1y_1^2 - k_2\boldsymbol{z}^{\mathrm{T}}\boldsymbol{PBB}^{\mathrm{T}}\boldsymbol{Pz} + \tilde{\boldsymbol{u}}^{\mathrm{T}}\boldsymbol{\Lambda} + \frac{1}{2}u_{1c}\boldsymbol{z}^{\mathrm{T}}(\boldsymbol{PA}_0 + \boldsymbol{A}_0^{\mathrm{T}}\boldsymbol{P})\boldsymbol{z}\end{aligned} \tag{5-138}$$

由方程（5-134）我们得到：

$$\dot{V}_1 = -k_1y_1^2 - k_2\boldsymbol{z}^{\mathrm{T}}\boldsymbol{PBB}^{\mathrm{T}}\boldsymbol{Pz} + \tilde{\boldsymbol{u}}^{\mathrm{T}}\boldsymbol{\Lambda} \tag{5-139}$$

函数 V_2 关于时间的导数为：

$$\begin{aligned}\dot{V}_2 &= \tilde{\boldsymbol{u}}^{\mathrm{T}}\boldsymbol{M}_2\dot{\tilde{\boldsymbol{u}}} + \frac{1}{2}\tilde{\boldsymbol{u}}^{\mathrm{T}}\dot{\boldsymbol{M}}_2\tilde{\boldsymbol{u}} \\ &= \tilde{\boldsymbol{u}}^{\mathrm{T}}[-\boldsymbol{C}_2(\boldsymbol{x},\dot{\boldsymbol{x}})\tilde{\boldsymbol{u}} - \boldsymbol{K}_{\mathrm{p}}\tilde{\boldsymbol{u}} - \boldsymbol{\Lambda}] + \frac{1}{2}\tilde{\boldsymbol{u}}^{\mathrm{T}}\dot{\boldsymbol{M}}_2\tilde{\boldsymbol{u}} \\ &= \tilde{\boldsymbol{u}}^{\mathrm{T}}(-\boldsymbol{K}_{\mathrm{p}}\tilde{\boldsymbol{u}} - \boldsymbol{\Lambda}) + \tilde{\boldsymbol{u}}^{\mathrm{T}}\left(\frac{1}{2}\dot{\boldsymbol{M}}_2 - \boldsymbol{C}_2\right)\tilde{\boldsymbol{u}}\end{aligned} \tag{5-140}$$

因为矩阵 $\dot{\boldsymbol{M}}_2 - 2\boldsymbol{C}_2$ 是反对称的，我们有：

$$\dot{V}_2 = -\tilde{\boldsymbol{u}}^{\mathrm{T}}\boldsymbol{K}_{\mathrm{p}}\tilde{\boldsymbol{u}} - \tilde{\boldsymbol{u}}^{\mathrm{T}}\boldsymbol{\Lambda} \tag{5-141}$$

结合式(5-139) 和式(5-141) 可得函数 V 关于时间的导数为

$$\dot{V} = \dot{V}_1 + \dot{V}_2 = -k_1y_1^2 - k_2\boldsymbol{z}^{\mathrm{T}}\boldsymbol{PBB}^{\mathrm{T}}\boldsymbol{Pz} - \tilde{\boldsymbol{u}}^{\mathrm{T}}\boldsymbol{K}_{\mathrm{p}}\tilde{\boldsymbol{u}} \tag{5-142}$$

定义 $L(t) = k_1y_1^2 + k_2\boldsymbol{z}^{\mathrm{T}}\boldsymbol{PBB}^{\mathrm{T}}\boldsymbol{Pz} + \tilde{\boldsymbol{u}}^{\mathrm{T}}\boldsymbol{K}_{\mathrm{p}}\tilde{\boldsymbol{u}}$，对其两边关于时间积分可得：

$$V(t) + \int_0^t L(s)\mathrm{d}s = V(0) < \infty \tag{5-143}$$

因为 $V(t) \geqslant 0$，$L(t) \geqslant 0$，方程（5-143）表明 $V(t)$ 是一致有界的，且

$$\int_0^t L(s)\mathrm{d}s < \infty \tag{5-144}$$

由于 $\dot{L}(t)$ 是有界的，那么根据 Barbalat 引理可得出 $\lim\limits_{t\to\infty}L(t)=0$。这表明当 $t\to\infty$ 时，$y_1(t)$，$\tilde{u}(t)$ 和 $\boldsymbol{B}^{\mathrm{T}}\boldsymbol{Pz}(t)$ 均收敛于零。因为 $\lim\limits_{t\to\infty}y_1(t)=0$，那么应用扩展 Barbalat 引理于方程（5-131）得 $\lim\limits_{t\to\infty}u_{2d}(t)\Delta\boldsymbol{B}^{\mathrm{T}}(y_1)\boldsymbol{Pz}(t)=0$。因此，根据方程组（5-125）的第一式可推出 $\lim\limits_{t\to\infty}[u_{1c}(t)-u_{1d}(t)]=0$。

接下来，我们将证明当 $t\to\infty$ 时，$z(t)$ 收敛于零。考虑到

$$\boldsymbol{B}^{\mathrm{T}}\boldsymbol{P}\dot{\boldsymbol{z}}(t)=u_{1\mathrm{d}}\boldsymbol{B}^{\mathrm{T}}\boldsymbol{P}\boldsymbol{A}_0\boldsymbol{z}+o(t) \tag{5-145}$$

其中 $\lim\limits_{t\to\infty}o(t)=0$，且

$$\frac{d}{\mathrm{d}t}(u_{1\mathrm{d}}\boldsymbol{B}^{\mathrm{T}}\boldsymbol{P}\boldsymbol{A}_0\boldsymbol{z})=\dot{u}_{1\mathrm{d}}\boldsymbol{B}^{\mathrm{T}}\boldsymbol{P}\boldsymbol{A}_0\boldsymbol{z}+u_{1\mathrm{d}}\boldsymbol{B}^{\mathrm{T}}\boldsymbol{P}\boldsymbol{A}_0\dot{\boldsymbol{z}} \tag{5-146}$$

因为 $u_{1\mathrm{d}}$、$\dot{u}_{1\mathrm{d}}$、$\boldsymbol{z}$ 和 $\dot{\boldsymbol{z}}$ 有界，可得 $u_{1\mathrm{d}}\boldsymbol{B}^{\mathrm{T}}\boldsymbol{P}\boldsymbol{A}_0\boldsymbol{z}$ 一致连续。利用扩展 Barbalat 引理可得，$u_{1\mathrm{d}}\boldsymbol{B}^{\mathrm{T}}\boldsymbol{P}\boldsymbol{A}_0\boldsymbol{z}$ 收敛于零。那么，由假设条件 $\lim\limits_{t\to\infty}|u_{1\mathrm{d}}(t)|>0$ 可得 $\boldsymbol{B}^{\mathrm{T}}\boldsymbol{P}\boldsymbol{A}_0\boldsymbol{z}$ 收敛于零。通过重复以上推导过程足够多次，可递推得到 $\lim\limits_{t\to\infty}\boldsymbol{B}^{\mathrm{T}}\boldsymbol{P}\boldsymbol{A}_0^i\boldsymbol{z}(t)=0(i=1,2,\cdots)$。由于矩阵 $\boldsymbol{P}\boldsymbol{A}_0$ 是反对称的，$\boldsymbol{B}^{\mathrm{T}}\boldsymbol{P}\boldsymbol{A}_0^i z=(-1)^i(\boldsymbol{A}_0^i\boldsymbol{B})^{\mathrm{T}}\boldsymbol{P}\boldsymbol{z}$，因此有

$$\lim_{t\to\infty}(-1)^i(\boldsymbol{A}_0^i\boldsymbol{B})^{\mathrm{T}}\boldsymbol{P}\boldsymbol{z}(t)=0,i=1,2,\cdots \tag{5-147}$$

因此，根据 $(\boldsymbol{A}_0,\boldsymbol{B})$ 的可控性，$\boldsymbol{z}(t)$ 收敛于零。定理得证。

5.3.3 神经网络自适应控制

实际中非完整动力学系统模型中不可避免地存在不确定性和外部扰动。因此，非线性函数 f 可能是未知的或包含扰动的，这样上面基于模型设计的控制律不能精确得到。为解决这个问题，我们将利用一个径向基（RBF）神经网络来在线学习和逼近系统动态函数 f。本节所设计的神经网络自适应控制系统如图 5-22 所示。

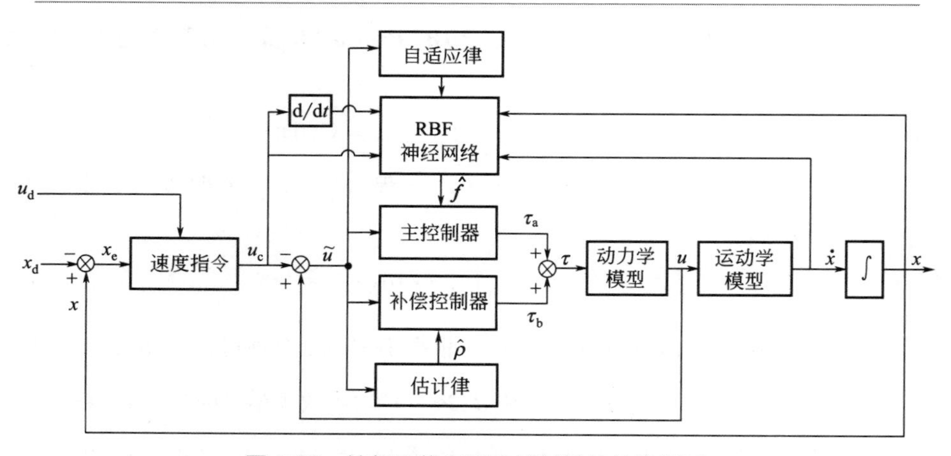

图 5-22 神经网络自适应控制系统结构框图

(1) 神经网络模型

在控制工程应用中，由于良好的逼近能力，RBF 神经网络被广泛应用于非线性函数逼近。一个典型的 RBF 神经网络的结构由一系列并行处理节点组成。RBF 神经网络可以看作一个具有三层结构的网络，其中隐含层由输入向量通过一个非线性函数映射得到，而输出层由隐含层的线性组合构成，如图 5-23 所示。因此，RBF 神经网络的输出可以表示为：

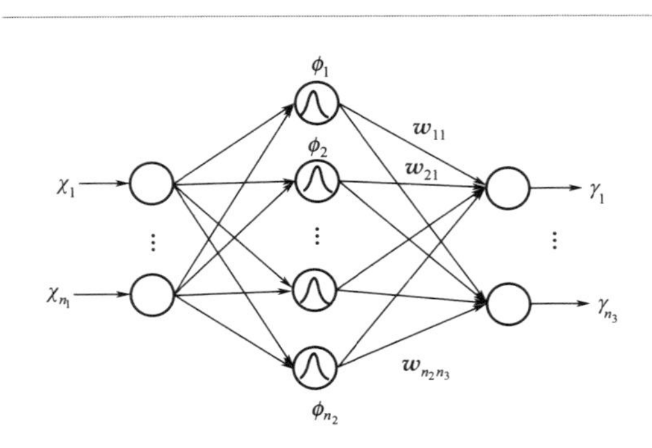

图 5-23 RBF 神经网络结构

$$\gamma_k = \sum_{j=1}^{n_2} w_{jk}\phi_j(\boldsymbol{\chi}), k=1,2,\cdots,n_3 \tag{5-148}$$

式中，$\boldsymbol{\chi}=[\chi_1,\chi_2,\cdots,\chi_{n_1}]^{\mathrm{T}}$ 为输入向量；n_1、n_2、n_3 分别为输入层、隐含层和输出层节点的个数；w_{jk} 为隐含层到输出层的连接权值；基函数 $\phi_j(\boldsymbol{\chi})$ 采用具有如下形式的 Gaussian 函数：

$$\phi_j(\boldsymbol{\chi})=\exp\left(-\frac{\|\boldsymbol{\chi}-\boldsymbol{\mu}_j\|^2}{\sigma_j^2}\right) \tag{5-149}$$

式中，$\boldsymbol{\mu}_j=[\mu_{j1},\mu_{j2},\cdots,\mu_{jn_1}]^{\mathrm{T}}$ 和 σ_j 分别为 Gaussian 函数的中心参数和宽度参数。

进一步地，如果我们记

$$\boldsymbol{W}=\begin{bmatrix} w_{11} & w_{12} & \cdots & w_{1n_3} \\ w_{21} & w_{22} & \cdots & w_{2n3} \\ \vdots & \vdots & \ddots & \vdots \\ w_{n21} & w_{n22} & \cdots & w_{n_2n_3} \end{bmatrix} \tag{5-150}$$

$$\boldsymbol{\phi}(\boldsymbol{\chi})=[\phi_1(\boldsymbol{\chi}),\phi_2(\boldsymbol{\chi}),\cdots,\phi_{n_2}(\boldsymbol{\chi})]^{\mathrm{T}} \tag{5-151}$$

则神经网络的输出可以写为如下更紧凑的形式：

$$\boldsymbol{Y}(\boldsymbol{\chi})=\boldsymbol{W}^{\mathrm{T}}\boldsymbol{\phi}(\boldsymbol{\chi}) \tag{5-152}$$

式中，$\boldsymbol{Y}=[\gamma_1,\gamma_2,\cdots,\gamma_{n_3}]^{\mathrm{T}}$ 为输出向量；$\boldsymbol{W}\in R^{n_2\times n_3}$ 为权值矩阵；$\boldsymbol{\phi}(\chi)$ 为基函数向量。神经网络通用逼近能力表明，只要 n_2 选得足够大，

那么对任意连续函数 $g(\boldsymbol{\chi}):R^{n_1}\rightarrow R^{n_3}$，在紧集 Ω_χ 上，我们有如下逼近：

$$g(\boldsymbol{\chi})=\boldsymbol{W}^{*\mathrm{T}}\boldsymbol{\phi}(\boldsymbol{\chi})+\varepsilon,\forall\boldsymbol{\chi}\in\Omega_\chi\subset R^{n_1} \tag{5-153}$$

式中，ε 为逼近误差；$\boldsymbol{W}^*$ 为未知的最佳逼近矩阵。一般地，我们选择 $\boldsymbol{W}^*$ 使得 ε 在集合 $\boldsymbol{\chi}\in\Omega_\chi$ 上最小，即：

$$\boldsymbol{W}^*=\mathrm{argmin}_{\mathrm{W}}\left[\sup_{\boldsymbol{\chi}\in\Omega_\chi}\|g(\boldsymbol{\chi})-\boldsymbol{W}^{\mathrm{T}}\boldsymbol{\phi}(\boldsymbol{\chi})\|\right] \tag{5-154}$$

我们对逼近误差做如下假设：

假设 5.5　在紧集区间 $\boldsymbol{\Omega}_\chi\in R^{n_1}$，式(5-155) 成立：

$$\|\varepsilon\|\leqslant\delta,\forall\boldsymbol{\chi}\in\Omega_\chi \tag{5-155}$$

其中 $\delta\geqslant 0$ 是一个未知的界。

附注 5.2　如何确定最佳隐含层神经元个数是神经网络结构优化中一个值得研究的问题。解决神经网络结构优化问题应用较多的方法有增长法（growing）和剪枝法（pruning）。增长法从一个简单网络开始不断增加神经元和连接，直到推广能力满足为止。剪枝法寻优方向正好相反，它先构造一个足够大的网络，然后通过在训练时删除或合并某些节点或权值，以达到精简网络结构、改进泛化的目的。增长法在 RBF 网络结构优化应用较多。最常用的三类剪枝方法为权衰减法、灵敏度计算方法和相关性剪枝方法。

（2）神经网络自适应控制器设计

由于 RBF 神经网络良好的逼近能力，我们可用神经网络来辨识和逼近系统不确定项，这样非线性函数 f 可改写为：

$$f(\boldsymbol{\chi})=\boldsymbol{W}^{*\mathrm{T}}\boldsymbol{\phi}(\boldsymbol{\chi})+\boldsymbol{\varepsilon} \tag{5-156}$$

在这里，RBF 神经网络的输入选为向量 $\boldsymbol{\chi}=[\boldsymbol{x}^{\mathrm{T}},\dot{\boldsymbol{x}}^{\mathrm{T}},\boldsymbol{u}_{\mathrm{c}}^{\mathrm{T}},\dot{\boldsymbol{u}}_{\mathrm{c}}^{\mathrm{T}}]^{\mathrm{T}}$。将式(5-156) 代入到式(5-127) 可得：

$$\boldsymbol{M}_2(\boldsymbol{x})\dot{\tilde{\boldsymbol{u}}}+\boldsymbol{C}_2(\boldsymbol{x},\dot{\boldsymbol{x}})\tilde{\boldsymbol{u}}=\boldsymbol{B}_2(\boldsymbol{x})\boldsymbol{\tau}-\boldsymbol{W}^{*\mathrm{T}}\boldsymbol{\phi}(\boldsymbol{\chi})-\boldsymbol{\omega} \tag{5-157}$$

其中 $\omega=d_2+\varepsilon$。因为 d_2 和 ε 都是有界的，我们可对 ω 做如下假设。

假设 5.6　ω 是有界的，即存在一个常数 $\rho\geqslant 0$ 使得

$$\|\omega\|\leqslant\rho \tag{5-158}$$

由式(5-158) 描述的系统包含两种不确定性：由未知的 $\boldsymbol{W}^*$ 带来的参数不确定性，以及由未知 ω 带来的有界扰动。下面我们将设计自适应律来估计 $\boldsymbol{W}^*$ 以及 ω 的界。我们设计如下混合控制律：

$$\boldsymbol{\tau}=\boldsymbol{\tau}_{\mathrm{a}}+\boldsymbol{\tau}_{\mathrm{b}} \tag{5-159}$$

主控制器为：

$$\boldsymbol{\tau}_{\mathrm{a}}=\boldsymbol{B}_2^{+}(\boldsymbol{x})[-\boldsymbol{K}_{\mathrm{p}}\tilde{\boldsymbol{u}}-\boldsymbol{\Lambda}+\hat{\boldsymbol{W}}^{\mathrm{T}}\boldsymbol{\phi}(\boldsymbol{\chi})] \tag{5-160}$$

补偿控制器为：

$$\boldsymbol{\tau}_b = -\boldsymbol{B}_2^+(\boldsymbol{x})\hat{\boldsymbol{\rho}}\operatorname{sgn}(\tilde{\boldsymbol{u}}) \tag{5-161}$$

式中，$\hat{\boldsymbol{W}}$ 为矩阵 $\boldsymbol{W}^*$ 的估计；$\hat{\boldsymbol{\rho}}$ 为 $\boldsymbol{\rho}$ 的估计值；sgn(·)为符号函数。那么我们有如下定理。

定理 5.4　考虑非完整系统的动力学跟踪问题。如果 $\lim\limits_{t\to\infty}|u_{1d}(t)|>0$，且控制律由式(5-159) 给出，其中主控制器及 RBF 神经网络权值更新律分别由式(5-160) 和式(5-162) 给出，补偿控制器及干扰上界估计分别由式(5-161) 和式(5-163) 给出：

$$\dot{\hat{\boldsymbol{W}}} = -\boldsymbol{\Gamma}\boldsymbol{\phi}(\boldsymbol{\chi})\tilde{\boldsymbol{u}}^{\mathrm{T}} \tag{5-162}$$

$$\dot{\hat{\boldsymbol{\rho}}} = \boldsymbol{\eta}\|\tilde{\boldsymbol{u}}\| \tag{5-163}$$

式中，$\boldsymbol{\Gamma}$ 为对称正定矩阵；$\eta>0$ 为学习率。那么闭环系统是渐近稳定的。

证明：将式(5-159)～式(5-161) 代入到式(5-157) 得：

$$\boldsymbol{M}_2(\boldsymbol{x})\dot{\tilde{\boldsymbol{u}}} + \boldsymbol{C}_2(\boldsymbol{x},\dot{\boldsymbol{x}})\tilde{\boldsymbol{u}} = -\boldsymbol{K}_p\tilde{\boldsymbol{u}} - \boldsymbol{\Lambda} - \tilde{\boldsymbol{W}}^{\mathrm{T}}\boldsymbol{\phi}(\boldsymbol{\chi}) - \hat{\boldsymbol{\rho}}\operatorname{sgn}(\tilde{\boldsymbol{u}}) - \boldsymbol{\omega} \tag{5-164}$$

其中 $\tilde{\boldsymbol{W}}=\boldsymbol{W}^*-\hat{\boldsymbol{W}}$，那么闭环系统由方程（5-132)、方程（5-133）和方程（5-134）组成。

考虑如下 Lyapunov 函数：

$$V = V_1 + V_2 + \frac{1}{2}tr(\tilde{\boldsymbol{W}}^{\mathrm{T}}\boldsymbol{\Gamma}^{-1}\tilde{\boldsymbol{W}}) + \frac{1}{2\eta}\tilde{\boldsymbol{\rho}}^2 \tag{5-165}$$

其中 $\tilde{\boldsymbol{\rho}}=\boldsymbol{\rho}-\hat{\boldsymbol{\rho}}$，且 V_1 和 V_2 由方程（5-136）和方程（5-137）定义。函数 V 关于时间变量的导数为

$$\begin{aligned}\dot{V} &= \dot{V}_1 + \dot{V}_2 + tr(\tilde{\boldsymbol{W}}^{\mathrm{T}}\boldsymbol{\Gamma}^{-1}\dot{\tilde{\boldsymbol{W}}}) + \frac{1}{\eta}\tilde{\boldsymbol{\rho}}\dot{\tilde{\boldsymbol{\rho}}} \\ &= -k_1y_1^2 - k_2\boldsymbol{z}^{\mathrm{T}}\boldsymbol{PBB}^{\mathrm{T}}\boldsymbol{Pz} - \tilde{\boldsymbol{u}}^{\mathrm{T}}\boldsymbol{K}_p\tilde{\boldsymbol{u}} - \tilde{\boldsymbol{u}}^{\mathrm{T}}\tilde{\boldsymbol{W}}^{\mathrm{T}}\boldsymbol{\phi}(\boldsymbol{\chi}) + \\ &\quad tr(\tilde{\boldsymbol{W}}^{\mathrm{T}}\boldsymbol{\Gamma}^{-1}\dot{\tilde{\boldsymbol{W}}}) - \hat{\boldsymbol{\rho}}\tilde{\boldsymbol{u}}^{\mathrm{T}}\operatorname{sgn}(\tilde{\boldsymbol{u}}) - \tilde{\boldsymbol{u}}^{\mathrm{T}}\boldsymbol{\omega} + \frac{1}{\eta}\tilde{\boldsymbol{\rho}}\dot{\tilde{\boldsymbol{\rho}}} \leqslant -k_1y_1^2 - k_2\boldsymbol{z}^{\mathrm{T}}\boldsymbol{PBB}^{\mathrm{T}}\boldsymbol{Pz} - \\ &\quad \tilde{\boldsymbol{u}}^{\mathrm{T}}\boldsymbol{K}_p\tilde{\boldsymbol{u}} - tr[\tilde{\boldsymbol{W}}^{T}\boldsymbol{\phi}(\boldsymbol{\chi})\tilde{\boldsymbol{u}}^{\mathrm{T}} - \tilde{\boldsymbol{W}}^{\mathrm{T}}\boldsymbol{\Gamma}^{-1}\dot{\tilde{\boldsymbol{W}}}]\end{aligned} \tag{5-166}$$

考虑到 $\tilde{\boldsymbol{W}}=\boldsymbol{W}^*-\hat{\boldsymbol{W}}$，$\tilde{\boldsymbol{\rho}}=\boldsymbol{\rho}-\hat{\boldsymbol{\rho}}$ 和 $\boldsymbol{W}^*$ 为常数矩阵，$\boldsymbol{\rho}$ 为常数，那么我们有 $\dot{\hat{\boldsymbol{W}}} = -\dot{\tilde{\boldsymbol{W}}}$，$\dot{\hat{\boldsymbol{\rho}}} = -\dot{\tilde{\boldsymbol{\rho}}}$。将式(5-162) 和式(5-163) 代入到式(5-166) 得：

$$\dot{V} \leqslant -k_1 y_1^2 - k_2 \boldsymbol{z}^{\mathrm{T}} \boldsymbol{PBB}^{\mathrm{T}} \boldsymbol{Pz} - \tilde{\boldsymbol{u}}^{\mathrm{T}} \boldsymbol{K}_{\mathrm{p}} \tilde{\boldsymbol{u}} \tag{5-167}$$

对式(5-167) 采用与定理 5.3 中相同的推导过程，可以证明定理 5.4 成立。

根据分析，控制系统的设计过程总结如下。

① 确定矩阵 $\boldsymbol{K}_0$ 使得矩阵 $\boldsymbol{A}+\boldsymbol{BK}_0$ 的特征值为预先给定的负特征值的集合$\{\lambda_1,\lambda_2,\cdots,\lambda_{n-1}\}$。

② 求解方程（5-125）来得到对称正定矩阵 $\boldsymbol{P}$。

③ 计算辅助跟踪误差（5-123)。

④ 通过式(5-126) 计算辅助速度指令 $\boldsymbol{u}_{\mathrm{c}}$。

⑤ 计算控制律式(5-159)，其中主控制器由式(5-160) 给出，补偿控制器由式(5-161) 给出。

⑥ 通过式（5-162）进行神经网络权值更新，并通过式(5-163) 来估计扰动 ω 的上界。

⑦ 返回到步骤③。

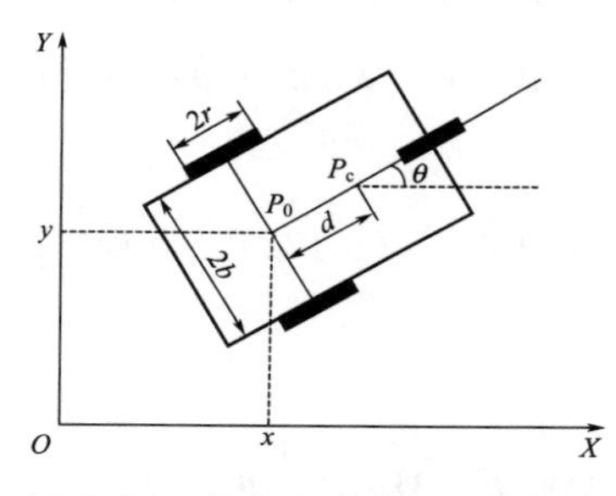

图 5-24 仿真中移动机器人模型

(3) 仿真和实验结果

我们首先在一个差分驱动的移动机器人上对本章提出的控制算法进行了仿真，机器人模型结构如图 5-24 所示。移动机器人的状态由广义坐标 $\boldsymbol{q}=[x,y,\theta]^{\mathrm{T}}$ 描述。我们假定轮子与地面间只发生纯滚动无滑动运动。纯滚动无滑动条件使得移动机器人不能侧向移动，其运动受如下非完整约束：

$$\dot{x}\sin\theta - \dot{y}\cos\theta = 0 \tag{5-168}$$

根据以上约束条件我们可以得到第 5.2 节中定义的约束矩阵 $\boldsymbol{J}(\boldsymbol{q})$ 为

$$\boldsymbol{J}(\boldsymbol{q}) = [\sin\theta, -\cos\theta, 0] \tag{5-169}$$

这样可以推出矩阵 $\boldsymbol{S}(\boldsymbol{q})$ 定义为：

$$\boldsymbol{S}(\boldsymbol{q}) = \begin{bmatrix} \cos\theta & 0 \\ \sin\theta & 0 \\ 0 & 1 \end{bmatrix} \tag{5-170}$$

根据 5.2 节的描述，坐标变换 $\boldsymbol{x}=\boldsymbol{T}_1(\boldsymbol{q})$ 和状态反馈 $\boldsymbol{v}=\boldsymbol{T}_2(\boldsymbol{q})\boldsymbol{u}$ 可定义为：

$$\begin{bmatrix} x_1 \\ x_2 \\ x_3 \end{bmatrix} = \begin{bmatrix} 0 & 0 & 1 \\ \sin\theta & -\cos\theta & 0 \\ \cos\theta & \sin\theta & 0 \end{bmatrix} \begin{bmatrix} x \\ y \\ \theta \end{bmatrix}$$

$$\begin{bmatrix} u_1 \\ u_2 \end{bmatrix} = \begin{bmatrix} 0 & 1 \\ 1 & -x_2 \end{bmatrix} \begin{bmatrix} v_1 \\ v_2 \end{bmatrix}$$

图 5-25 和图 5-26 分别为理想情形下和不确定情形下的仿真结果。

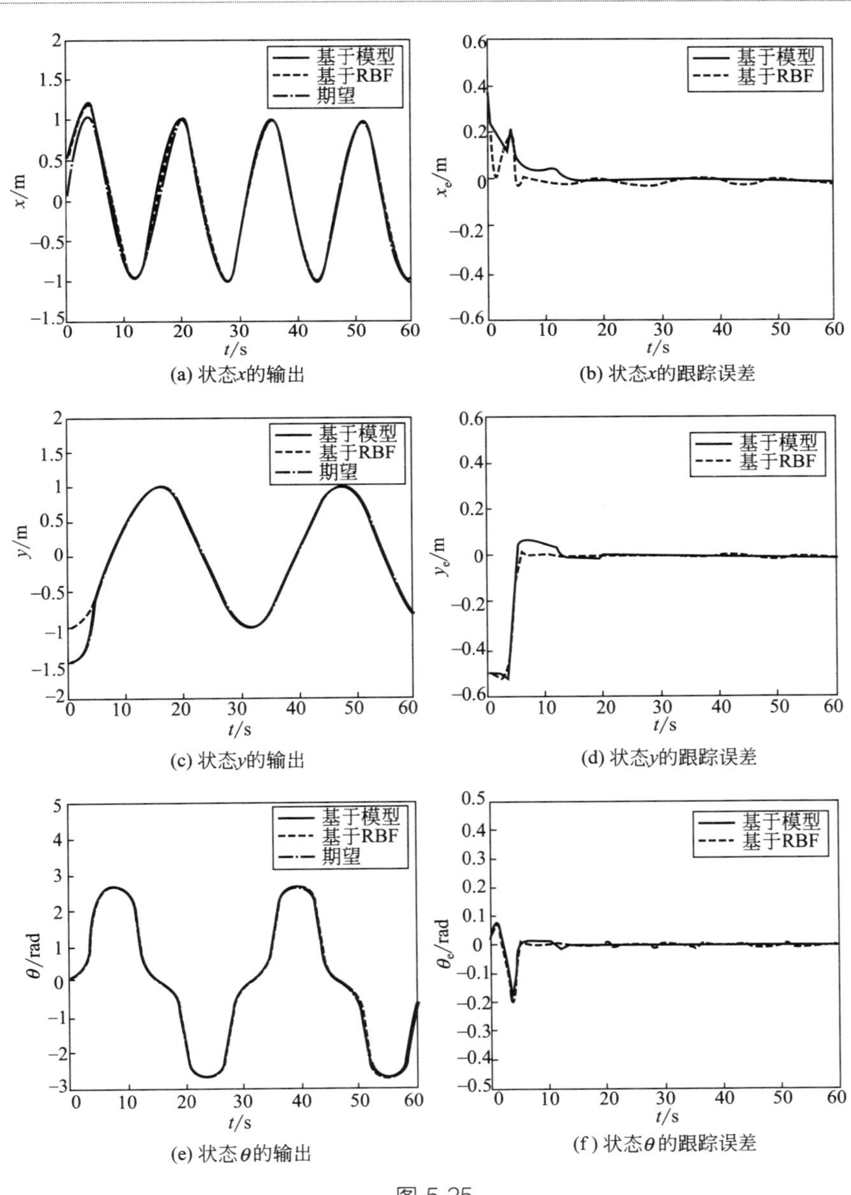

图 5-25

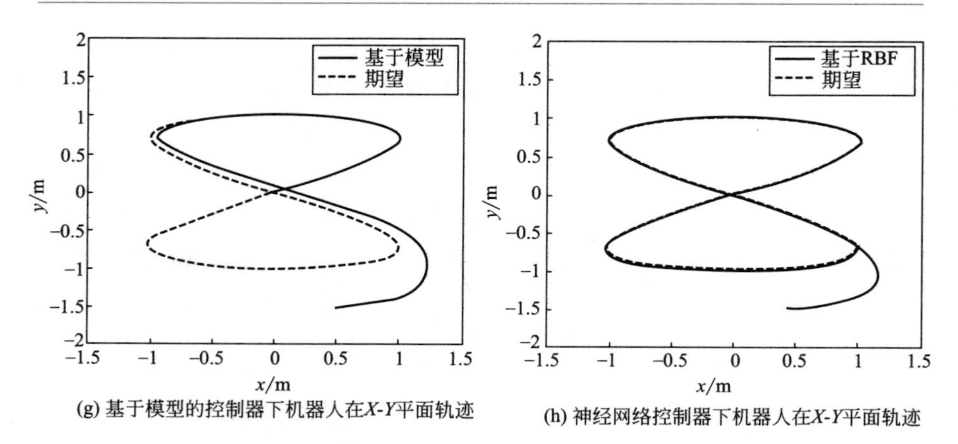

(g) 基于模型的控制器下机器人在X-Y平面轨迹

(h) 神经网络控制器下机器人在X-Y平面轨迹

图 5-25 理想情形下的仿真结果

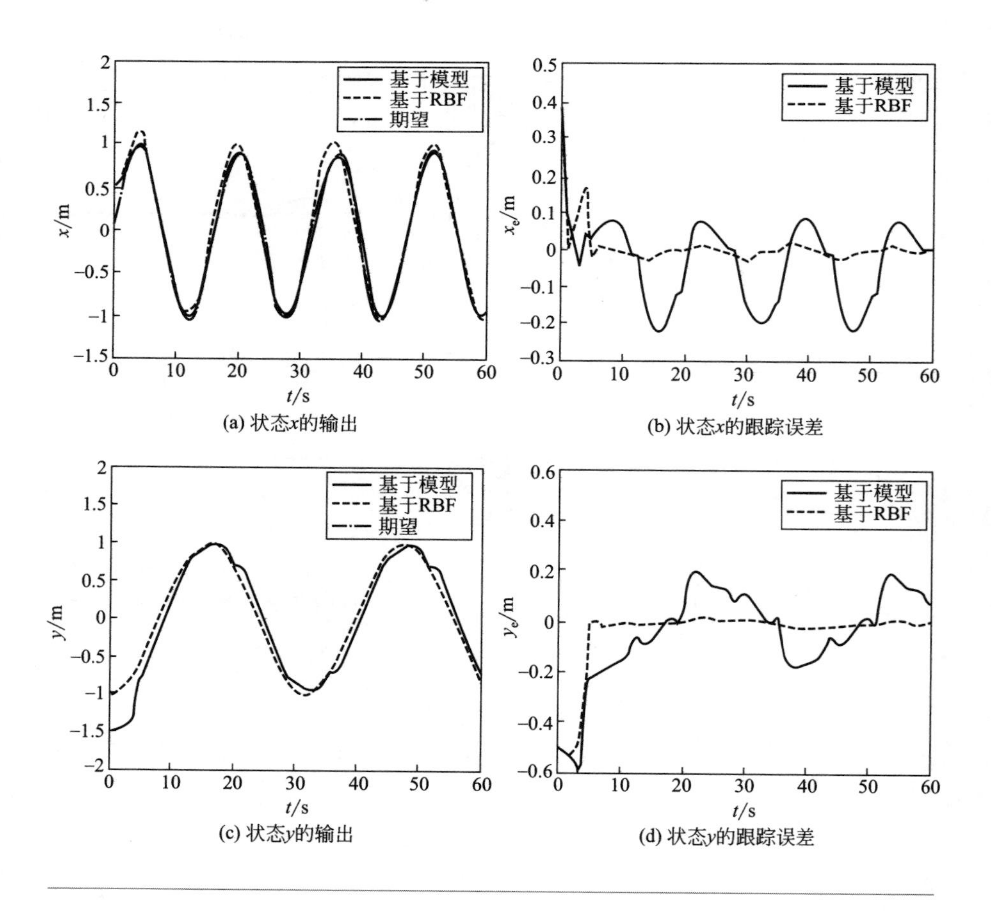

(a) 状态x的输出

(b) 状态x的跟踪误差

(c) 状态y的输出

(d) 状态y的跟踪误差

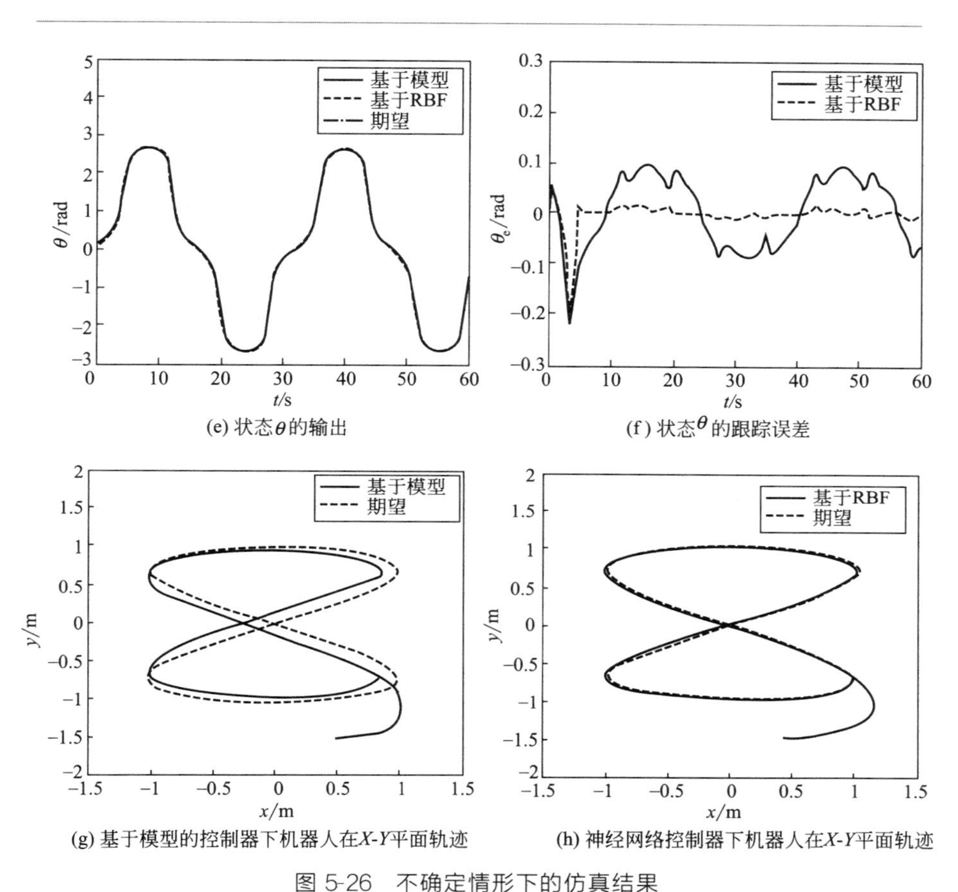

图 5-26 不确定情形下的仿真结果

根据 Euler-Lagrangian 公式，可得移动机器人的动力学模型式(5-116)中的参数为

$$\boldsymbol{M}_1(\boldsymbol{q})=\begin{bmatrix} m+\frac{2I_{\mathrm{w}}}{r^2} & 0 \\ 0 & I+\frac{2b^2I_{\mathrm{w}}}{r^2} \end{bmatrix}$$

$$\boldsymbol{C}_1(\boldsymbol{q},\dot{\boldsymbol{q}})=\begin{bmatrix} 0 & -m_{\mathrm{c}}d\dot{\theta} \\ m_{\mathrm{c}}d\dot{\theta} & 0 \end{bmatrix}$$

$$\boldsymbol{B}_1(\boldsymbol{q})=\frac{1}{r}\begin{bmatrix} 1 & 1 \\ b & -b \end{bmatrix},\boldsymbol{G}_1(\boldsymbol{q})=0$$

$$\boldsymbol{B}_1(\boldsymbol{q})=\frac{1}{r}\begin{bmatrix}1 & 1\\ b & -b\end{bmatrix},\boldsymbol{G}_1(\boldsymbol{q})=0$$

在数值仿真中，移动机器人动力学模型中的物理参数分别设为：$b=0.4$，$d=0.05$，$r=0.1$，$\overline{m}_c=15$，$m_w=0.2$，$I_c=5$，$I_w=0.005$，$I_m=0.0025$，其中 $\overline{m}_c$ 代表 m_c 的名义值。为验证本章所提算法的有效性，我们考虑了如下两种情况。

理想情形：$m_c=\overline{m}_c$，$\boldsymbol{d}_1(t)=0$。在这种情况中，移动机器人的模型精确已知且不含外部扰动。

不确定情形：$m_c=2\,\overline{m}_c$，$\boldsymbol{d}_1(t)=[0.5\sin(t)+2\mathrm{sgn}(v_1)+5v_1, 0.5\cos(t)+2\mathrm{sgn}(v_2)+5v_2]^{\mathrm{T}}$。在这种情况中，移动机器人的模型中含参数不确定性和未建模的摩擦动态以及外部扰动。图 5-27 为移动机器人实验平台，图 5-28 为自适应神经网络控制器实验结果。

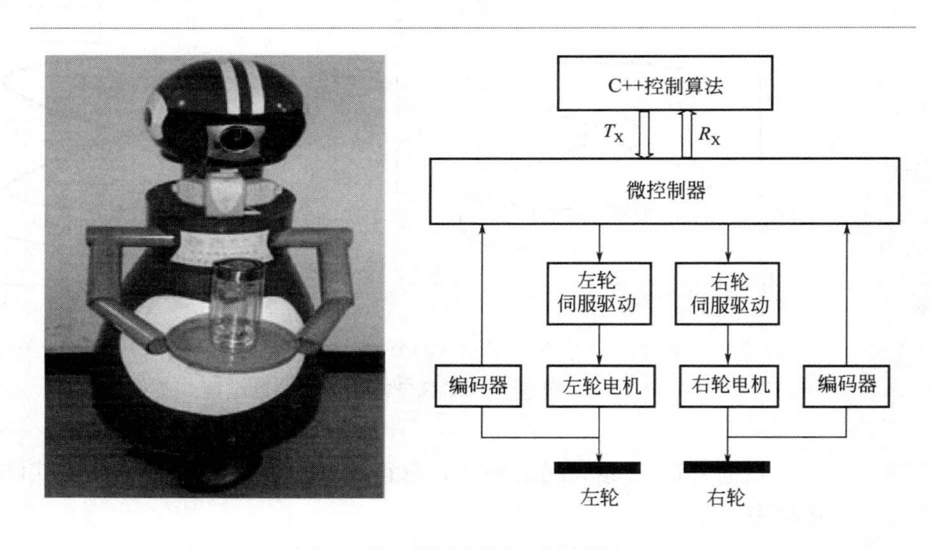

图 5-27 移动机器人实验平台

根据之前的描述，令给定的特征值集合为$\{\lambda_1,\lambda_2\}=\{-1,-1\}$，这样可以推出 $\boldsymbol{K}_0=[-1,-2]$。求解 Riccati 方程得矩阵 $\boldsymbol{P}=\mathrm{diag}[2,2]$。参考轨迹 $\boldsymbol{q}_d(t)=[x_d(t),y_d(t),\theta_d(t)]^{\mathrm{T}}$ 给定为 $x_d(t)=\sin(0.4t)$，$y_d(t)=-\cos(0.2t)$ 和 $\theta_d(t)$ 由非完整约束 $\dot{x}_d\sin\theta_d-\dot{y}_d\cos\theta_d=0$ 确定。机器人的初始位置和初始速度为 $\boldsymbol{q}(0)=[0.5,-1.5,0]^{\mathrm{T}}$，$\dot{\boldsymbol{q}}(0)=[0,0,0]^{\mathrm{T}}$。控制器中的参数设为 $k_1=5$，$k_2=1$，$K_p=20$，$\boldsymbol{\Gamma}=\mathrm{diag}[2]$，$\eta=0.25$。扰动界的估计值 $\hat{\boldsymbol{\rho}}$ 初始化为零。RBF 神经网络的结构含 10 个

输入神经元，25个隐含层神经元，以及2个输出神经元。Gaussian函数的中心矢量为$\boldsymbol{\mu}_j=[-6,-5.5,-5,\cdots,0,\cdots,5,5.5,6]^{\mathrm{T}}(j=1,2,\cdots,25)$宽度参数均设为1，神经网络的权值随机初始化。

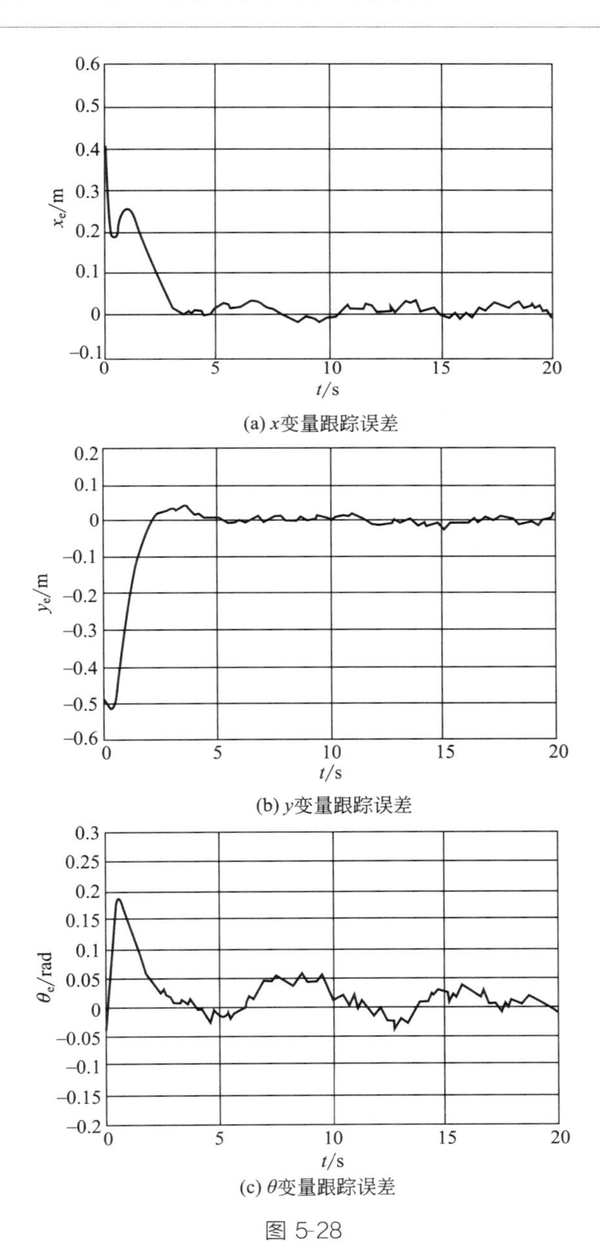

图 5-28

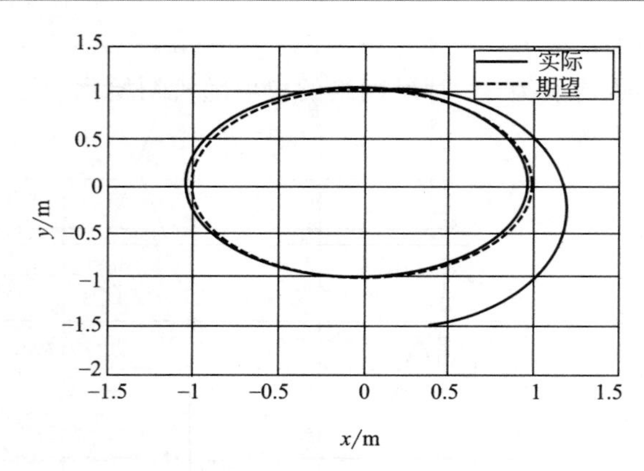

(d) 机器人在X-Y平面的轨迹

图 5-28 自适应神经网络控制器实验结果

参考文献

[1] LeeT C, Song K T, Lee C H, et al. Tracking control of unicycle-modeled mobile robots using a saturation feedback controller [J]. IEEE Transactions on Control Systems Technology, 2001, 9(2): 305-318.

[2] Do K D, Jiang Z P, Pan J. A global output-feedback controller for simultaneous tracking and stabilization of unicycle-type mobile robots[J]. IEEE Transactions on Robotics and Automation, 2004, 20(3): 589-594.

第6章

环境感知与控制技术在无人机系统的应用

6.1 概述

无人机是无人空中飞行器（unmanned aerial vehicle，UAV）的简称，它是一种不搭载操作人员、由动力驱动、可重复使用的航空器。从技术角度可以将无人机分为无人直升机、固定翼无人机、多旋翼无人机、无人飞艇和无人伞翼机几大类。从1913年出现自动驾驶仪以来，越来越多的国家开始重视无人机，并投入了大量精力进行相关研究，无人机发展势头迅猛。

近年来，多旋翼无人机因具有三维空间中机动性强、具备悬停能力等特点，已不再是一种单纯的玩具，而正在逐步转型成为用于侦察和探测的三维摄像机和移动操作平台，可以代替人完成高危环境信息获取与作业等任务，近年来得到了越来越多的关注。

旋翼飞行机器人目前的发展阶段与地面、水下、深空等移动机器人早期发展阶段类似，尚处于移动平台自身自主控制的研究期，目前已取得了火灾探测、地震现场勘测、广域环境建模等信息获取型任务的成功示范，可以在灾难现场有效地监控整体环境，如图6-1所示，无人机在四川汶川大地震、玉树地震等灾难现场已经得到了很好的运用，给灾害救援提供了一种新颖有效的手段。此外，最近无人机在电力架线和电力巡线上也得到了广泛的运用，在山区、峡谷等险要环境下避免了人身事故的发生，同时节省大量的人力成本，提高了电力巡线的工作效率。在娱乐生活中，小型无人机的市场化，比如深圳大疆创新科技有限公司（DJI）的无人机，给人们的生活带来了新的视野，并且已经开始用在电影拍摄等方面，取得了很好的效果和体验。无人机虽然已被广泛地投入到多个领域的应用中，但主要还是限制在拍摄和监控层面，即对环境只是“看”和“查”，还不能和环境进行主动“接触”，对环境中的物体进行操作。

图6-1 旋翼飞行机械臂示意图

地面移动机器人通过机械臂来实现对环境中物体的操作，结合了机械臂等主动式作业机构组成的作业型地面移动机器人系统，在反恐防暴、救灾救援等多种场合已经得到了充分的验证应用和广泛的认可。作业型地面移动机器人系统的巨大成功，说明将传统机械臂（主动作业机构）的强大作业能力与移动机器人的自由移动能力相结合，以扩展机器人技术应用范围的做法是非常有吸引力的。这一思路引起了研究人员和用户的极大兴趣，并在水下、深空以及其他移动机器人上得到了成功推广。水下移动机器人与机械臂的结合，可以完成深海采样、水下作业等任务；深空移动机器人与机械臂结合成为空间机械臂，可以替代宇航员完成空间站的组装、维修等任务。这些应用均展现出了移动机器人惊人的前景，并极大拓展了移动机器人的应用领域。因此，从完全单纯观测型到具有一定作业能力的主动作业型转变，是当前移动机器人系统发展的一个总的趋势。

随着机器人应用领域的扩展，人们更加期望旋翼飞行机器人能够对其所处的环境施加主动影响，在飞行机器人平台上加装作业机构，即机械臂，使其在三维复杂工作环境中具有主动作业的能力，这成为了一种很有实际意义的应用需求。

目前，美国航空宇航研究机构已经在无人直升机平台上加装了6自由度高精度机械臂，实现了对放置在地面上物体的准确抓取，并且对执行抓取任务时直升机重心的变化情况进行了讨论。美国的斯坦福大学采用预测控制的方法对直升机执行抓取任务时的不确定影响参数进行了分析。德国慕尼黑大学控制系统研究室采用固定平台对旋翼飞行机械臂的操作过程进行了模拟，通过加装2个3自由度机械臂在可移动的实验平台，同时把计算机预测控制和力反馈传感技术应用到操作过程。另外，还有许多研究是针对旋翼直升机加装多自由度机械臂完成抓取等操作任务。在这些研究中，所进行的对物体的“接触”，是把机械臂直接安装在直升机机身上，在悬停状态下完成简单的自主抓取任务。但是当面对相对复杂的操作任务时，比如定点准确抓取或是装配任务，无人直升机的运动状态会受到机械臂带来的冲击载荷的影响，产生姿态和位置的变化，这些扰动不能得到调节或补偿，对无人机的姿态和飞行轨迹会带来不利影响。为了解决扰动问题，目前提出了更为新颖的概念，即由旋翼无人机及多自由度机械臂共同构成的移动操作型旋翼飞行机械臂系统。

旋翼飞行机械臂（rotorcraft aerial manipulator，RAM）系统是面向空中自主作业需求，将旋翼飞行器与多自由度机械臂相结合所提出的新型机器人，如图6-1所示，其中包含旋翼飞行器和一个多自由度的飞行机械臂。RAM系统的作用是实现旋翼飞行器在悬停状态下通过机械臂对目标物体的自主操作，可将悬停状态下的无人机工作区域由平面拓展到三维空间，使得无人机可以与周围的环境产生交互，也可以很大程度上拓展无人飞行器的应用范围。

旋翼飞行机器人机械臂将人类手臂的能力延伸到了空中，具有广阔的应用前景，主要体现在：

① 在广域无人科考（如南北极科考）及环境监测中，实现极端环境、极端条件下对感兴趣样品的采集或作业，提供一种不可替代的无人化装备，大大提升科考的效率和深度；

② 在特殊环境中辅助/代替人完成目前只能由人来完成的危险任务，如舰船补给过程中的船间物资空中调运或高压输电线路强带电环境中的铺设、检修等，从而提高工作效率，极大降低人员伤亡。

加拿大 MRRobbotic 公司开发了用于空间操作的旋翼飞行机械臂系统，它是世界上第一个开发成功的飞行机械臂系统，所采用的无人机平台为 T-Rex600。平台上加装的机械臂具有 6 个旋转关节，每一个关节都由一个单自由度的驱动模块 JRD 组成。机械臂总长度为 120cm，总质量约 1.02kg，该系统可以操纵最大质量 5kg 的有效载荷。机械臂结构使用碳纤维复合材料制作，驱动部分采用的是数字式舵机，使机械臂具备前后、升降以及横向平移几个自由度，并且通过手动操作控制器使机械臂可以进行收放、转向以及开闭运动，以完成空间操作任务。该旋翼飞行机械臂系统在无人机底座前后两端都可以加装操纵机械臂，可以把任意一端作为固定点，在飞行时可以通过对基座的驱动把机械臂移动到另一端，从而很大程度上扩展了机械臂系统的工作范围。系统的关键技术为无人机控制系统的设计以及 6 自由度的机械臂操纵机构。耶鲁大学研发的小型旋翼飞行机械臂系统 ROTEX 是一套具有地面遥控及程控两种控制模式的飞行机械臂系统，可选择的工作模式有自主模式和操作员遥控模式两种。机械臂机构具有 6 个自由度，在飞行过程中可以收起在直升机下方，执行任务时再放下机械臂以完成抓取或其他操作任务。其手爪部分采用的是一个多传感器相融合的智能手爪，共装设 1 台小型精密相机、4 个力传感器、3 个速度传感器、2 个超声波测距传感器以及 4 个力矩传感器。整个系统通过 ARM 芯片进行控制，系统操纵精度可以达到 2cm。

6.2 无人机系统关键技术概述

旋翼飞行机器人具有巨大的应用前景，但在空中非结构环境自主作业过程中，多自由度机械臂自身的复合自由度以及其所处的复杂扰动环境使旋翼飞行机器人同现有的具有作业能力的移动机器人系统相比，具有特殊的技术难点。针对这些难点，旋翼无人机要准确地完成作业任务，必须在准确获取位姿信息的基础上进行精确的位姿控制。在研发和设计制造旋翼无人机的过程中，面临着以下诸多关键技术的挑战。

（1）旋翼飞行机械臂系统的精确建模

系统建模是从系统概念出发的关于现实世界中某一部分或某些方面进行抽象的“映像”。系统数学模型的建立需要将输入、输出、状态变量及其间的函数关系抽象化，其中描述变量起着非常重要的作用。对于四旋翼无人机的建模方式主要分为机理建模和系统辨识两种。机理建模是在了解被控对象的运动规律的基础上，通过数理知识建立系统内部的输入与系统状态的关系。系统辨识建模是利用实验数据拟合法获得解析模型的过程，属于黑箱建模方式。而既采用了机理建模，又结合了系统辨识原理来辨识其某些结构或参数，这种方式属于灰箱建模。

建立旋翼飞行机械臂在各种飞行状态下的精确数学模型，是设计高性能控制器的前提，它可以为无人机的控制系统设计提供强有力的理论依据，还可以方便系统进行仿真，缩短无人机的研发周期。然而，旋翼飞行机械臂系统在实际作业过程中，飞行器会同时受到空气动力、重力和陀螺效应等多种物理效应的作用和气流等外部环境的干扰。而且所使用的旋翼重量轻、易变形，很难获得准确的气动性能参数，难以建立有效、准确的动力学模型。同时，机械臂的规划运动也会对飞行平台产生未知干扰。因此，对于具有复合多自由度、强耦合、强非线性等特点的旋翼飞行机械臂系统，欲建立其精确数学模型，低雷诺数条件下的空气动力学问题、柔性旋翼气动性能参数的测量技术和飞行器、机械臂之间的强耦合等问题还需要进一步解决，实际应用中，使用的都是简化的旋翼无人机近似动力学模型。

目前，对于旋翼飞行机械臂系统，大部分的研究都是把旋翼无人机和机械臂拆分开，只通过机理建模的方式对无人机的运动学和动力学进行分析和建模。但多关节机械臂的规划运动对飞行平台的干扰会导致系统动力学模型的时变，这会严重影响到系统的稳定控制。因此，在对旋翼飞行机械臂进行建模时，要从整体上建立系统运动学和动力学模型，即要考虑到机械臂运动对飞行平台的影响，主要是系统重心位置的偏移。下面简单介绍一种飞行器与机械臂的联合建模方式。

旋翼飞行机械臂系统由飞行平台和机械臂组成，完整的动力学模型需要考虑二者之间的耦合作用，并对其整体进行建模分析，所建立的动力学方程较为复杂。由于旋翼飞行机械臂系统在实际作业过程中机械臂大部分时间处于静态状态（作业前和作业后），只有在对目标进行作业时才是动态的，其机械臂运动速度缓慢，对系统而言可看成变化的静态状态，因此可对系统静态情况下的动力学进行建模分析。

相较于普通飞行器平台，加载了机械臂的建模分析，其主要区别在于整体的重心是动态变化的，并且一般不在飞行平台的几何中心点上。针对这一问题，我们提出了动态重心补偿算法。图 6-2 所示为系统重心偏移结构示意图。目前，动力学建模方法主要是牛顿-欧拉迭代动力学方程法和拉格朗日动力学公式法，由于后者是一种基于能量的动力学方法，需要对各部分的动能和势能分别依次计算，得到的方程形式复杂，因此，我们在各关节之间的约束力和力矩分析的基础上，运用牛顿-欧拉方程的建模方法。

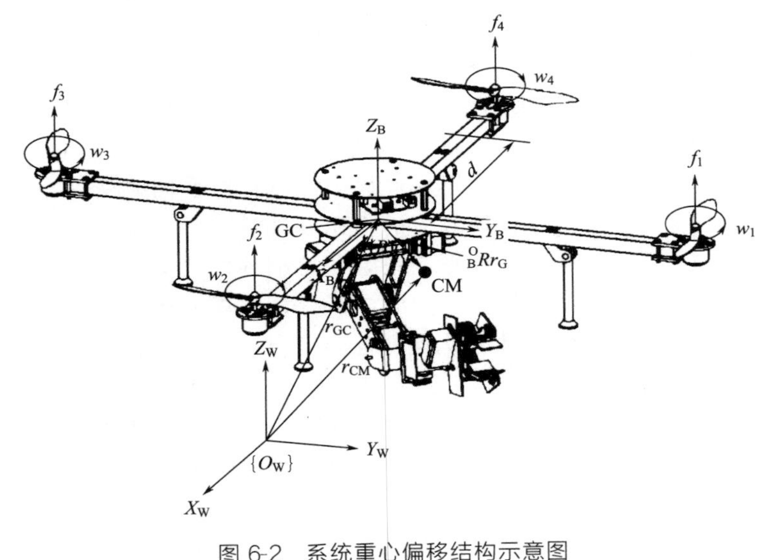

图 6-2 系统重心偏移结构示意图

该系统的动力学方程主要由牛顿方程和欧拉方程两个部分组成，分别为：

$$\begin{cases}\boldsymbol{F}=m\dot{\boldsymbol{r}}_{G}+m\ddot{\boldsymbol{r}}_{GC}+m\dot{\boldsymbol{\Omega}}r_{G}+2m\boldsymbol{\Omega}\dot{\boldsymbol{r}}_{G}+m\boldsymbol{\Omega}(\boldsymbol{\Omega}r_{G}) \\ \boldsymbol{M}=\boldsymbol{I}\dot{\boldsymbol{\Omega}}+\boldsymbol{\Omega}\times\boldsymbol{I}\boldsymbol{\Omega}+\dot{\boldsymbol{r}}_{G}\boldsymbol{B}+\boldsymbol{r}_{G}\dot{\boldsymbol{B}}+(\boldsymbol{\Omega}\boldsymbol{r}_{G})\boldsymbol{B}+\boldsymbol{r}_{G}(\boldsymbol{\Omega}\boldsymbol{B})\end{cases} \tag{6-1}$$

式中，m 表示该系统整体质量；$\boldsymbol{F}$ 是作用在该系统上面的外力；$\boldsymbol{\Omega}$ 是飞行器的角速度矢量，且 $\boldsymbol{\Omega}=[p,q,r]^{T}$；$\boldsymbol{M}$ 是外部转矩；$\boldsymbol{I}$ 是系统惯性张量；$\boldsymbol{B}$ 是由系统重心偏移引起的额外推动力。

电机的转动方向如图 6-2 所示，1 号和 3 号电机逆时针转动，2 号和 4 号电机顺时针转动，都产生向上的升力 f_i 和反作用力 g_i，其计算公式分别是：

$$\begin{cases} f_i = b\omega_i^2 \\ g_i = k\omega_i^2 \end{cases} (i=1,2,3,4) \tag{6-2}$$

式中，ω_i 表示第 i 个电机的转速；b 和 k 是旋翼叶的特定系数，与螺旋桨几何参数、阻力系数、空气密度和气压等客观因素有关。整个系统的外力由这四个电机提供。综上所述，可知整个系统所受外力和转矩分别是：

$$\boldsymbol{F} = {}_B^W R\,[0,0,u_1]^{\mathrm{T}} \tag{6-3}$$

$$\boldsymbol{M} = [u_2,u_3,u_4]^{\mathrm{T}} \tag{6-4}$$

$$\begin{bmatrix} u_1 \\ u_2 \\ u_3 \\ u_4 \end{bmatrix} = \begin{bmatrix} b & b & b & b \\ db & 0 & -db & 0 \\ 0 & -db & 0 & db \\ -k & k & -k & k \end{bmatrix} \begin{bmatrix} \omega_1^2 \\ \omega_2^2 \\ \omega_3^2 \\ \omega_4^2 \end{bmatrix} \tag{6-5}$$

式中，b 是升力常数；d 是电机升力力臂长度。

联立所有方程可得该系统动力学方程为：

$$\begin{cases} \dot{u} = \dfrac{u_1}{m}(\cos\varphi\sin\theta\cos\phi + \sin\varphi\sin\phi) + a_1 \\ \dot{v} = \dfrac{u_1}{m}(\sin\varphi\sin\theta\cos\phi - \cos\varphi\sin\phi) + a_2 \\ \dot{w} = \dfrac{u_1}{m}(\cos\varphi\cos\theta) - g + a_3 \\ \dot{p} = \dfrac{u_2}{I_{xx}} - \dfrac{I_{zz}-I_{yy}}{I_{xx}}qr - \dfrac{b_1}{I_{xx}} - \dfrac{mc_1}{I_{xx}} \\ \dot{q} = \dfrac{u_3}{I_{yy}} - \dfrac{I_{xx}-I_{zz}}{I_{yy}}pr - \dfrac{b_2}{I_{yy}} - \dfrac{mc_2}{I_{yy}} \\ \dot{r} = \dfrac{u_4}{I_{zz}} - \dfrac{I_{yy}-I_{xx}}{I_{zz}}pq - \dfrac{b_3}{I_{zz}} - \dfrac{mc_3}{I_{zz}} \end{cases} \tag{6-6}$$

其中：$a_1 = -2(wq-vr) + x_G(q^2+r^2) - y_G(pq-\dot{r}) - z_G(pr+\dot{q})$

$a_2 = -2(ur-wp) - x_G(pq+\dot{r}) + y_G(r^2+p^2) - z_G(qr-\dot{p})$

$a_3 = -2(vp-uq) - x_G(pr-\dot{q}) - y_G(qr+\dot{p}) + z_G(p^2+q^2)$

$$
\begin{aligned}
b_1 &= -I_{xx}(pq+\dot{r})+I_{yz}(r^2-q^2)+I_{xy}(pr-\dot{q}) \\
b_2 &= -I_{xy}(qr+\dot{p})+I_{xz}(p^2-r^2)+I_{yz}(pq-\dot{r}) \\
b_3 &= -I_{yz}(pr+\dot{q})+I_{xy}(q^2-p^2)+I_{xz}(qr-\dot{p}) \\
c_1 &= x_G(wr+vq)+y_G(\dot{w}-uq)-z_G(\dot{v}+ur) \\
c_2 &= -x_G(\dot{w}+vp)+y_G(up+wv)+z_G(\dot{u}-vr) \\
c_3 &= x_G(\dot{v}-wp)-y_G(\dot{u}-wq)+z_G(vq+up)
\end{aligned}
\tag{6-7}
$$

式中，余项 a_1、a_2、a_3、b_1、b_2、b_3、c_1、c_2、c_3 是由于重心时变漂移而产生的额外作用项，由重心动态位置和姿态角决定。

(2) 旋翼无人机姿态信息的测量与融合

测量与反馈信号是控制系统里的关键环节，测量误差直接影响控制的精度。旋翼飞行器里的姿态控制环所获得的反馈信息即是姿态角以及角速度。所以，姿态信息获取是无人机实现姿态控制的前提，它不仅为无人机飞控系统提供三维姿态信息，也为摄像机等机载设备提供三维姿态基准。而且位置控制需要在姿态控制的基础上来实现，所以姿态解算的精度和速度不仅直接影响姿态控制的稳定性、可靠性，还会对后续的惯性导航（INS）精度以及位置控制性能产生严重影响。因此无人机姿态信息的准确获取至关重要。如何为无人机提供高性能、小型化、低成本、低功耗的姿态测量系统，成为无人机研究的一个关键技术。

目前，姿态角一般是通过融合三维陀螺仪和三维加速度计的数据并进行姿态解算获得的。目前在四旋翼飞行器上应用广泛且效果较好的姿态解算技术有基于 MAHONY 的互补滤波算法和卡尔曼滤波算法，通过选择合适的参数，利用陀螺仪对加速度计进行滤波，从而解算出精确的姿态角。

① 互补滤波算法　互补滤波器是根据测量同一个信号的不同传感器相反的噪声特性，从频域来分辨和消除测量噪声的。如图 6-3 所示，$Y_1=X+u_1$ 和 $Y_2=X+u_2$ 分别表示不同传感器的测量值，其中 Y_1 含有高频噪声 u_1，Y_2 含有低频噪声 u_2。通过互补滤波器的高、低通滤波器可分别滤除 Y_2 和 Y_1 中的低频和高频噪声，得到其高频和低频有效分量。当滤波器传递函数满足 $F_1(s)+F_2(s)=1$ 时，高低频分量相加可重构出原信号 $\hat{X}$，用 Laplace 形式表示：

$$
\hat{X}(s)=F_1(s)Y_1+F_2(s)Y_2=X(s)+F_1(s)u_1(s)+F_2(s)u_2(s) \tag{6-8}
$$

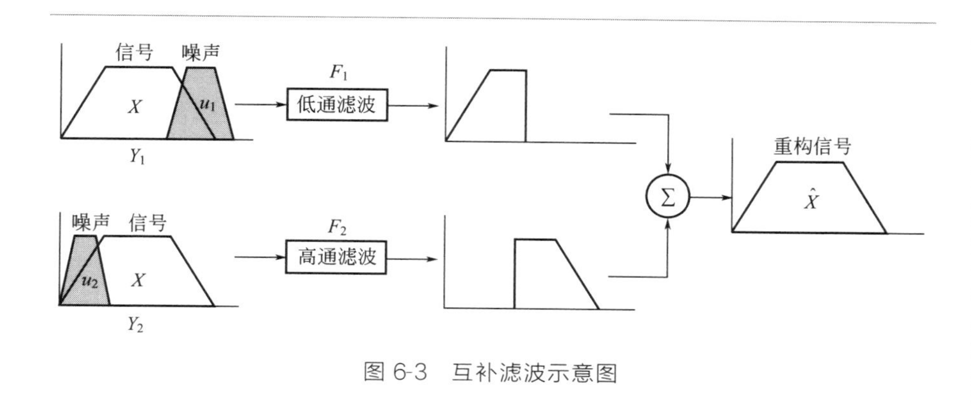

图 6-3 互补滤波示意图

② 卡尔曼滤波算法 最佳线性滤波理论也称为维纳滤波理论，起源于 20 世纪 40 年代美国科学家 Wiener 和苏联科学家 Колмогоров 等的研究工作。它的最大缺陷是必须用到无限过去的数据，故不适用于实时计算。20 世纪 60 年代 R. E. Kalman 把状态空间模型引入滤波理论，在维纳滤波的基础上推导出一套递推估计算法，即著名的卡尔曼滤波算法。

卡尔曼滤波以最小均方误差为估计的最佳准则，寻求一套递推估计算法，递归推算是卡尔曼滤波器最吸引人的特性之一，因为它比其他滤波器更容易实现。滤波器的直观理解如图 6-4 所示，由前一时刻的最优估计值得到现在时刻的预测值（有噪声），然后已知现在时刻的观测值（有噪声），通过滤波算法，得到现在时刻的最优估计值，卡尔曼滤波理论证明，此估计的误差均方差是最小的。

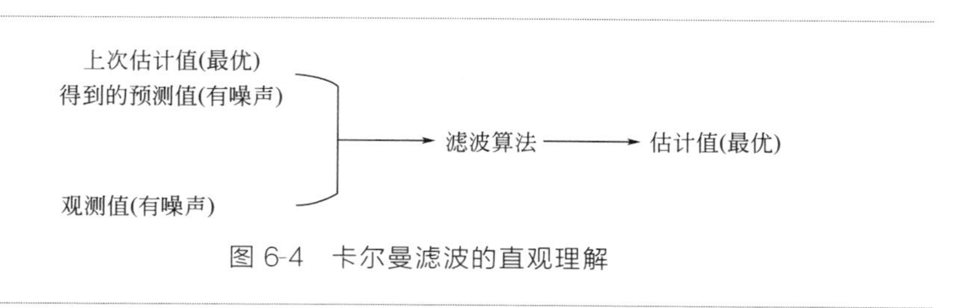

图 6-4 卡尔曼滤波的直观理解

卡尔曼滤波过程适合于实时处理和计算机运算，且随着计算机技术的快速发展，尤其是数字计算技术的不断进步，卡尔曼滤波已被推广到各个领域并且得到了成功的应用，其在自主导航领域更是成为研究和应用的重点。

卡尔曼滤波器估计系统状态的过程如图 6-4 所示。类似于一个反馈控制系统，首先通过状态方程预测某一时刻系统的状态，然后通过观测值获得反馈进行状态校正。所以整个估计过程可以分为两个部分：预测和修正，最后的估计算法是一种具有数值解的预估-校正算法，相应的递推过程如下。

a. 状态预测：

$$\boldsymbol{X}_k(-)=\boldsymbol{A}\boldsymbol{X}_{k-1}(+)+\boldsymbol{B}\boldsymbol{U}_k \tag{6-9}$$

b. 协方差预测：

$$\boldsymbol{P}_k(-)=\boldsymbol{A}_k\boldsymbol{P}_{k-1}(+)\boldsymbol{A}_k^{\mathrm{T}}+\boldsymbol{W}_k\boldsymbol{Q}\boldsymbol{W}_k^{\mathrm{T}} \tag{6-10}$$

c. 卡尔曼增益：

$$\boldsymbol{Kg}=\boldsymbol{P}_k(-)\boldsymbol{H}_k^{\mathrm{T}}[\boldsymbol{H}_k\boldsymbol{P}_k(-)\boldsymbol{H}_k^{\mathrm{T}}+\boldsymbol{V}_k\boldsymbol{R}\boldsymbol{V}_k^{\mathrm{T}}]^{-1} \tag{6-11}$$

d. 状态修正：

$$\boldsymbol{X}_k(+)=\boldsymbol{X}_k(-)+\boldsymbol{Kg}[\boldsymbol{Z}_k-\boldsymbol{H}\boldsymbol{X}_k(-)] \tag{6-12}$$

e. 协方差修正：

$$\boldsymbol{P}_k(+)=(1-\boldsymbol{Kg}\boldsymbol{H}_k)\boldsymbol{P}_k(-) \tag{6-13}$$

“（－）”表示对应量的预测值，“（＋）”表示对应量的估计值或者修正值，下同。其中式(6-9)和式(6-10)称为预测器（时间更新），式(6-11)～式(6-12)称为修正器（测量更新）。$\boldsymbol{W}_k\boldsymbol{Q}\boldsymbol{W}_k^{\mathrm{T}}$ 表示状态向量扰动噪声协方差阵，与状态向量 $\boldsymbol{X}$ 同维数。$\boldsymbol{V}_k\boldsymbol{R}\boldsymbol{V}_k^{\mathrm{T}}$ 表示观测向量扰动噪声协方差阵，与观测向量 $\boldsymbol{Z}$ 同维数。$\boldsymbol{r}_k=[\boldsymbol{Z}_k-\boldsymbol{H}\boldsymbol{X}_k(-)]$称为残余，反映了预测值和真实值之间的不一致程度。

无人机的位置信息包括三维速度和三维空间坐标共 6 个导航参数。位置信息获取为旋翼无人机提供精确的位置、速度、航向等信息，引导无人机按照指定航线飞行。导航系统测量并解算出运载体的瞬时运动状态和位置，提供给驾驶员或自动驾驶仪表来实现对运载体的准确操纵或控制，它相当于有人机系统中的领航员。未来无人机的发展要求障碍回避、物资或武器投放、自动进场着陆等功能，需要高精度、高可靠性、高抗干扰性能。所以位置信息的获取至关重要，它直接决定了旋翼无人机完成作业任务的精准度和作业效率。本书研究的面向任务的旋翼飞行机械臂自主作业与控制系统也需要准确的位置信息，以实现无人机悬停模式下准确的空中抓取作业。其定位技术通常分为室内与室外两类。室外飞行器更多地依靠 GPS 定位技术，通过地图上给定的始末位置信息，可以实现无障碍物的自主导航飞行。在室内或者其他 GPS 信号差的环境中，飞行器的位置信息获取需要依靠机载传感器如摄像头，或者通过无线信号的强弱辨识出飞行器在室内的位置。另外，VICON 光学运动捕捉系统是基于图像的室内定位系统，有毫米级别的定位精度，被广泛地用于实现和验证飞行控制算法。位置信息通常结合飞行器的姿态传感器数据，进一步优化位置信息，提高定位精度。图 6-5 为旋翼无人机位置信息的获取。下面介绍几种常见的导航定位方法。

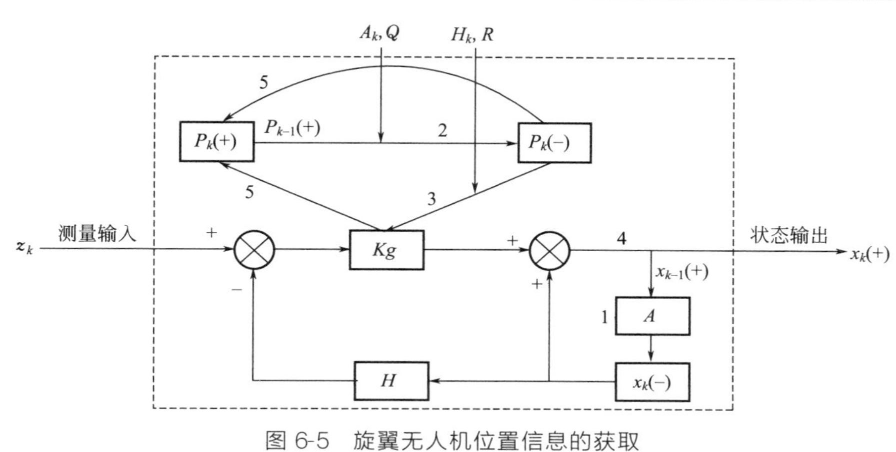

图 6-5 旋翼无人机位置信息的获取

① GPS 导航 GPS 可以直接输出三维速度和三维空间坐标共六个导航参数，虽然不会有导航误差，但导航精度和更新频率较低，并不适用于实时性和精度要求较高的系统。

② 惯性导航 在已知三个姿态角的前提下，采用三轴加速度计可以解算出三维位置和速度信息，此过程又称为惯性导航，它虽然更新频率较快，但是积分误差较大，不能单独用于自主飞行。

③ 组合导航算法 组合导航是指用卫星导航、GPS、无线电导航等系统中一个或多个与惯性导航组合在一起而形成的综合导航系统。组合导航的基本实现方法目前主要有两种：一种是采用经典负反馈控制的思想，对多种导航系统测量值求差，通过差值不断地修正系统的误差。但由于各导航系统的测量误差源都是随机的，因此误差抑制的效果不理想；另一种是采用现代控制理论中的最优估计算法，如卡尔曼滤波算法、最小方差法和最小二乘法等，对多种导航信息进行融合，得到最优估计值。

目前，较常用的组合导航算法是基于卡尔曼滤波器的组合导航算法，其研究热点主要集中在针对系统模型非线性或系统噪声统计特性不明确引起的滤波器精度降低甚至发散这一问题的改进上。具体改进措施有：针对系统非线性模型的扩展卡尔曼滤波（EKF）算法、粒子滤波（PF）算法和无迹卡尔曼滤波（UKF）算法等；针对系统噪声不确定性的自适应衰减记忆法卡尔曼滤波算法、Sage-Husa 自适应卡尔曼滤波算法、模糊逻辑自适应卡尔曼滤波算法等。EKF 算法将非线性函数直接忽略高阶项进行线性化，势必存在高阶项截断误差，而且雅可比矩阵求解的计算量比较大。PF 算法大量粒子的随机产生，很难满足导航系统实时性需求。UKF 算法对初始值的取值比较敏感，系统噪声不确定性会对滤波精度产生较大的影响，目前对于记忆衰减因子的选择没有完善的理论，只能根据经验进行确定。Sage-Husa 自适应算法可以在一定程度上降低模型误差、提高滤波精度，但是计算量大，且对于阶次较高的系统可靠性不高。模糊逻辑的思想和其他自适应方法是一致的，都是用权值调整噪声参数，但是模糊逻辑将调整过程根据经验分为几个模糊空间，而其他方法可以在每一点上调整，所以模糊逻辑调整的精确性不如其他方法好，而且模糊控制作为一种人工智能技术，对系统硬件要求比较高。以上方法虽在精度上都达到了较理想的效果，但是一个共同的缺点就是算法复杂导致实时性不理想，对系统硬件要求高，严重限制了其中一些算法在实际中的应用，部分算法甚至只能停留在仿真阶段。

由于旋翼无人机在飞行过程中会受到振动以及 MEMS 惯性传感器本身所存在的缺点，单独依靠 MEMS 惯性传感器来完成长时间的导航是非常困难的，必须选择合适的姿态和导航解算算法，融合多种导航信息，扬长补短才能获得比较精确的位姿信息。因此多种导航技术结合的“惯导＋GPS＋视觉＋光学＋声学＋雷达＋地形匹配定位导航等”将是未来发展的重要方向。

(3) 旋翼无人机的视觉环境感知技术

获得飞行器的姿态和位置数据后，可以通过反馈控制完成飞行器的平衡以及自主导航等功能。然而，针对未知环境中大量的建筑物、树木以及飞行机群，智能的环境感知技术和防碰撞控制算法是飞行器能否安全飞行的关键因素。目前较为热门的研究有机载 SLAM（即时定位与地图构建）、激光雷达以及深度图像数据处理等。利用上述传感器返回的环境信息设计避障控制算法，可以有效地减少飞行器的碰撞事故，提升无人飞行器自主飞行的安全性。

(4) 旋翼飞行机械臂系统控制器的设计

在旋翼飞行机械臂系统中，无人机自身是一个典型的欠驱动系统，具有六个输出（三维位置和三维姿态角）、四个输入（总拉力和三轴力矩）。而且无人机的位置与姿态存在直接的耦合关系，具有多变量、强耦合和非线性等特点，这使得飞行控制系统的设计变得非常困难。此外，控制器性能还受到模型准确性和传感器精度的影响，而且通常导航测量系统以及执行机构性能都随着尺度减小而下降，与此同时，机械臂与作业对象接触过程中两者之间的作用力/力矩及随机的外力/力矩扰动，将使系统动力学模型呈现较多不确定结构和参数，因此也对旋翼飞行机器人控制系统的鲁棒性提出了极大的挑战。因此，要保证旋翼飞行机械臂系统在各种作业条件下都具有良好的性能，控制算法极为重要。

姿态控制是多旋翼无人机控制系统的核心，目前对于旋翼无人机飞行控制的研究，也主要针对姿态稳定控制，且大都加入了许多约束条件，比如 PID 控制、PD 控制、LQ 控制、反演控制、滑模控制、神经网络控制、鲁棒控制等。国内外当前研究表明，先进姿态控制算法由于模型不确定性等因素，其控制效果反而不如传统的 PID 控制器，或者只在特定的环境下具有较好的控制效果。因此，研究一种适宜的旋翼无人机飞行控制算法是十分重要的，比如传统 PID 控制器与先进智能控制算法的结合。

① PID 控制　在模拟控制系统中，控制器最常用的控制规律是 PID 控制。PID 控制又称比例、积分、微分控制，以结构简单、稳定性好、工作可靠、调整方便的优点成为工业控制中的主要技术之一，得到了广泛的应用。模拟 PID 控制系统原理框图如图 6-6 所示。

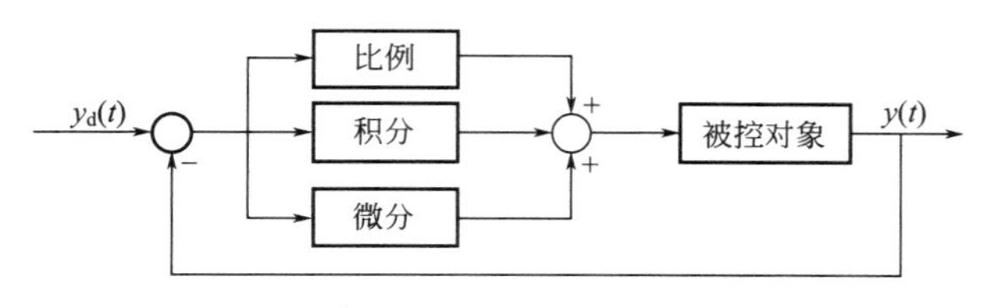

图 6-6　模拟 PID 控制系统原理框图

PID 控制器根据给定值 $y_d(t)$ 与实际输出值 $y(t)$ 构成控制偏差：

$$e(t)=y_d(t)-y(t)$$

PID 控制率为：

$$u(t)=K_p e(t)+K_i\int e(t)\mathrm{d}t+K_d\frac{\mathrm{d}e(t)}{\mathrm{d}t}$$

比例 P、积分 I、微分 D 三部分的作用如下。

a. 减小偏差以得到期望轨迹。加大比例系数可以减小静态误差，但是不能消除，而且过大时，可能会破坏系统的稳定性。

b. 累积误差，对消除静差有良好的作用。一旦误差存在，积分控制就会产生作用使误差消除，即使变化非常小，通过长时间的积分作用也能使之表现出来。然而积分控制具有滞后性，过大的积分控制会降低系统的动态性，甚至使系统不稳定。

c. 相对积分控制的滞后性来说，微分控制具有超前性，能够预测到系统的变化趋势，通过控制使在误差产生之前就得到消除，同时能改善系统的动态性能。

② 模糊控制　模糊控制属于一种人工智能控制的方法。由于模糊计算方法可以表现事物本身性质的内在不确定性，因此它可以模拟人脑认识客观世界的非精确、非线性的信息处理能力。模糊控制是一种基于规则的控制，一般是从对工业过程的定性认识出发，容易建立语言规则。模糊计算的应用范围非常广泛，在家电产品中的应用已被人们所接受，例如模糊洗衣机、模糊冰箱、模糊相机等。另外，在专家系统、智能控制等许多系统中，模糊计算也都大显身手。究其原因，就在于它的工作方式与人类的认知过程是极为相似的。模糊控制系统的鲁棒性较强。

模糊智能 PID 控制系统原理框图如图 6-7 所示，主要由模糊化、利用知识库解决逻辑决策和去模糊化三个部分组成。其中由精确量转化为模糊集合的主要步骤如下：

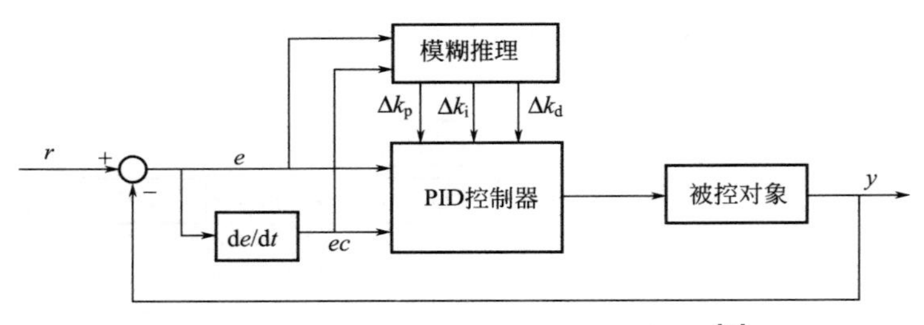

图 6-7　模糊智能 PID 控制系统原理框图[1]

a. 确定语言变量模糊集合论域元素和模糊子集数，计算量化因子；

b. 确定语言变量模糊子集隶属度函数；

c. 由语言变量的测量值和量化因子求模糊集合论域元素。

知识库也就是模糊控制规则，主要是根据 PID 整定的要求和个人经验而确定的模糊条件语句。去模糊化的方法很多，其中包括最大隶属度法、加权平均法（重心法）和中位数法。

模糊控制器设计的主要步骤如下：

a. 选定模糊控制器的输入输出量；

b. 确定各变量的模糊语言取值及相应的隶属度函数，即模糊化；

c. 建立模糊规则库，即控制算法，是从实际控制经验过渡到模糊控制器的中心环节；

d. 确定模糊推理和去模糊化的方法。

③ 反演控制　反演法设计过程清晰，系统化、结构化，易于实现，对于高阶非线性系统有优越性，它可以保留系统中有用的非线性，而且容易与鲁棒或自适应控制结合应用于不确定系统（内部特性变化或外部扰动），尤其在四旋翼无人机控制领域研究中是一种普遍应用的方法。反演法适用于像四旋翼无人机控制系统这类的欠驱动系统。但它也存在潜在的问题，如对系统结构有严格的要求、推导出的控制量的控制参数多且数学表达式复杂等。

现在很多非线性控制方法在四旋翼无人机系统中引入稳定性的概念，建立起以 Lyapunov 稳定性理论为基本思想（即能量的观点）的方法来研究其稳定性。利用反演法和 Lyapunov 稳定性理论相结合的方法，设计四旋翼无人机系统的鲁棒控制律，其中反演法可以采用将系统转化为不高于系统本身阶次的子系统的这种降阶方式处理。反演法针对每个子系统都进行了 Lyapunov 函数的选取，均采用了最常见的正定二次型的形式。另外，设计出每个子系统所对应的虚拟控制律用于镇定效果。然后通过一步步迭代的方式，最终获得系统的实际控制输入。这种控制器设计的方式，可以相对简单地推导出最终控制输入，同时可以保证闭环系统的稳定性。下面以参数严格反馈的单输入单输出（SISO）非线性系统为例，说明反演法的设计控制律的原理：

$$\begin{cases}\dot{x}_1=x_2+f_1(x_1)\\ \dot{x}_2=x_3+f_2(x_1,x_2)\\ \quad\vdots\\ \dot{x}_i=x_{i+1}+f_i(x_1,x_2,\cdots,x_i)\\ \quad\vdots\\ \dot{x}_{n-1}=x_n+f_{n-1}(x_1,x_2,\cdots,x_{n-1})\\ \dot{x}_n=f_1(x_1,x_2,\cdots,x_k)+u\end{cases}$$

系统结构示意图如图 6-8 所示。

④ 鲁棒控制　鲁棒性即系统的健壮性，它是在异常和危险情况下系统生存的关键。所谓“鲁棒性”是指控制系统在一定（结构、大小）的参数摄动下，维持某些性能的特性。根据对性能的不同定义，可分为稳定鲁棒性和性能鲁棒性。以闭环系统的鲁棒性为目标设计得到的控制器，称为鲁棒控制器。

鲁棒控制问题为：给定一个受控对象的集合（族），设计（线性定长）控制器，使得对该集合中的任意受控对象，闭环系统均满足要求的性能指标。造成系统不确定性的原因是多方面的，主要有以下几个原因。

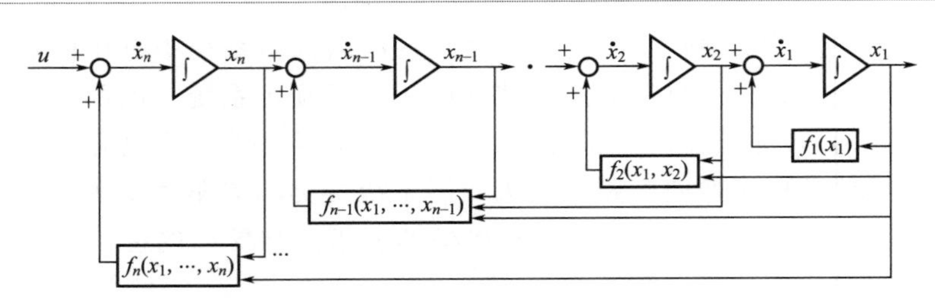

图 6-8 反演法系统结构框图[2]

a. 外部因素：运行条件、环境和时间的变化；

b. 内部因素：元器部件的老化、损坏或性能漂移；

c. 人为因素：用简单模型近似复杂模型。

鲁棒控制方法是对时间域或频率域而言的。一般假设过程动态特性的信息和它的变化范围，一些算法不需要精确的过程模型，但需要一些离线辨识。鲁棒控制方法适用于稳定性和可靠性作为首要目标的应用，同时系统过程的动态特性已知且不确定因素的变化范围可以预估。鲁棒控制是一个着重控制算法可靠性研究的控制设计方法，一般定义为在实际环境中为保证安全要求控制系统最小必须满足的要求。一旦设计好这个控制器，它的参数不能改变而且控制性能有所保证。

针对不确定性系统有两种基本控制策略：自适应控制和鲁棒控制。当受控系统参数发生变化时，自适应控制通过及时的辨识、学习和调整控制规律，可以达到一定的性能指标，但实时性要求严格，实现比较复杂，特别是存在非参数不确定性时，自适应控制难以保证系统的稳定性；而鲁棒控制可以在不确定因素一定变化范围内应对变化而进行控制，保证系统的稳定，同时维持一定的控制性能。鲁棒控制是一种固定控制，从实现方面来说，相比自适应控制更加容易，尤其是在自适应控制对系统不确定性变化来不及进行辨识而无法校正控制律的情况下，鲁棒控制方法对于四旋翼无人机飞行控制就显得尤为有效。

⑤ 人工神经网络控制　人工神经网络（artificial neural network, ANN）是 20 世纪 80 年代以来人工智能领域兴起的研究热点。它从信息处理角度对人脑神经元网络进行抽象，建立某种简单模型，按不同的连接方式组成不同的网络。在工程与学术界也常直接简称为神经网络或类神经网络。神经网络是一种运算模型，由大量的节点（或称神经元）之间相互连接构成。每个节点代表一种特定的输出函数，称为激励函数(activation function)。每两个节点间的连接都代表一个通过该连接信号

的加权值，称之为权重，这相当于人工神经网络的记忆。网络的输出则依网络的连接方式、权重值和激励函数的不同而不同。而网络自身通常都是对自然界某种算法或者函数的逼近，也可能是对一种逻辑策略的表达。

人工神经网络由于具备良好的在线学习与自适应能力，能够通过训练过程，即通过预先提供的样本数据，分析输入—输出两者之间潜在的规律，并以此作为依据对内部的权值进行调整，达到根据输入数据对输出结果进行推算的目的。在保证神经元数量以及完善的在线学习算法的情况下，神经网络控制器可以以极高的精度对任意非线性函数进行逼近，所以，神经网络对于非线性系统可以产生良好的控制效果，已经被应用在耦合程度高、模型难以线性化以及外部变量较多的复杂系统的控制中。

在近30年的时间里，全世界飞行控制领域的专家和设计人员已经对神经网络控制方法有了深入的研究，而且已经在实际的飞行环境中对神经网络控制器进行了测试。在当前针对非线性系统开发的神经网络控制器中，应用最为普遍的神经网络结构主要包括Hopfireld神经网络、ART网络、BP神经网络、支持向量机神经网络等。

(5) 无人机的能源与通信

旋翼无人机的升力完全依靠发动机带动旋翼旋转时产生的升力提供，机载能源是旋翼无人机的唯一动力来源。而旋翼无人机一般以锂电池作为动力，续航时间一般只有20～30min，载重量从几百克到几千克，故飞行时间和载重量是制约旋翼无人机发展和应用的重要因素，所以研制高容量、轻重量和小体积的动力和能源装置是旋翼无人机发展中亟待解决的问题。

旋翼无人机的飞行环境复杂，干扰源多，若要实现通信链的可靠性、安全性和抗干扰性则需要增加通信链路的功率，这样势必会增加通信系统的重量。因此，研制体积小、重量轻、功耗低、稳定可靠和抗干扰的通信设备，对微小型旋翼无人机技术（尤其是多无人机协同飞行技术）的发展而言是十分关键的。

6.3 无人机视觉感知与导航

无人机、无人车等移动平台使用多种传感器采集周围环境数据，然后处理环境数据，可以得到自身位置以及识别出目标、障碍物等，这些位置和目标信息就是环境感知信息。从采集数据到获得目标信息的这个过程称为环境感知，环境感知是所有移动机器人自主运动的前提。

对于无人车来说，环境感知的目的，是在行驶过程中，通过实时、准确识别出周围的障碍物等目标，规划出安全、最短的路径，保证无人驾驶车辆平稳、高效地行驶。对于无人机来说，实现对空间障碍物的有效规避是建立在对障碍物位置状态准确感知的基础之上的，根据传感器感知障碍物的方式及其获得的状态信息，采用与其对应的行之有效的规避方法，从而保证无人机安全飞行。

环境感知的方法包括视觉感知、激光感知、微波感知等。视觉感知是基于摄像头采集的图像信息，使用视觉相关算法进行处理，认知周围环境；激光感知是基于激光雷达采集的点云数据，通过滤波、聚类等技术，对环境进行感知；微波感知是基于微波雷达采集的距离信息，使用距离相关算法进行处理，认知周围环境。三种环境感知方法的比较，如表 6-1 所示。

表 6-1　感知方法比较

方法	优点	缺点
视觉感知	信息量丰富、实时性好、体积小、能耗低	易受光照环境影响三维信息测量精度较低
激光感知	直接获取物体三维距离信息、测量精度高、对光照变化不敏感	体积较大、价格昂贵、无法感知无距离差异的平面内目标信息
微波感知	对光照环境变化不敏感、直接获取物体三维距离信息、数据精度高、实时性好、体积较小	无法感知无距离差异的平面内目标信息

由于本书针对的是微小型旋翼无人机，旋翼无人机体积较小、载荷小的特点，无法携带如激光测距仪等地面感知器，无法通过大型高功率传感器对空域环境进行环境感知，因此，计算机视觉提供了一个可行的传感解决方案，在体积、重量、功耗上完全满足轻小型无人机系统需求，因此本书主要介绍基于双目立体技术的视觉感知方法。

小型无人机的导航系统是保证其本身能够进行自主广域搜索、目标识别和避险避障的关键。对于小型无人飞行器，由于其体积小，必须选取微小型的导航方案，因此微小型导航系统和制导技术的发展对小型无人飞行器的发展起到了重要的推动作用。目前，最常见的无人机导航是利用 IMU（inertial measurement unit）和 GPS（global positioning system）的组合导航系统来实现的。但由于 GPS 的低空飞行缺陷和 IMU 的累积误差，导致该组合导航系统也很难实现无人机在复杂环境下的自主飞行，因此更多类型的环境感知传感器被引入到导航系统的研究中。

6.3.1 基于双目立体视觉的环境感知

双目立体视觉作为计算机视觉研究领域的热点课题，模仿人类双眼感知立体空间，经过双目图像采集、图像校正、立体匹配等步骤得到了视差图，并根据映射关系计算出场景的深度信息，进而重建出空间景物的三维信息。相较于现有的主动测距方法，用双目立体视觉方式做障碍物的识别与测距，具备不易被发现、结构简单、信息量全面、测量结果准确且能获取场景三维深度信息等多种优势，是机器人导航、医学成像、虚拟现实等领域发展的必然方向。同时双目立体视觉技术还可以应用到小型无人飞行器的自主导航中，利用图像识别技术检测障碍物，结合双目视觉技术计算出障碍物的距离信息，为无人机的自主飞行提供技术支持和决策依据。

一个完整的双目立体视觉系统通常由摄像机安装、摄像头标定、立体校正、图像预处理、立体匹配和深度信息计算这几个部分组成。

（1）图像获取

考虑到左右图像的对应关系，双目立体视觉平台的设计需要满足两点要求：确保图像在包含尽可能多的公共景物信息的同时，同一景物在两幅图像中有相似的缩放比例和亮度。此外，需要确保左右图像中匹配点的搜索尽可能简单。第一点要求左右摄像机尽可能保持相近的内部参数，第二点要求两台摄像机的共面且极线平行。双目立体视觉的模型最早由 Marr、Poggi 和 Grimson 提出，两台摄像机的光轴严格平行，像平面精准地处在同一个平面上。摄像机间距离不变，焦距一致，主点已经校准，使得在左右视图上有一样的坐标，并且摄像机前向平行排列，即极线平行极点处于无穷远，如图 6-9 所示。

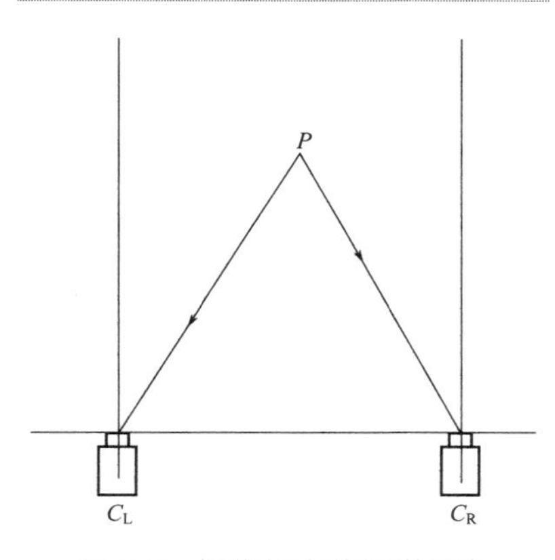

图 6-9 摄像机立体视觉平台

摄像机标定：摄像机标定的目的是通过某种方式获得摄像头的内外参数，其中内参数表征摄像机的焦距及偏移参数，外参数代表摄像机在世界坐标系的位置。标定方法有直接线性变换（DLT）的相机定标方法、两步标定法以及著名的张正友标定法。

双目立体视觉系统中的单个摄像机的成像采用针孔摄像机数学模型来描述，即任何点 Q 在图像中的投影位置 q，为光心与 Q 点的连线与图像平面的交点，如图 6-10 所示。

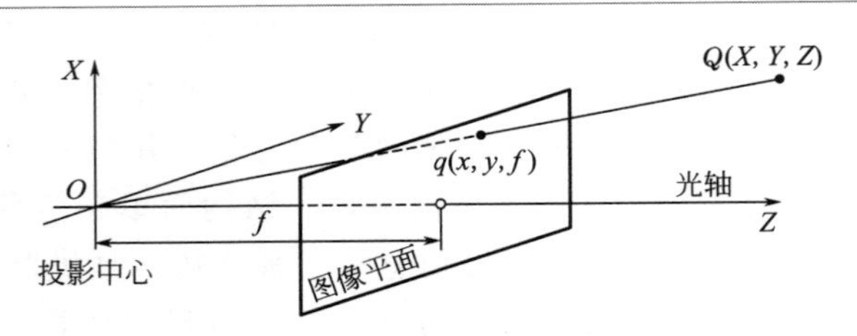

图 6-10 针孔摄像机模型

物理世界中的点 Q，其坐标为（X，Y，Z），投影为点 q（x，y，f），如式(6-14) 所示：

$$\left.\begin{aligned} x &= f_{\mathrm{x}}\left(\frac{X}{Z}\right)+c_{\mathrm{x}} \\ y &= f_{\mathrm{y}}\left(\frac{Y}{Z}\right)+c_{\mathrm{y}} \end{aligned}\right\} \tag{6-14}$$

式中，c_{x} 和 c_{y} 分别为成像芯片的中心与光轴的偏移；f_{x} 和 f_{y} 分别为透镜的物理焦距长度与成像仪各单元尺寸 s_{x} 和 s_{y} 的乘积。式(6-15) 写成矩阵形式：

$$\boldsymbol{q}=\boldsymbol{M}\boldsymbol{Q} \tag{6-15}$$

其中

$$\boldsymbol{q}=\begin{bmatrix} x \\ y \\ f \end{bmatrix},\boldsymbol{M}=\begin{bmatrix} f_{\mathrm{x}} & 0 & c_{\mathrm{x}} \\ 0 & f_{\mathrm{y}} & c_{\mathrm{y}} \\ 0 & 0 & 1 \end{bmatrix},\boldsymbol{Q}=\begin{bmatrix} X \\ Y \\ Z \end{bmatrix} \tag{6-16}$$

矩阵 $\boldsymbol{M}$ 称为摄像机的内参数矩阵。

在摄像机标定过程中可以同时求出镜头畸变向量，对镜头畸变进行校正。而立体标定是计算空间上两台摄像机几何关系的过程，即寻找两台摄像机之间的旋转矩阵 $\boldsymbol{R}$ 和平移矩阵 $\boldsymbol{T}$。一般标定图像选取 9 行 6 列的黑白棋盘图，标定过程中在摄像头前平移和旋转棋盘图，在不同角度获取棋盘图上的角点位置，求解摄像头的焦距和偏移、畸变参数，并通过立体校正使两摄像机拍摄的图像中的对应匹配点分别在两图像的同名像素行中，从而将匹配搜索范围限制在一个像素行内。

（2）立体匹配

立体匹配技术是立体视觉中的核心问题，目的是寻找左右视图内重叠区域像素间的一一对照关系，其算法中的关键部分是先建立一个有效的基于能量的代价评估函数，紧接着通过对该函数做最小化处理来计算图像对在成像过程中的匹配像素点的视差值。从数学方法上讲，立体匹配算法等同于一个最优化问题，恰当的能量代价评估方式的选择是立体匹配的基础。一般来说，立体匹配算法的有效性主要依赖三个因素：选择合适的匹配基元、构造准确的匹配规则和设计可以准确匹配所选基元的鲁棒算法。

（3）匹配基元的选择

立体匹配算法按照匹配基元可以分为三类：基于特征的匹配、基于相位的匹配和基于区域的匹配。基于特征的匹配算法首先抽取图像的特征，通过特征值的相似度测量来实现立体匹配。按照特征描述的方法，主要可以分为点、边缘和区域特征。

点特征描述图像中灰度变化剧烈的点，它具有旋转不变性，对光照变化也不是很敏感，因此往往能实现快速稳定的匹配。主要有 SUSAN 算子、Harris 算子以及 SIFT 算子。

SUSAN 算子没有梯度运算，运算速度快，且有着很好的抗噪性，对纹理丰富的图像提取效果好。

Harris 算子计算与自相关函数关联的矩阵 $\boldsymbol{M}$ 的特征值，该特征值表示自相关函数的一阶导数，如果两个导数值都比较高，则认为该点是一个角点。

$$\boldsymbol{M}=G(s)\otimes\begin{bmatrix} g_{\mathrm{x}}^{2} & g_{\mathrm{x}}g_{\mathrm{y}} \\ g_{\mathrm{x}}g_{\mathrm{y}} & g_{\mathrm{y}}^{2} \end{bmatrix} \tag{6-17}$$

式中，$G(s)$ 为高斯函数；g_{x} 和 g_{y} 分别为 x 和 y 方向的梯度。Harris 方法计算简单，没有阈值，对灰度波动、噪声和旋转都有较好的鲁棒性。

SIFT 算子是基于生物视觉模型提出的，是一种对目标缩放、旋转变化、仿射变化都不敏感的图像局部特征提取算子。SIFT 算子记录特征点邻域像素的梯度方向，并将其用直方图来描述。这种描述考虑了特征点为中心的小区域，因此对噪声和畸变有一定的抵抗能力，而以梯度方向为描述内容，则使其对空间和尺度无关。此外，SIFT 算子可以提供位置、尺度和方向等多个信息。

边缘特征的提取方法一般有 Canny 算子和 Sobel 算子；区域特征提

取方法一般有 LC 算法、HC 算法、AC 算法和 FT 算法。但这些高级特征描述方式结构太复杂，且不适合立体匹配的算法流程，因此目前基于特征的立体匹配算法主要还是选择点特征。

基于区域的匹配算法考虑单个像素点灰度值的不稳定性，以当前点为中心划定一个区域，然后考察区域内像素的灰度分布情况，以此来表征该点（图 6-11）。基于区域的匹配算法直接使用了图像像素灰度值，基本上不需要复杂的二次加工，易于理解和实现，因此提出后很快就成了成熟与通用的算法。此外基于区域的思路还有一个优势：由于它是对每个像素点进行代价计算，因此生成的视差结果是均匀分布的，即其视差图是稠密的。而稠密的视差图能完成的功能就不只是测距了，在精度把控达标的情况下，它甚至能直接进行场景三维模型重构。

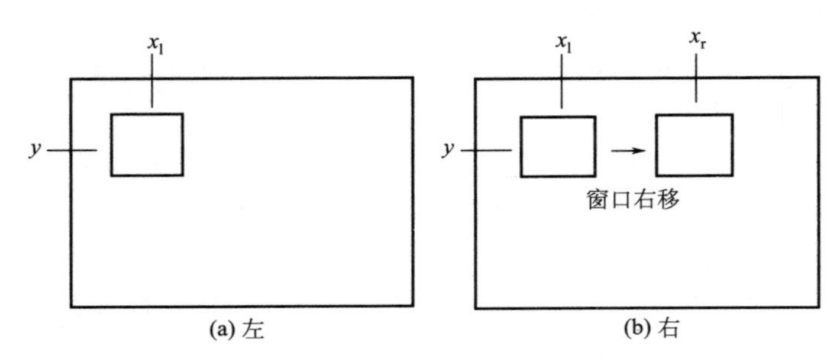

图 6-11 基于区域的立体匹配

以图 6-11 为基础，令左视图中待求点坐标为（x，y），该点在右视图的移动距离为 d，基于区域的测量准则主要有如下几种表示形式。

像素灰度值平方和（SSD）：

$$\sum_{i,j \in W} [I_l(x+i,y+j) - I_r(x+d+i,y+j)]^2 \tag{6-18}$$

像素灰度差绝对值和（SAD）：

$$\sum_{i,j \in W} | I_l(x+i,y+j) - I_r(x+d+i,y+j) | \tag{6-19}$$

归一化交叉互相关（NCC）：

$$\frac{\sum_{i,j \in W} I_l(x+i,y+j) I_r(x+d+i,y+j)}{\sum_{i,j \in W} I_l(x+i,y+j)^2 \sum_{i,j \in W} I_r(x+d+i,y+j)^2} \tag{6-20}$$

零均值灰度值平方和（ZSSD）：

$$\sum_{i,j\in W}\{[I_1(x+i,y+j)-\overline{I_r(x,y)}]-[I_r(x+d+i,y+j)-\overline{I_r(x+d,y)}]\}^2 \tag{6-21}$$

零均值灰度差绝对值和（ZSAD）：

$$\sum_{i,j\in W}|[I_1(x+i,y+j)-\overline{I_r(x,y)}]-[I_r(x+d+i,y+j)-\overline{I_r(x+d,y)}]| \tag{6-22}$$

Rank 相似度测量：

$$\sum_{i,j\in W}|R_1(x+i,y+j)-R_r(x+d+i,y+j)| \tag{6-23}$$

其中 $R(x,y)$ 表示以 (x,y) 为中心的窗口内像素灰度值小于该中心的像素个数。

（4）匹配准则

立体匹配是根据选定特征的相似度来寻找图像对中的匹配点，为了消除环境复杂难测等因素带来的干扰，引入合适的约束和假设也是至关重要的。表 6-2 列举了立体匹配过程中常用的几条约束机制。

表 6-2　立体匹配约束列表

唯一性约束	两幅图像中任意一点只能有唯一一种匹配关系，这也保证了图像的点具有唯一的视差
极线约束	空间中任意一点在图像平面上对应的投影点必然位于左右两个摄像机光轴中心点和该点所组成的平面上
连续性约束	认定除了遮挡和视差不连续的区域之外，其他像素点的视差值符合平滑变动，不会出现明显突变
顺序约束	两幅图像在极线上的一系列对应匹配点顺序是相同的
左右一致性约束	选择左图或右图作为参考图像不会影响匹配结果，该约束用于检测遮挡区域的匹配结果

（5）算法结构

立体匹配阶段使用经过预处理的左右图像对，一般通过计算初始匹配代价、累积匹配代价、视差计算以及视差优化四个阶段得到最终的视差图，流程如图 6-12 所示。局部立体匹配算法和全局立体匹配算法是立体匹配算法研究领域很推崇的一种分类方法。

局部立体匹配算法：该类算法以局部优化的方式做匹配运算，通过最小化能量估算函数方法来完成视差值的估计，也可称为基于窗口的方法。该方法选择图像的局部特征作为能量最优化、匹配代价最小化估算的依据。在能量计算函数中，仅仅包含数据项，没有平滑项，所以该算法得到的视差值准确度不高。但同时也因为它是局部优化，所以运算量相对较少，运算速度比较快，相对于全局立体匹配算法，更能满足实时性要求。

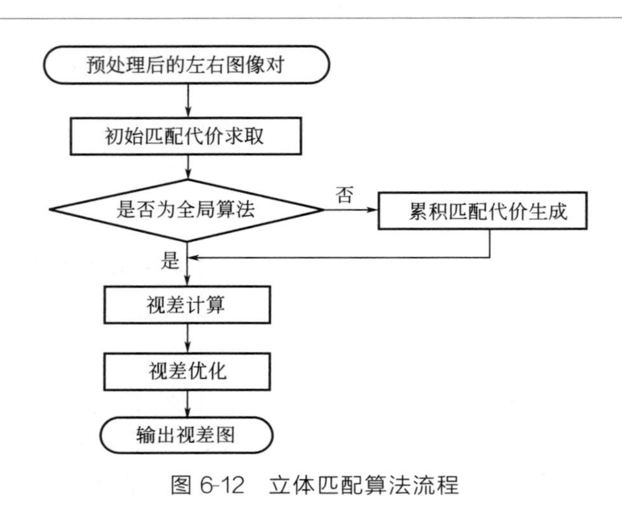

图 6-12　立体匹配算法流程

全局立体匹配算法：采用全局优化理论进行匹配运算，获得的匹配点对不局限于图像的局部区域。在应用该类算法时，首先根据全局算法的特点建立基于全局分析的能量评估体系，并明确评估函数。根据全局匹配算法的思想得到的能量函数中，同时包含有数据项与平滑项。相对于局部立体匹配算法，全局立体匹配算法会得到更加准确的结果。但是，其劣势也相当突出，较差的实时性难以满足匹配的实时性要求。比较有代表意义的全局立体匹配算法有基于动态规划（dynamic programming）的立体匹配、基于图割法（graph cuts）的立体匹配等。

为了全面地对立体匹配算法做性能分析，用错误匹配率 RMS 与均方根误差两项评判依据。均方根误差计算方法如下式所示：

$$\mathrm{RMS}=\left[\frac{1}{N}\sum_{(x,y)}\left|d_{\mathrm{c}}(x,y)-d_{\mathrm{T}}(x,y)\right|^{2}\right]^{\frac{1}{2}} \tag{6-24}$$

式中，$d_{\mathrm{T}}(x,y)$ 表示数据集标准视差图；$d_{\mathrm{c}}(x,y)$ 表示待评估算法所计算出的视差图。

错误匹配率 B 计算方式如下：

$$B=\frac{1}{N}\sum_{(x,y)}\left[\left|d_{\mathrm{c}}(x,y)-d_{\mathrm{T}}(x,y)\right|>\delta_{\mathrm{d}}\right] \tag{6-25}$$

式中，δ_d（一般情况下 $\delta_d=1$ 或 $\delta_d=2$）为视差误差的容差。

由于均方根误差 RMS 与错误匹配率 B 难以评估不同算法在性质不同的区域内的匹配效果，因此 Scharstein 等将标准数据集图像分成 non-occ（非遮挡区域）、disc（视差不连续区域）、all（所有区域）三个区域分别进行评估，该划分使得针对立体匹配算法的评估更加准确全面。

局部匹配结果可以作为初级匹配信息输出给无人机决策系统指导其避障，另一方面又可作为初始匹配代价应用到动态规划算法进行全局优化，优化得到的高精度信息可以提供给上层单元进行三维建模。

(6) 基于双目立体视觉的目标深度恢复

深度恢复又称为三维重建，它是人类视觉的主要功能，因此也是双目立体视觉的一个主要应用方向。深度恢复是根据立体匹配得到的视差信息，结合摄像机参数还原出像素点在世界坐标系下的距离。深度恢复的精度依赖于摄像机标定和立体匹配的准确度。

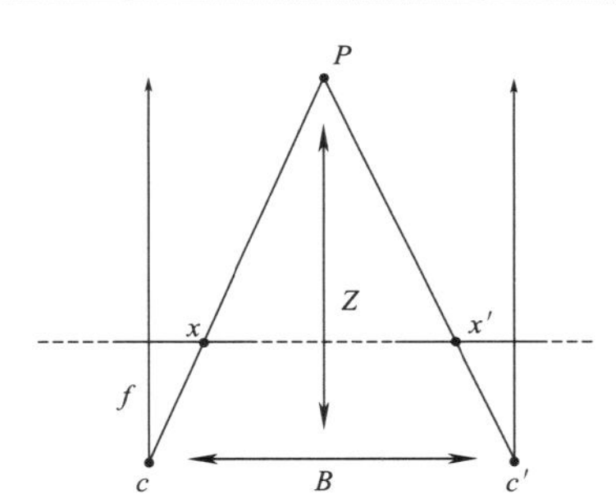

图 6-13 标准立体视觉模型

经过极线校正技术，现实场景中的双目摄像机模型可以用图 6-13 描述，图中 x 和 x' 为世界坐标系中点 P 在左右图像上的横坐标，c 和 c' 分别为左右摄像机的主点，f 为摄像机的焦距，B 为主点间距离。视差被定义为 $d=x-x'$，利用相似三角形原理即可求得点 P 的深度 Z：

$$\frac{B-d}{Z-f}=\frac{B}{Z}\Rightarrow Z=\frac{fB}{d} \tag{6-26}$$

点 P 分别在左右摄像机坐标系下的 Z 值，Z_1，Z_2：

$$Z_1\begin{bmatrix}u_1\\v_1\\1\end{bmatrix}=\begin{bmatrix}m_{11}^1 & m_{12}^1 & m_{13}^1 & m_{14}^1\\m_{21}^1 & m_{22}^1 & m_{23}^1 & m_{24}^1\\m_{31}^1 & m_{32}^1 & m_{33}^1 & m_{34}^1\end{bmatrix}\begin{bmatrix}X\\Y\\Z\\1\end{bmatrix}$$

$$Z_2\begin{bmatrix}u_2\\v_2\\1\end{bmatrix}=\begin{bmatrix}m_{11}^2 & m_{12}^2 & m_{13}^2 & m_{14}^2\\m_{21}^2 & m_{22}^2 & m_{23}^2 & m_{24}^2\\m_{31}^2 & m_{32}^2 & m_{33}^2 & m_{34}^2\end{bmatrix}\begin{bmatrix}X\\Y\\Z\\1\end{bmatrix} \tag{6-27}$$

根据式(6-27)，消去 Z_1、Z_2，可以得到关于 X、Y、Z 的两组线性方程：

$$\begin{cases}(u_1 m_{31}^1 - m_{11}^1)X + (u_1 m_{32}^1 - m_{12}^1)Y + (u_1 m_{33}^1 - m_{13}^1)Z = m_{14}^1 - u_1 m_{34}^1 \\ (v_1 m_{31}^1 - m_{21}^1)X + (v_1 m_{32}^1 - m_{22}^1)Y + (v_1 m_{33}^1 - m_{23}^1)Z = m_{24}^1 - v_1 m_{34}^1\end{cases}$$
$$\begin{cases}(u_2 m_{31}^2 - m_{11}^2)X + (u_2 m_{32}^2 - m_{12}^2)Y + (u_2 m_{33}^2 - m_{13}^2)Z = m_{14}^2 - u_2 m_{34}^2 \\ (v_2 m_{31}^2 - m_{21}^2)X + (v_2 m_{32}^2 - m_{22}^2)Y + (v_2 m_{33}^2 - m_{23}^2)Z = m_{24}^2 - v_2 m_{34}^2\end{cases} \tag{6-28}$$

以上每组方程分别表示三维空间中的两个平面方程，其联立的结果为两平面相交的直线。在这里，两组直线分别为图 6-13 表示的 cx 和 $c'x'$，因此两组直线方程联立的结果即为 cx 和 $c'x'$ 的交点，即点 P。

双目立体平台上，通过极线校正可以使得左右摄像机的光轴平行，这样，空间中点 $\boldsymbol{P}$ 在两个摄像机坐标系中的 v 值和 z 值相等。假设点 P 在左侧摄像机坐标系的坐标为（x_1，y_1，z_1），令基线长度为（x_1-b，y_1，z_1），那么该点在右侧摄像机坐标系下的坐标可以表示为（x_1-b，y_1，z_1），又假设（u_1，v_1）和（u_2，v_2）分别为其图像坐标系的坐标，于是有：

$$u_1 - u_d = f_x \frac{x_1}{z_1}$$
$$v_1 - v_d = f_y \frac{y_1}{z_1}$$
$$u_2 - u_d = f_x \frac{x_1 - b}{z_1}$$
$$v_2 - v_d = f_y \frac{y_1}{z_1} \tag{6-29}$$

其中，u_d、v_d、f_x 和 f_y 分别是式中表示的摄像机内参。根据式(6-29)，很容易得出左侧摄像机下点 $\boldsymbol{P}$ 的坐标：

$$\begin{cases} x_1 = \dfrac{b(u_1 - u_d)}{u_1 - u_2} \\ y_1 = \dfrac{b f_x (v_1 - v_d)}{f_y (u_1 - u_2)} \\ z_1 = \dfrac{b f_x}{u_1 - u_2} \end{cases} \tag{6-30}$$

式中，$u_1 - u_2$ 即为视差。可以看到，视差越大目标距离越近，在视差图上该点也就越亮。

6.3.2 基于视觉传感器的导航方式

现有无人飞行器的导航系统种类较多，根据采用的传感器类型和使用方式可以划分为以下三类。

① 非视觉系统传感器导航系统：这类方法的优势是受天气和外界环境影响较小，能够满足全天候工作要求，且在正常运行情况下，能够获得高精度的运动状态与位置信息；缺点是由于这类传感器自身质量偏大、额定功耗甚至超过机载系统的承受能力，难以保证无人机的长时间飞行。该系统可以采用如三维激光测距仪作为导航系统核心模块，实现对障碍物的检测与测距。

② 依托视觉传感器的导航系统：视觉传感器具有隐蔽性好、功耗低、信息量大等优点，在导航系统研究与应用领域中具有独特的定位和作用。目前常见的几种依托视觉传感器的导航方法有：采用光流法对视场内的障碍物进行检测；基于单目视觉方法来估计障碍物的相对位置；基于双目立体视觉的方法来导航无人机；基于光流法和立体视觉结合的方法得出一种适用于城市上空和峡谷间隙自主飞行的导航技术；以及2008年Hrabar提出的一种融合双目立体视觉技术和概率论的导航方法，其利用立体视觉技术实现障碍物的检测，概率论则用来协助确定障碍物信息。

③ 多传感器融合（视觉和非视觉传感器结合）的组合导航系统：2009年，麻省理工学院设计了一套多传感器融合的导航系统方案（包括激光测距仪、双目立体视觉系统、IMU）帮助四旋翼无人机在室内环境中实现自主飞行定位与避险避障，立体视觉技术不仅具备全面的环境感知能力、能够给出障碍物信息等多种难以被替代的优势，而且在无人机导航系统研究中扮演关键角色。

如图6-14所示，在视觉导航模块，利用双目立体视觉技术来检测识别正前方的障碍物，给出具体距离信息，从而为无人飞行器避险避撞的控制决策提供依据。此外，还可以利用光流法来检测两侧的障碍物，扩大视觉导航信息的全面性。该做法对无人机在低空飞行下不能保证持续稳定地获得GPS信号以校正IMU的累积误差的情况进行了有效改善。

在障碍物存在的前提下，无人飞行器的实时导航需要一个复杂的障碍物检测系统，能够及时更新障碍物的相对位置信息，供相应的路径规划算法使用。首先基于双目视觉系统构造观测场景的视差图，从视差图上分离出障碍物，然后通过像素点的高度判断，从视差图中去除地面像素点，剩下的点被认为是障碍物或者使用区域生长算法分离视差图上相近视差区域，并判断该区域中像素的多少以决定是否是障碍物。最后在存在碰撞危险的障碍物的周围生成一系列处于安全区域的轨迹控制点，控制飞行器通过这些航迹点，如图 6-15 所示为在室内走廊飞行时躲避障碍物的导航示意图。

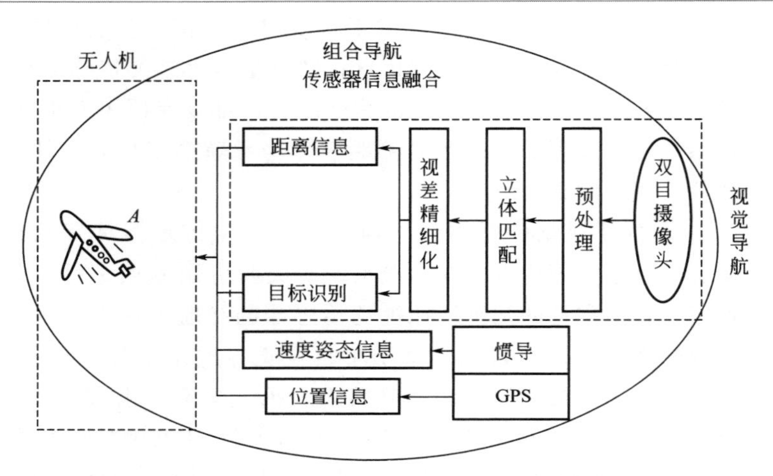

图 6-14 无人机组合导航系统框架[3]

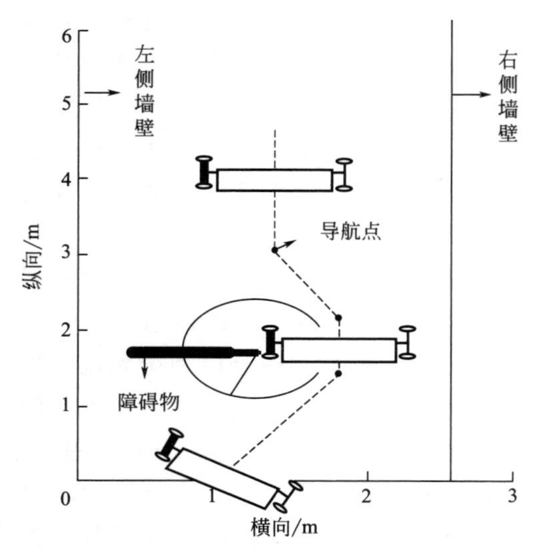

图 6-15 躲避障碍物导航点示意图

图中黑色粗线为障碍物，其右侧线段分别为加入的轮廓和位置不确定，构成碰撞危险区域，可以看出，当飞行器的飞行轨迹位于圆内时存在碰撞危险。以危险区域最右侧点为圆心、飞行器宽度的一半为半径画圆，则虚线为生成的避障轨迹。

基于双目立体视觉技术实现无人机飞行情况下的环境感知，利用图像处理技术从视差图上提取障碍物区域或者跟踪目标，结合旋翼飞行器的特点规划航迹，可以在未知的复杂环境中实现飞行器的自主飞行。

6.4 无人机在电力系统中的应用

随着我国经济社会的快速发展，对于电力系统的建设要求也在不断提升。由于我国地域辽阔，而且地形变化较为复杂，在实际的电力工程施工过程中会遇到很大的阻碍，很大程度上减缓了我国电力工程的施工进度。随着近几年来无人机技术以及导航技术和无线通信技术的快速发展和不断成熟，国内外许多电力企业开始尝试采用无人机辅助进行电力系统建设。由于无人机在进行线路巡检以及地形勘测时不受地形的影响，因此其实现难度相对较低，成本也易于进行控制。在目前的无人机应用过程中，通常会在无人机上搭载相关的光学检测仪器，从而可以实现对电网工作状态的检测，以便及时发现潜在的安全隐患。目前无人机在电力系统中的应用主要包括以下方面。

（1）电力线路规划

在目前的电力线路规划过程中，通常情况下还是采用传统的人工测绘的方法。而无人机的应用可以实现对特定区域的详细测绘，同时根据电力线路架设要求获取相关的数据信息，有效地降低由于地形变化因素导致的电力线路架设问题。通过对无人机相关测绘数据的分析，并且结合电力工程的实际情况进行协调处理，实现对通道资源的高效、充分的利用，使得电力线路的规划更加趋于合理，进一步降低了电力工程的投入成本，实现了对电力输变电线路的优化。

（2）地形区域测绘

无人机由于其不受地形区域的限制，同时还可以搭载先进的光学设备，因此通过无人机对地形区域进行测绘具有广泛的应用前景，为电力系统站址的部署及其优化提供高精度的数据资料，同时降低区域测绘工作的强度和工作量。在中南电力设计院的超低空无人机测绘实验中，成功地实现了通过无人机对作业区域的高精度测量。同时为了更好地保证无人机测量的精确度，该院首次提出了采用高程面状拟合的方法对相关的测绘数据进行处理，以更好地满足电力工程测量中大比例尺的实际要求。

（3）常规电力巡检

目前电力线路巡检已经引起了世界各国的重视。相比于欧美国家，我国的电力线路巡检处于较落后的状态。我国的直升机电力巡检开始于20世纪80年代。在电力巡线领域，装配有高清数码摄像机和照相机以及GPS定位系统的无人机，可沿电网进行定位，自主巡航，实时传送拍摄影像，根据对无人机电力巡检的图像进行分析，可以对相关检测目标的缺陷进行判断，及时发现电力线路中存在的隐患。监控人员在电脑上同步收看与操控，实现了信息化巡检，提高了巡检效率，避免了人工巡检时可能发生的安全事故。无人机电力巡检作业如图6-16所示。

图6-16 无人机电力巡检作业

（4）电力线路架设

无人机还可以承担在特殊地形条件下的电力线路架设工作。通过为无人机配置引线装置，无人机可以成功为高空线路的架设提供引线。以辽宁电力公司的无人机引线实验为例，通过无人机可以实现单次1500m引线过塔，并且实现连续穿越三条河流的引线任务，成功地将电力引线放置于铁塔上。

（5）自然灾害应急处理

根据对我国近几年的自然灾害情况分析发现，洪水、冰冻以及泥石流等自然灾害对电力系统基础工程具有十分严重的影响，甚至会导致电力系统的崩溃，因此关于自然灾害的检测及其预防就显得十分关键。在山洪暴发、地震灾害等紧急情况下，无人机可对线路的潜在危险（诸如塔基陷落等问题）进行勘测与紧急排查，丝毫不受路面状况影响，既免去攀爬杆塔之苦，对于迅速恢复供电也很有帮助。例如在我国南方出现的大范围冰冻灾害中，大量的基础电力设施被严重损坏，为了获取第一时间的灾情信息以及制定减灾措施，国家电网公司派出无人机进行勘察，并拍摄大量的现场照片，以帮助技术专家制定抢险救援计划。

参考文献

[1] 马琳，王建华. 基于 Matlab 的模糊 PID 控制研究[J]. 现代电子技术，2013，36（3）：165-167.

[2] 谭建豪，王耀南，王媛媛，等. 旋翼飞行机器人研究进展[J]. 控制理论与应用，2015（10）：1278-1286.

[3] 谭建豪，顾强，方文程，等. Two-mode polarized traveling wave deflecting structure [J]. Nuclear Science and Techniques，2015，26（4）：040102-1-040102-2.

索　引

3D 摄像机　35
SR-3000 深度标定　38
SR-3000 远距离数据滤波算法　44

F

非结构化环境下障碍物的特征提取　52

J

基于地图的导航　15
　　启发式方法　16
　　人工势场法　16
　　智能规划算法　17
基于应变电测的力/力矩信息检测方法　26
基于图像与空间信息的未知场景分割方法　48
基于相关向量机的障碍物识别方法　54
基于视觉的地形表面类型识别方法　65
基于 Gabor 小波和混合进化算法的地表特征提取　67
基于相关向量机神经网络的地表识别　72
基于模糊逻辑的地形可通行性评价　83
基于混合协调策略和分层结构的行为导航方法　108
基于模糊逻辑的非结构化环境下自主导航　124
基于运动学的移动机器人同时镇定和跟踪控制　134
基于动力学的移动机器人同时镇定和跟踪控制　151
基于动态非完整链式标准型的移动机器人神经网络自适应控制　170
基于模型的移动机器人控制　172
基于双目立体视觉的环境感知　205
　　立体匹配　206
　　基于双目立体视觉的目标深度恢复　211
基于视觉传感器的导航方式　213

W

无地图的导航　17
　　反应式导航　17

X

旋翼飞行机械臂系统的精确建模　191
旋翼无人机姿态信息的测量与融合　194
　　互补滤波算法　194
　　卡尔曼滤波算法　195
旋翼无人机姿态控制　199
　　PID 控制　199
　　反演控制　201
　　鲁棒控制　201
　　模糊控制　200
　　人工神经网络控制　202

Y

移动机器人反应式导航控制方法　103
　　单控制器反应式导航　103
　　基于行为的反应式导航　105
移动机器人神经网络自适应控制　176